高等职业教育教学改革系列精品教材

UG NX10.0 产品建模案例教程

刘　海　赵东宏　主　编

梁　宝　滕　皓　王　波
　　　　　　　　　　　　副主编
王　伟　朱　萍

赵利民　主　审

電子工業出版社

Publishing House of Electronics Industry

北京 • BEIJING

内容简介

本书以UG NX10.0为平台，从工程实践应用出发，深入浅出地讲解了UG NX10.0软件的建模、装配、工程图模块的基础应用。主要内容包括：基本操作与设置、草图绘制、实体建模、装配、工程图、曲面建模和典型综合案例。

本书各章节的内容既相对独立，又能构成知识体系。讲解过程浅显易懂、图文并茂，语言简洁，思路清晰，读者在学习过程中可轻松地根据书中的步骤进行操作，以达到熟练运用的目的。本书包含大量的典型实例，初学者可以尽快掌握使用UG NX10.0进行设计的方法，同时也适用于中、高级用户提高操作技巧。

为方便教学和自学，本书案例都配有微课资源，读者可通过扫描书中二维码进行观看。

本书可作为高等职业院校相关专业的教材，也可作为工程技术人员的参考书。

图书在版编目（CIP）数据

UG NX10.0产品建模案例教程 / 刘海，赵东宏主编. —北京：电子工业出版社，2018.8
ISBN 978-7-121-34708-5

Ⅰ. ①U… Ⅱ. ①刘… ②赵… Ⅲ. ①工业产品－产品设计－计算机辅助设计－应用软件－高等学校－教材 Ⅳ. ①TB472-39

中国版本图书馆CIP数据核字（2018）第150185号

策划编辑：王艳萍
责任编辑：王艳萍
印　　刷：北京七彩京通数码快印有限公司
装　　订：北京七彩京通数码快印有限公司
出版发行：电子工业出版社
　　　　　北京市海淀区万寿路173信箱　邮编 100036
开　　本：787×1 092　1/16　印张：12.5　字数：320千字
版　　次：2018年8月第1版
印　　次：2021年8月第4次印刷
定　　价：32.00元

凡所购买电子工业出版社图书有缺损问题，请向购买书店调换。若书店售缺，请与本社发行部联系，联系及邮购电话：（010）88254888，88258888。

质量投诉请发邮件至zlts@phei.com.cn，盗版侵权举报请发邮件至dbqq@phei.com.cn。

本书咨询联系方式：（010）88254574，wangyp@phei.com.cn。

前　言

UG 软件的功能覆盖了从概念设计到产品生产的整个过程，并且被广泛地运用于汽车、航天、模具加工和设计，以及医疗器械等行业。它提供了强大的实体建模技术，提供了高效能的曲面建构功能，能够完成复杂的造形设计。除此之外，其装配模块、二维出图模块、CAM 模块之间的紧密结合，使其在制造领域成为全能型的高级 CAD/CAM 系统。UG 软件进入中国的二十多年里，得到了越来越广泛的应用，已成为我国工业界主要使用的大型 CAD/CAE/CAM（计算机辅助设计与计算机辅助制造）软件之一。

本书以 UG NX10.0 为平台，从工程实践应用出发，深入浅出地讲解了 UG NX10.0 软件的建模、装配、工程图模块的基础应用。主要内容包括：基本操作与设置、草图绘制、实体建模、装配、工程图、曲面建模和典型综合案例。

本书的主要特色如下：

（1）内容循序渐进，各章节的内容既相对独立，又能构成知识体系。

（2）讲解过程浅显易懂、图文并茂，语言简洁，思路清晰，读者在学习过程中可轻松地根据书中的步骤进行操作，以达到熟练运用的目的。

（3）实例丰富、典型、实用。每章都安排了典型应用案例，有利于读者加强理解，巩固所学知识。

（4）为方便教学和自学，本书案例都配有微课资源，读者可通过扫描书中二维码进行观看。

本书由扬州工业职业技术学院的刘海、赵东宏担任主编，梁宝、滕皓、王波、王伟、朱萍担任副主编，赵利民担任主审。本书的编写和出版得到了很多老师和朋友的支持，在此表示衷心的感谢。

本书还配有电子教学课件等多种教学资源，请有需要的教师登录华信教育资源网（http://www.hxedu.com.cn）免费注册后进行下载，有问题时请在网站留言或与电子工业出版社联系（E-mail:wangyp@phei.com.cn）。

由于时间仓促，加上编者水平有限，书中不足之处在所难免，望广大读者发送邮件到 1307304219@qq.com 予以批评指正，将不胜感激。

编　者

目　　录

第 1 章　基本操作与设置

1.1　UG NX10.0 介绍

Unigraphics，简称 UG，起源于美国麦道飞机公司，后并入 EDS 公司。EDS 公司被西门子公司收购后，成为了西门子自动化与驱动集团（Siemens A&D）的一个全球分支机构。从 UG NX6.0 版本开始，更名为 Siemens NX，但由于受习惯影响等原因，在很多地方还被称为 UG，官方称为 Siemens NX，本书中简称为 NX。

UG NX 的功能覆盖了从概念设计到产品生产的整个过程，并且广泛地运用于汽车、航天、模具加工和设计以及医疗器械等行业。它提供了强大的实体建模技术，提供了高效能的曲面建构功能，能够完成复杂的造形设计。除此之外，其装配模块、二维出图模块、CAM 模块之间的紧密结合，使其在制造领域成为全能型的高级 CAD/CAM 系统。UG 软件进入中国的二十多年里，得到了越来越广泛的应用，已成为我国工业界主要使用的大型 CAD/CAE/CAM（计算机辅助设计与计算机辅助制造）软件之一。

1.1.1　UG NX10.0 功能概述

UG NX10.0 基本功能如下。

1. 基本环境

基本环境模块是执行其他交互应用模块的先决条件，是用户打开 NX10.0 进入的第一个应用模块。在 NX10.0 中，通过选择“应用模块”选项卡中的“基础环境”命令，便可以在任何时候从其他应用模块回到基本环境。

2. 部件建模

部件建模分为：实体建模、特征建模、自由形状建模、钣金特征建模、用户自定义特征等。

3. 装配

装配应用模块支持“自顶向下”和“自底向上”的设计方法，提供了装配结构的快速移动，并允许直接访问任何组件或子装配的设计模型。该模块支持“在上下文中设计”的方法，即工作在装配的上下文中时，可以改变任何组件的设计模型。

4. 工程图

工程图模块可以从已创建的三维模型自动生成工程图图样，用户也可以使用内置的曲线/草图工具手动绘制工程图。工程图模块支持自动生成图样布局，包括正交视图投影、剖视图、辅助视图、局部放大图及轴测视图等，也支持视图的相关编辑和自动隐藏线编辑。

5. 加工

加工模块用于数控加工模拟及自动编程，可以进行一般的 2 轴、2.5 轴铣削，也可以进行 3 轴～5 轴的加工；可以模拟数控加工的全过程；支持线切割等加工操作；还可以根据加工机床控制器的不同来定制后处理程序，因而生成的指令文件可直接应用于用户的特定数控机床，而不需要修改指令，便可进行加工。

6. 分析

分析模块包含高级仿真、设计仿真和运动仿真应用模块。

7. 用户界面样式编辑器

用户界面样式编辑器是一种可视化的开发工具。

8. 编程语言

编程语言分为图形交互编程（GRIP）、知识熔接（knowledgefusion，KF）、NX Open C 和 C++ API 编程。

9. 机械布管

利用该模块可对 UG NX 装配体进行管路布线。

10. 钣金

该模块提供了基于参数、特征方式的钣金部件建模功能、部件模型编辑功能、部件的钣金工艺设计功能，以及钣金模型展开和重叠的模拟操作功能。

11. 电子表格

电子表格程序提供了 Xess 或 Excel 电子表格与 UG NX 之间的智能化的输入/输出接口。

12. 电气线路

电气线路使电气系统设计者能够在用于描述产品机械装配的相同 3D 空间内创建电气配线。

1.1.2 UG NX10.0 的特点

UG NX10.0 有如下几个特点：

（1）更人性化的操作界面。

（2）完整统一的全流程解决方案。

（3）数字化仿真、验证和优化。

（4）知识驱动的自动化。

（5）系统级的建模能力。

1.2 UG NX10.0 的工作界面

1.2.1 启动 UG NX10.0

启动 NX10.0 有两种方法：第一种为双击桌面图标；第二种是在 Windows 搜索栏里输入“NX”进行搜索，查找到 NX10.0 的条目，单击启动。

NX10.0 启动后，出现 NX10.0 的欢迎界面，也就是没有打开部件文件时的窗口布局，如图 1.2.1 所示。这是默认布局，可以进行定制改变布局。

提示：（1）UG NX10.0 版本不再支持 32 位系统，不再支持 Windows XP 操作系统，只能安装在 64 位 Win7、Win8 及以上的系统上。

（2）本书中界面截图均采用软件原图，不再另行修改大小写、正斜体等。

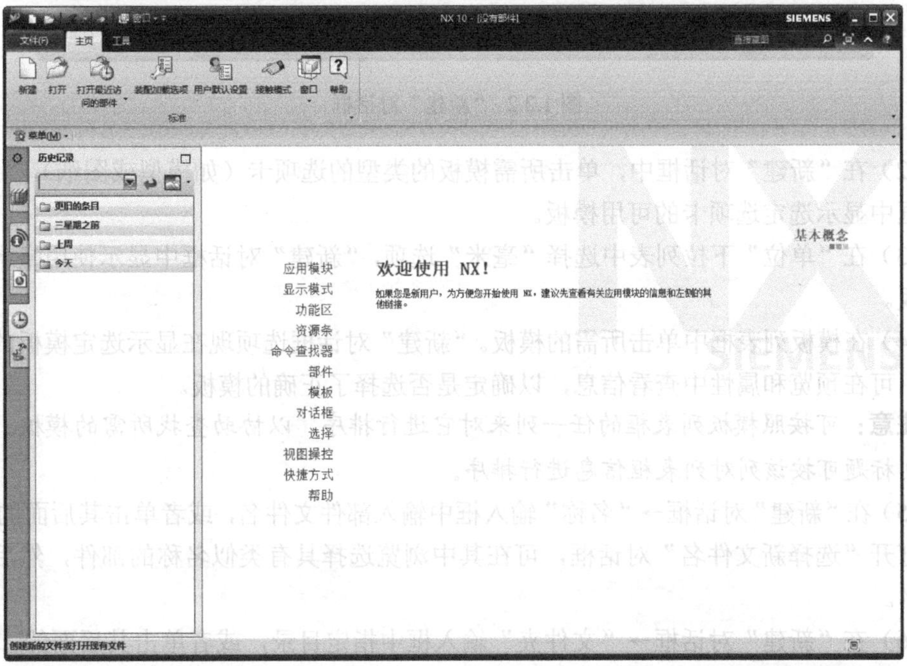

图 1.2.1 启动界面

1.2.2 创建新文件

（1）在标准工具条上，单击“新建”按钮，或选择“文件”选项卡→“新建”命令，弹出“新建”对话框，如图 1.2.2 所示。

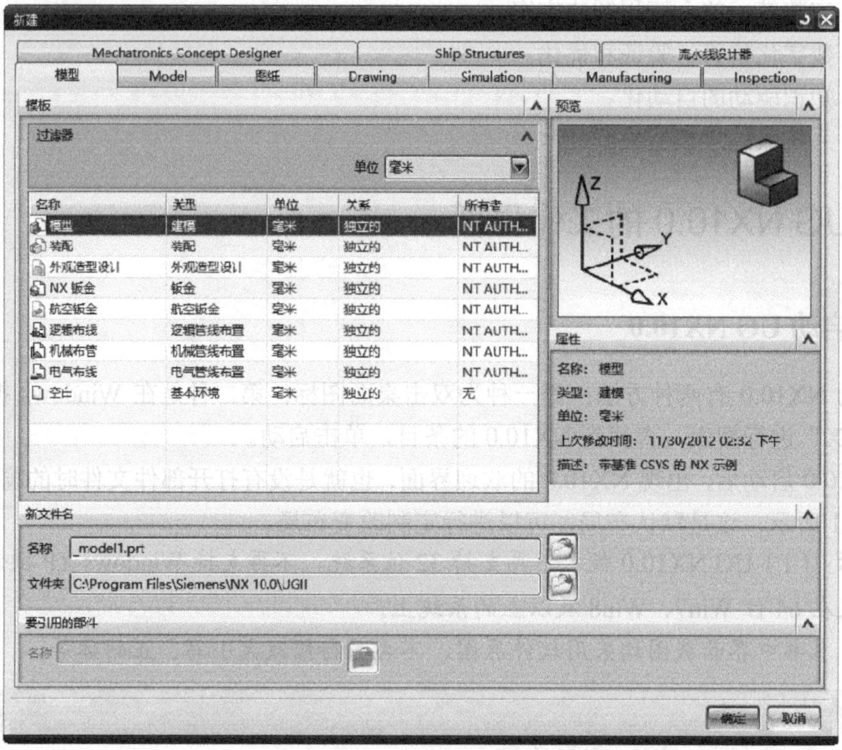

图 1.2.2 “新建”对话框

（2）在“新建”对话框中，单击所需模板的类型的选项卡（如模型或图纸），“新建”对话框中显示选定选项卡的可用模板。

（3）在“单位”下拉列表中选择“毫米”选项，“新建”对话框中显示使用毫米的可用模板。

（4）在模板列表框中单击所需的模板。“新建”对话框选项现在显示选定模板的默认信息。可在预览和属性中查看信息，以确定是否选择了正确的模板。

注意：可按照模板列表框的任一列来对它进行排序，以协助查找所需的模板。单击一个列标题可按该列对列表框信息进行排序。

（5）在“新建”对话框→“名称”输入框中输入部件文件名，或者单击其后面的按钮以打开“选择新文件名”对话框，可在其中浏览选择具有类似名称的部件，然后修改文件名。

（6）在“新建”对话框→“文件夹”输入框中指定目录，或者单击其后面的按钮打开“选择目录”对话框以浏览选择目录。

（7）完成定义新部件文件后，单击“确定”按钮，NX10.0 使用选定模板中所定义的选项来创建新部件文件。

注意：NX10.0 中的部件、装配、工程图等文件都是以.prt 为扩展名的。

1.2.3　保存文件

1. 保存

在 NX10.0 中，选择“文件”→“保存”命令，即可保存文件。

2. 另存为

选择“文件”→“另存为”命令，弹出如图 1.2.3 所示的“另存为”对话框，可以存储为不同的文件名作为备份。

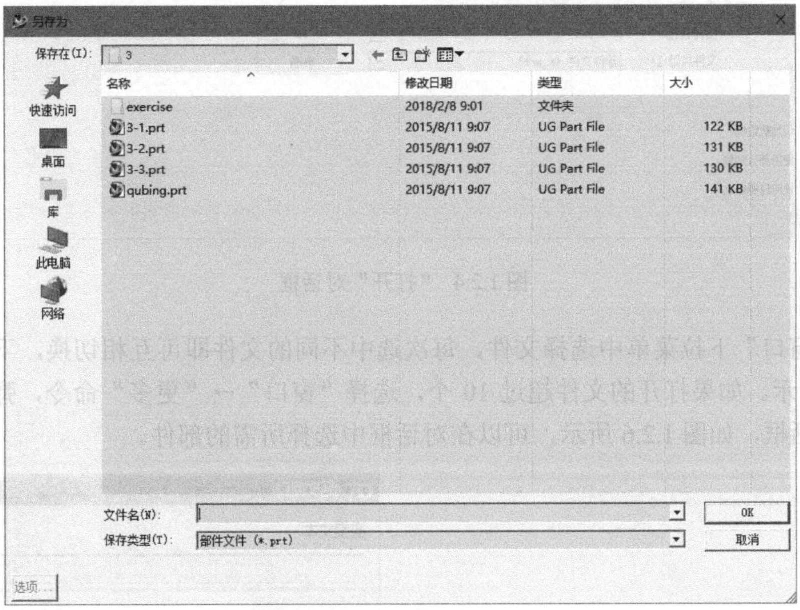

图 1.2.3　“另存为”对话框

1.2.4　打开文件

1. 打开一个文件

在 NX10.0 中，选择“文件”→“打开”命令，即可打开一个文件，如图 1.2.4 所示。

2. 打开多个文件

在同一进程中，NX10.0 允许同时创建和打开多个部件文件，可以在几个文件中不断切换并进行操作，同时创建彼此有关系的部件。

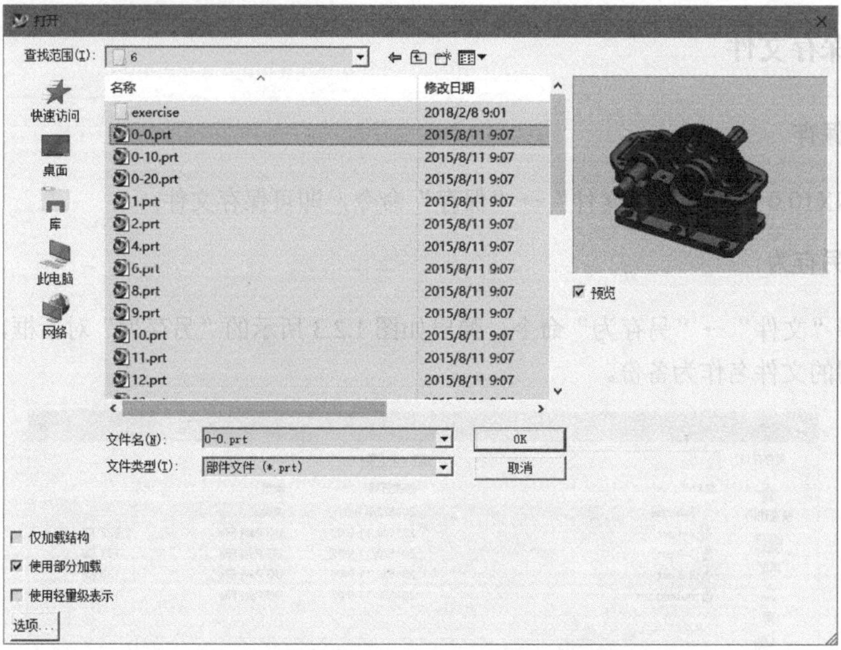

图 1.2.4 “打开”对话框

在“窗口”下拉菜单中选择文件，每次选中不同的文件即可互相切换，下拉菜单如图 1.2.5 所示。如果打开的文件超过 10 个，选择“窗口”→“更多”命令，弹出“更改窗口”对话框，如图 1.2.6 所示，可以在对话框中选择所需的部件。

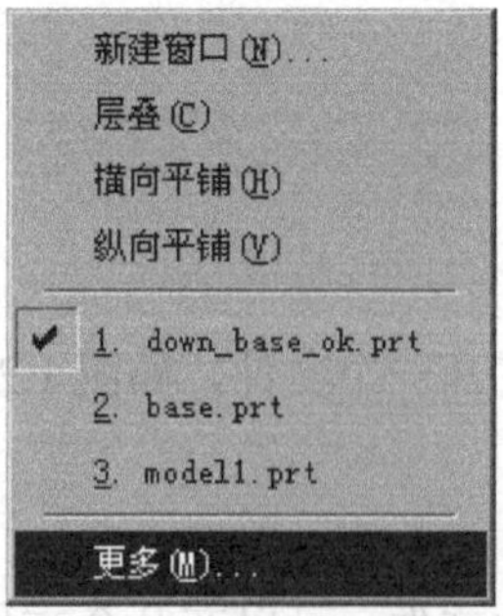

图 1.2.5 “窗口”下拉菜单

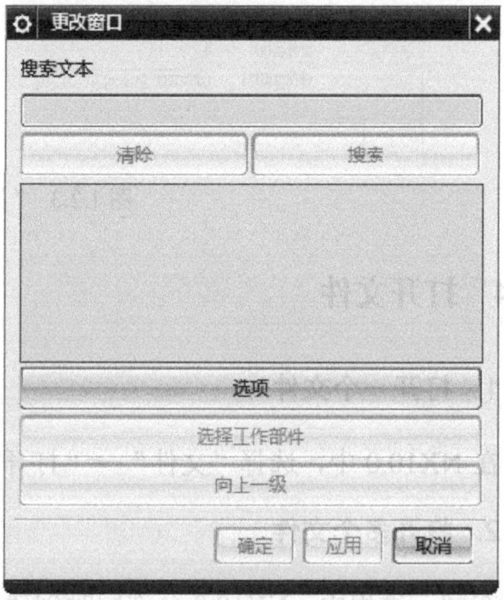

图 1.2.6 “更改窗口”对话框

1.2.5 关闭部件和退出 UG NX10.0

1. 关闭选择的部件

选择“文件”→“关闭”→“选定的部件”命令，如图 1.2.7 所示，弹出“关闭部件”对话框，如图 1.2.8 所示。通过此对话框可以关闭选择的一个或多个已打开的部件文件。

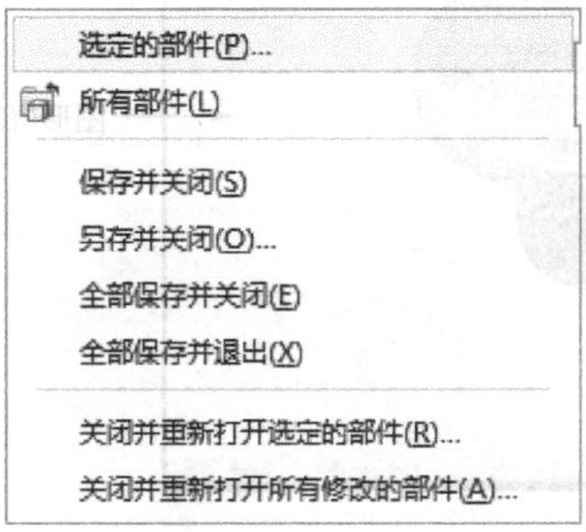

图 1.2.7 “关闭”子菜单

图 1.2.8 “关闭部件”对话框

2. 退出 NX10.0

选择“文件”→“退出”命令，如果部件文件已被修改，NX10.0 会弹出如图 1.2.9 所示的“退出”对话框。单击“是-保存并退出”按钮，退出 NX10.0。

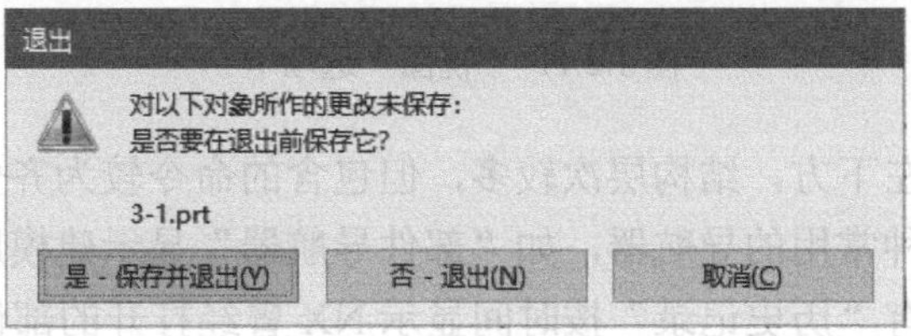

图 1.2.9 “退出”对话框

1.2.6 基本环境界面介绍

新建或打开文件后，NX10.0 进入了基本环境界面，如图 1.2.10 所示，其他功能模块都是基于基本环境界面来进行操作的。

图形窗口：界面中间进行图形绘制和模型显示及操作的区域，是整个界面核心区域。

标题栏：显示 NX 的当前软件版本和当前使用的模块名称。

功能区：功能区以图形的方式使用选项卡、组和库来组织常用的命令功能。这里以“视图”选项卡为例，如图 1.2.11 所示，按功能分类被划分为“窗口”组、“方位”组、“可见性”组、“样式”组、“可视化”组等，这些命令在菜单中有相应的命令，但比菜单中更容易操作。

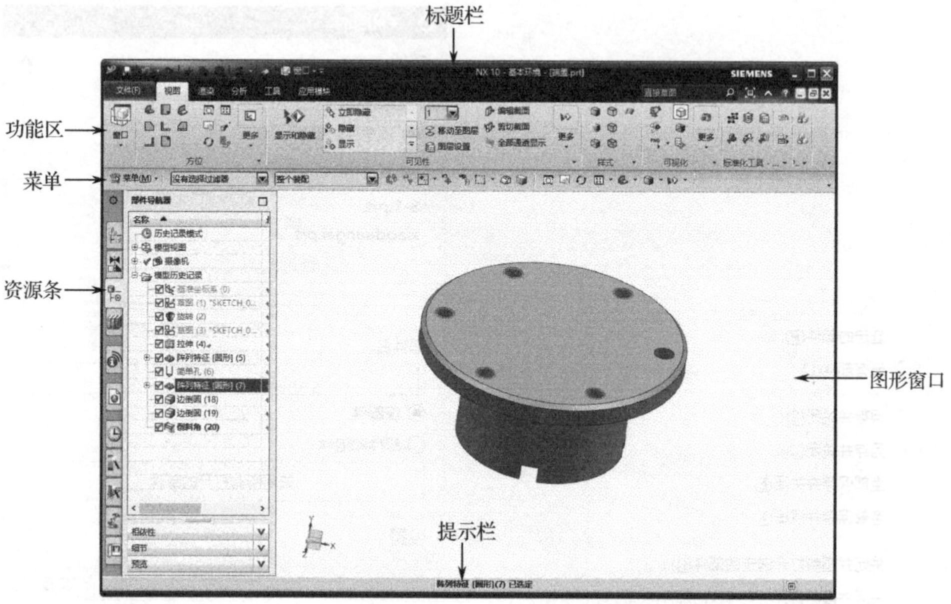

图 1.2.10　基本环境界面

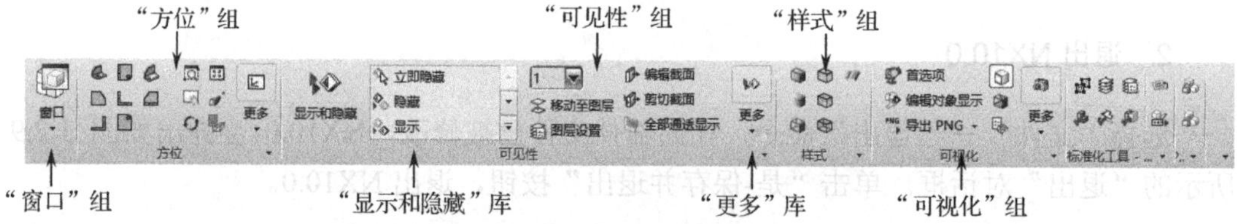

图 1.2.11　“视图”选项卡

菜单：在功能区左下方，结构层次较多，但包含的命令较为齐全。

资源条：包含各种常用的导航器，如“部件导航器”显示建模历史，“装配导航器”显示装配结构等，还有“历史记录”按时间显示 NX 曾经打开的部件记录。

提示栏：显示操作对象的信息和操作提示信息，初学者容易忽略。

1.2.7　用户界面的定制

进入 NX10.0 后，在建模环境下选择“工具”→“定制”命令，或者在功能区空白处右击，在弹出的右键菜单中选择“定制”命令，系统弹出“定制”对话框，如图 1.2.12 所示，使用此对话框可对用户界面进行定制。

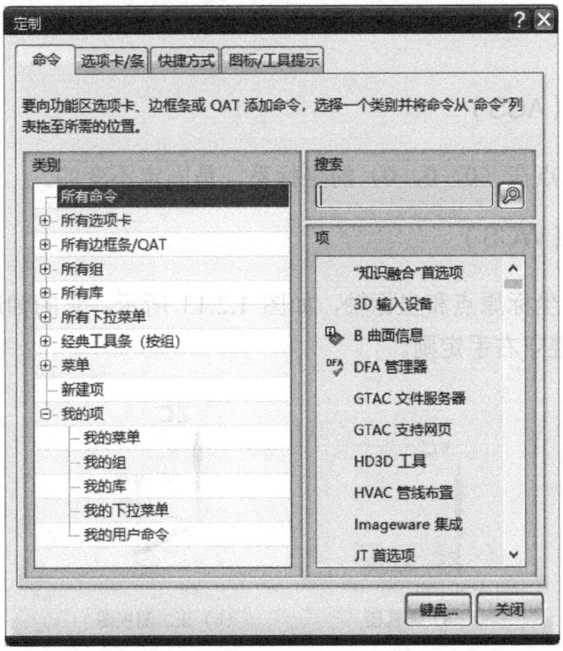

图 1.2.12 “定制”对话框

1.2.8 鼠标的使用方法

在 NX10.0 中，使用鼠标或使用鼠标与键盘组合可完成很多任务。

（1）滚动鼠标中键的滚轮，可以缩放模型：向前滚动，模型缩小；向后滚动，模型变大。

（2）按住鼠标中键，移动鼠标，可旋转模型。

（3）先按住键盘上的 Shift 键，然后按住鼠标中键，移动鼠标可移动模型。

（4）用左键单击命令或选项，可通过对话框中的菜单或选项选择命令。

（5）用左键单击对象，可在图形窗口中选择对象。

（6）按住 Shift 键并用左键单击选项，可在列表框中选择连续的多项。

（7）按住 Ctrl 键并用左键单击选项，可选择或取消选择列表框中的非连续项。

（8）双击某对象，可对某个对象启动默认操作。

（9）单击鼠标中键，循环完成某个命令中的所有必需步骤，然后单击“确定”或“应用”按钮。

（10）按住 Alt 键并单击鼠标中键，取消对话框。

（11）用右键单击对象，显示特定对象的快捷菜单。

（12）用右键单击图形窗口的背景，或按住 Ctrl 键并用左键单击图形窗口的任意位置，显示视图弹出菜单。

需要说明的是，后面所提到的单击特指用左键单击，用右键单击会特别说明。

1.2.9 坐标系

1. 绝对坐标系（ACS）

绝对坐标系是原点在（0，0，0）的坐标系，是固定不变的。

2. 工作坐标系（WCS）

工作坐标系包括坐标原点和坐标轴，如图 1.2.13 所示。它的轴通常是正交的（即相互间为直角），并且遵守右手定则。

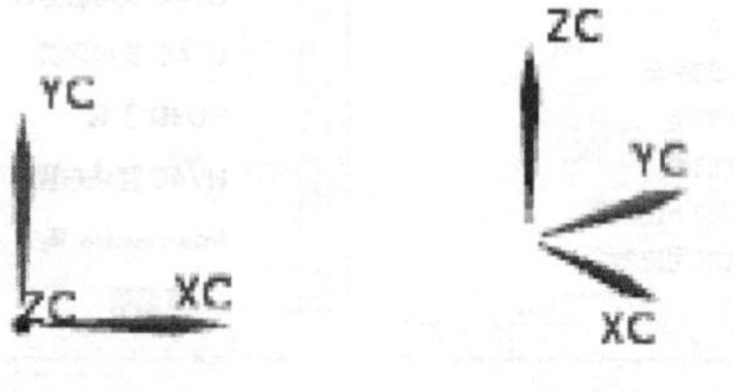

（a）俯视图　　（b）正二测视图

图 1.2.13　工作坐标系（WCS）

3. 基准坐标系（CSYS）

基准坐标系由单独的可选组件组成，如图 1.2.14 所示。包括：整个 CSYS、三个基准平面、三个基准轴及原点，在一些操作中可以单独使用，如图 1.2.15 所示是在拉伸操作中使用基准坐标系 *Z* 轴作为拉伸方向。

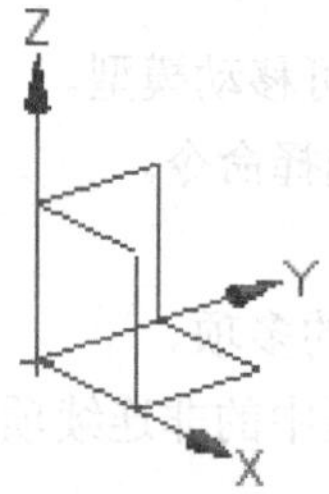

图 1.2.14　基准坐标系

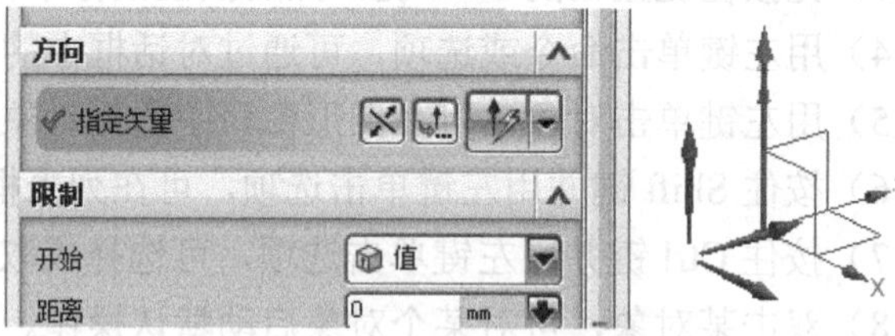

图 1.2.15　使用 *Z* 轴作为拉伸方向

4. 右手定则

如图 1.2.16 所示是常规的右手定则：如果坐标系的原点在右手掌，拇指向上延伸的方向对应于某个坐标轴的方向，则可以利用常规的右手定则确定其他坐标轴的方向。

如图 1.2.17 所示是旋转的右手定则，旋转的右手定则用于将矢量和旋转方向关联起来。

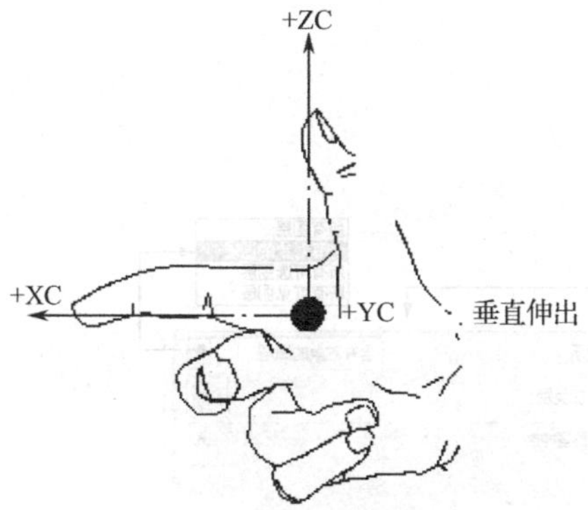

图 1.2.16　常规的右手定则

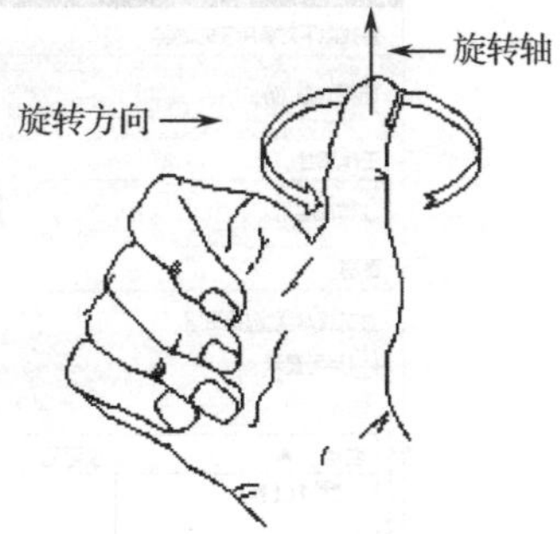

图 1.2.17　旋转的右手定则

1.3　UG NX10.0 中图层的使用

1.3.1　图层的基本概念

在一个 NX10.0 部件中，最多可以包含 256 个图层，每个图层上可包含任意数量的对象，因此在一个图层上可以包含部件中的所有对象，而部件中的对象也可以分布在任意一个或多个图层中。

在一个部件的所有图层中，只有一个图层是当前工作图层，所有操作只能在当前工作图层上进行，而其他图层则可以对它们的可见性、可选择性等进行设置和辅助工作。如果要在某图层中创建对象，则应在创建对象前使其成为当前工作图层。

1.3.2　设置图层

NX10.0 提供了 256 个图层供使用，这些图层都必须通过选择“格式”→“图层设置”命令来完成所有的设置。图层的应用对于建模工作有很大的帮助。选择“图层设置”命令后，弹出如图 1.3.1 所示的“图层设置”对话框，利用该对话框，用户可以根据需要设置图层的名称、分类、属性和状态等，也可以查询图层的信息，还可以进行有关图层的一些编辑操作。

1. 视图中的可见图层

使用“格式”→“视图中的可见层”命令，可以设置图层的可见或不可见。

2. 移动至图层

“移动至图层”功能用于把对象从一个图层移出并放置到另一个图层。

3. 复制至图层

“复制至图层”功能用于把对象从一个图层复制到另一个图层，且源对象依然保留在原来的图层上。

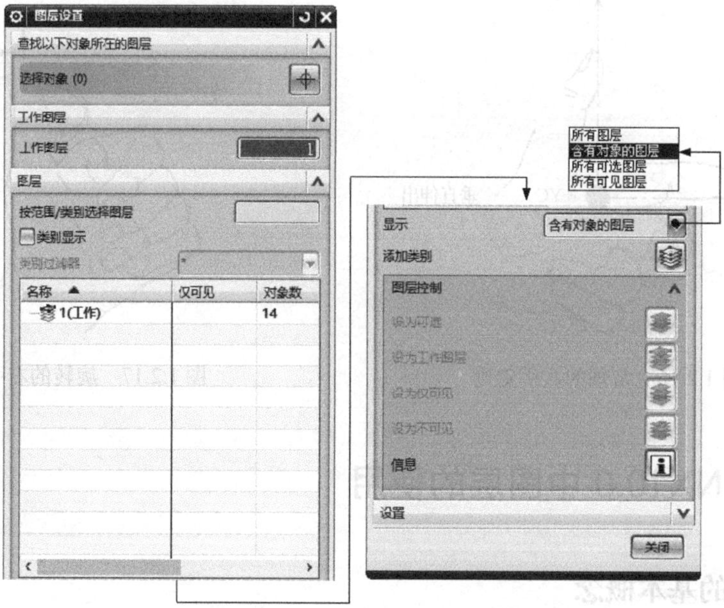

图 1.3.1 “图层设置”对话框

1.4 UG NX10.0 的参数设置

1.4.1 对象首选项

选择“菜单”→“首选项”→“对象”命令，系统弹出“对象首选项”对话框，如图 1.4.1 所示。该对话框主要用于设置对象的属性，如颜色、线型和宽度等。

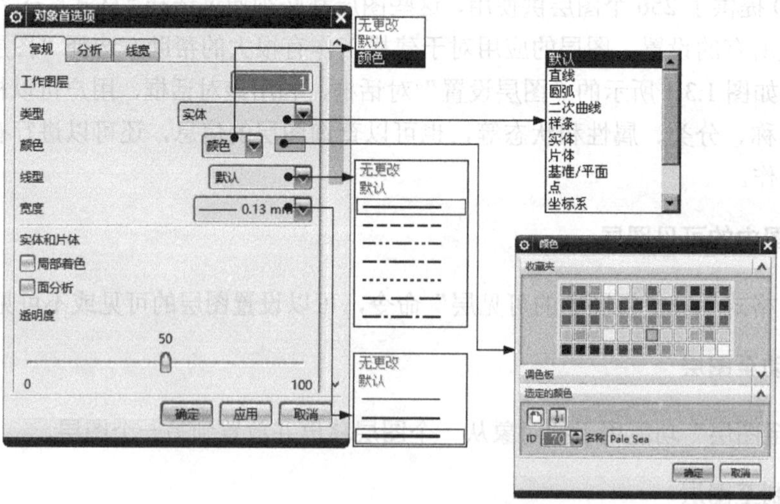

图 1.4.1 “对象首选项”对话框

1.4.2　用户界面首选项

选择“菜单”→“首选项”→“用户界面”命令，系统弹出如图 1.4.2 所示的“用户界面首选项”对话框。使用该对话框可定制 NX 界面和用户角色。用户可以：

（1）在经典工具条界面和功能区界面之间切换，并设置 NX 主题。

（2）设置 NX 会话的外观及资源条的位置和行为。

（3）控制主窗口、图形窗口和信息窗口的位置、大小和可见性状态。

（4）创建和加载用户定义的角色。

（5）设置 NX 用于信息窗口中所显示的输入文本字段和数据的精度。

（6）设置宏选项和操作记录使用的语言及用户工具。

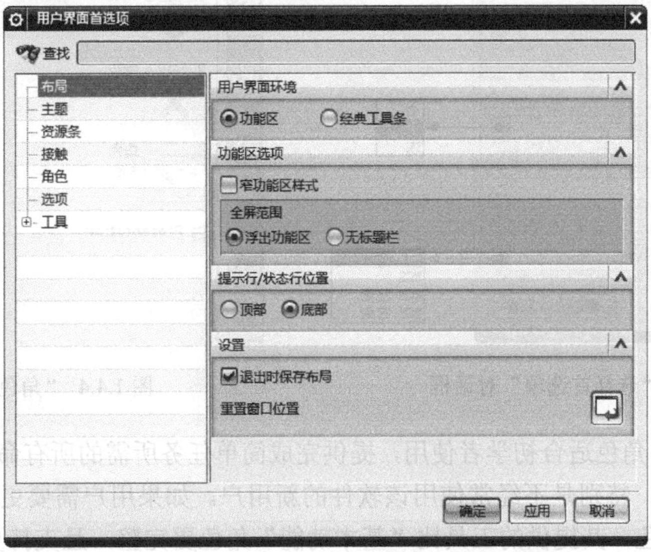

图 1.4.2　“用户界面首选项”对话框

1.4.3　选择首选项

选择“菜单”→“首选项”→“选择”命令，系统弹出“选择首选项”对话框，如图 1.4.3 所示，该对话框主要用来设置光标预选对象后，选择球大小、高亮显示的对象、尺寸链公差和矩形选取方式等选项。

1.4.4　角色设置

NX10.0 具有许多高级功能。不过，用户了解软件时可能希望使用它的一组特定工具。为此，可以从此类别中选择适当的角色来量身定制用户界面，从而隐藏日常工作中不需要的工具和命令。NX10.0 在资源条中的“角色”导航器中能够根据用户需要来定制用户界面，如图 1.4.4 所示。

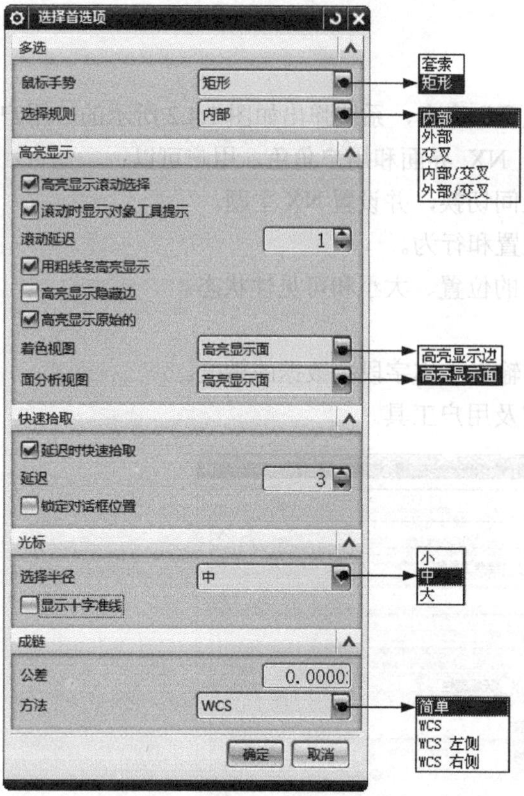

图 1.4.3 “选择首选项”对话框

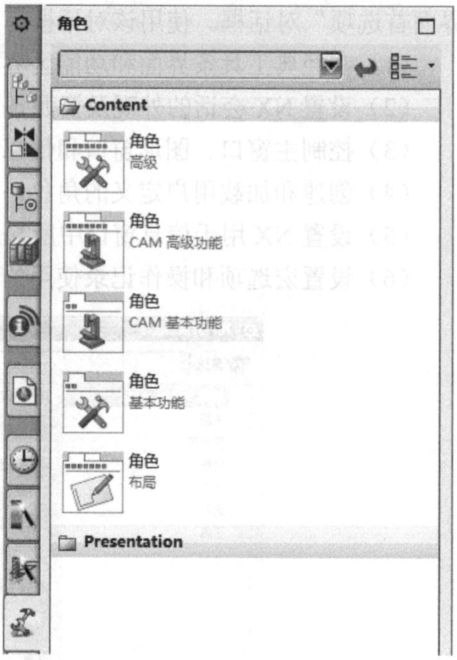

图 1.4.4 “角色”导航器

“基本功能”角色适合初学者使用，提供完成简单任务所需的所有命令。建议大部分用户使用此角色，特别是不经常使用该软件的新用户。如果用户需要更多的命令，建议使用“高级”角色，其提供的工具比“基本功能”角色更完整，且支持更多任务。

第2章 草图绘制

NX中的草图是指位于指定平面或路径上的二维曲线和点的已命名集合。用户可以通过草图中的几何约束和尺寸约束来实现部件的设计意图。

草图是NX建模中建立参数化模型的重要工具，草图创建是很多特征创建操作的基础，如在创建拉伸、回转、扫描和网格曲面等特征时，都需要先绘制所建特征的截面线或者引导线。

在大多数情况下，从草图创建的特征与草图相关联，某些特征参数修改可以通过编辑相关联的草图来完成。

另外，用户可以使用草图来创建2D布局，这些2D布局可用于规划，而非创建具体特征时使用。例如，可用于产品结构、组件布局、基本组件外形或者创建辅助几何体，如孔阵列的布局。

2.1 草图基础

2.1.1 草图中常用的术语

草图中常用的术语如下。

1. 对象

二维草图中的任何几何元素（如直线、中心线、圆弧、圆、椭圆、样条曲线、点或坐标系等）。

2. 尺寸约束

对象大小或对象之间位置的量度，一般简称尺寸。

3. 几何约束

定义对象几何关系或对象间的位置关系，一般简称约束。

4. 过约束

两个或多个约束可能会产生矛盾或多余约束。出现这种情况，必须删除一个不需要的约束或尺寸以解决过约束。

2.1.2 草图的创建步骤

创建草图的典型步骤如下：

（1）选择草图平面或路径。

（2）选取约束识别和创建选项。

（3）创建草图几何图形。根据设置，草图自动创建若干约束。

（4）添加、修改或删除约束。

（5）根据设计意图修改尺寸参数。

（6）完成草图。

2.1.3 进入与退出草图环境

要创建草图，用户需要进入草图环境，此时 NX 的工具条布局会和建模环境下有所不同，“主页”选项卡出现了创建草图和编辑草图所需要的工具。NX 中的草图环境分直接草图环境和任务草图环境，前者可以理解为后者的快捷简化版。

1. 进入直接草图环境

要绘制简单的草图可以进入直接草图环境，如图 2.1.1 所示，选择“主页”选项卡→“直接草图”组→“草图”命令，或者直接选择该命令旁边的“草图曲线”库中的任一绘制命令，或者选择“菜单”→“插入”→“草图”命令，会弹出如图 2.1.2 所示的“创建草图”对话框，选择草图平面，单击“确定”按钮，进入直接草图环境。如果用户创建的是第一个草图，NX 可以使用默认的草图平面，此时用户可以不选择草图平面。

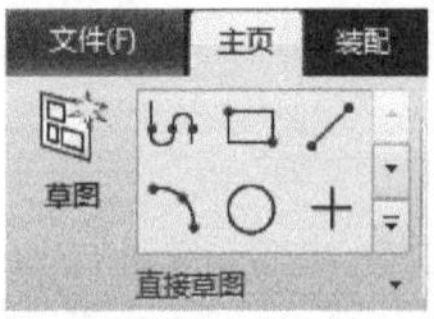

图 2.1.1 “直接草图”组

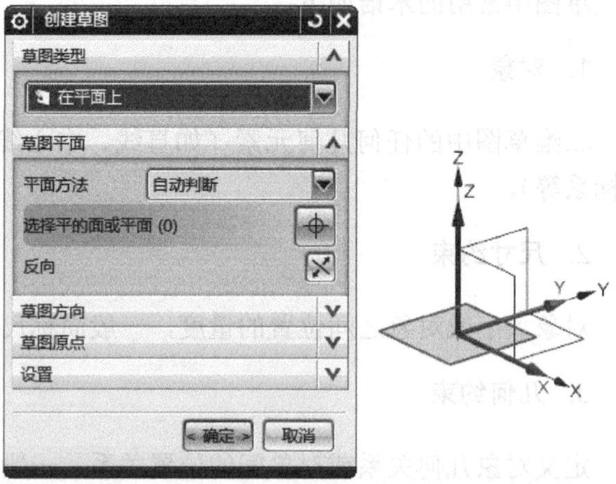

图 2.1.2 选择草图平面

相较于建模状态，直接草图状态下“主页”选项卡上的“直接草图”组会有一些变化，如图 2.1.3 所示，多了一些命令，使用“直接草图”组中命令可以简单地创建与编辑草图，如果需要复杂的草图操作，就需要进入任务草图环境。

图 2.1.3　直接草图环境下的“直接草图”组

2. 进入任务草图环境

在直接草图环境下，选择“直接草图”组→“更多”→“草图特征”→“在草图任务环境中打开”命令，如图 2.1.4 所示，用户会进入任务草图环境。

如果不在直接草图环境下，可选择“菜单”→“插入”→“在任务环境中绘制草图”命令，如图 2.1.5 所示，会弹出如图 2.1.2 所示的“创建草图”对话框，用户选择草图平面，单击“确定”按钮，也将进入任务草图环境。

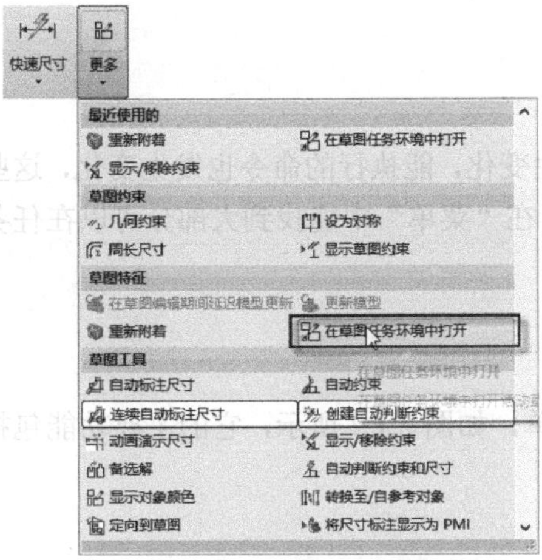

图 2.1.4　“在草图任务环境中打开”命令

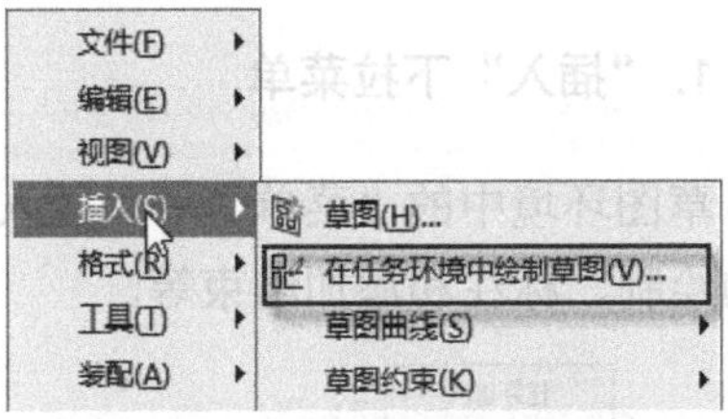

图 2.1.5　“在任务环境中绘制草图”命令

3. 退出草图环境

用户完成草图创建或编辑任务后，选择“主页”选项卡→“完成草图”命令，即可退出草图环境。用户也可在图形区域空白处右击，选择右键菜单中“完成草图”命令来退出草图环境。

2.1.4　绘制草图前的设置

进入草图环境后，选择“菜单”→“首选项”→“草图”命令，弹出“草图首选项”对话框，如图 2.1.6 所示。在该对话框中可以设置草图的显示参数和默认名称、前缀等参数。

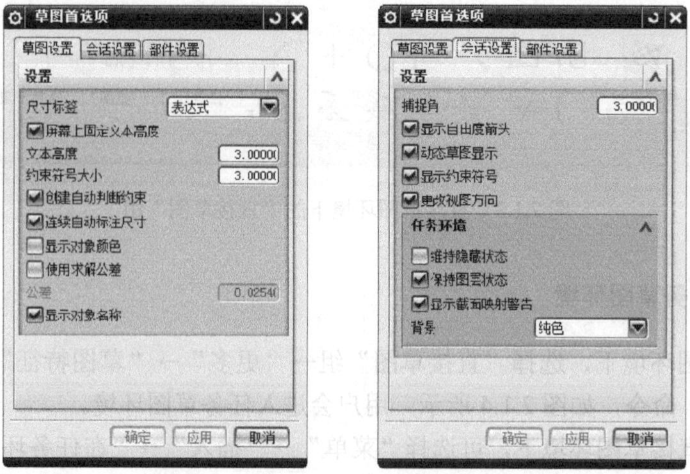

（a）“草图设置”选项卡　　　　（b）“会话设置”选项卡

图 2.1.6 “草图首选项”对话框

2.1.5 草图环境中的下拉菜单

进入任务草图环境后，NX 用户界面会发生变化，能执行的命令也发生变化，这些变化除了体现在功能区，“菜单”内容也会变化，在“菜单”中能找到大部分可以在任务草图环境中可执行的命令。

1. “插入”下拉菜单

草图环境中的“菜单”→“插入”下拉菜单，如图 2.1.7 所示，它的主要功能包括草图的绘制、标注和添加约束等。

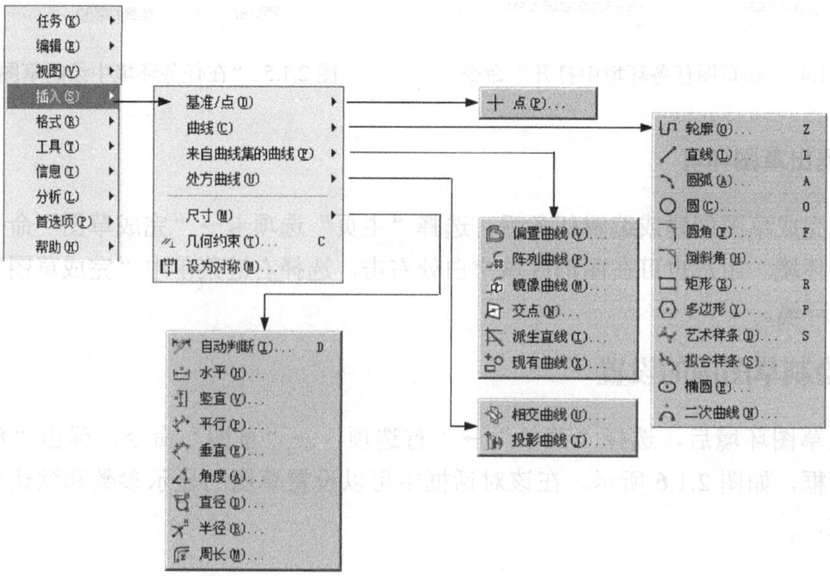

图 2.1.7 草图环境下的“插入”下拉菜单

2. “编辑”下拉菜单

草图环境中对草图进行编辑的命令在“编辑”下拉菜单中，如图 2.1.8 所示。它的主要功能包括草图元素的编辑等。

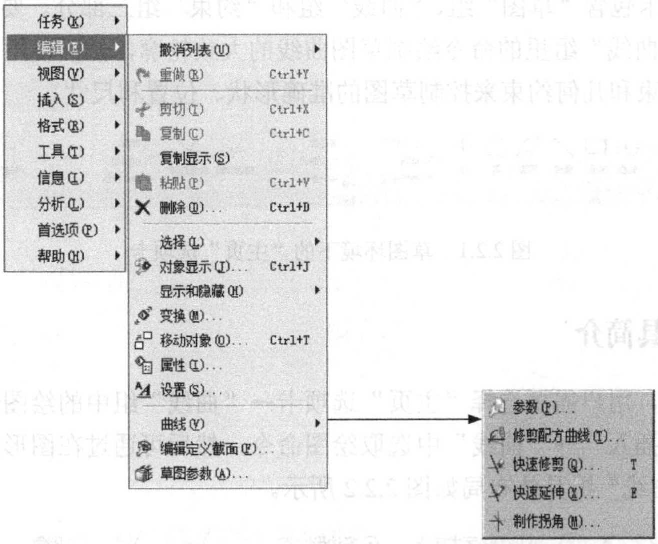

图 2.1.8　草图环境下的“编辑”下拉菜单

3. “工具”下拉菜单

草图环境中对草图进行约束的命令在“工具”下拉菜单中，如图 2.1.9 所示。它的主要功能包括对草图元素进行约束操作等。

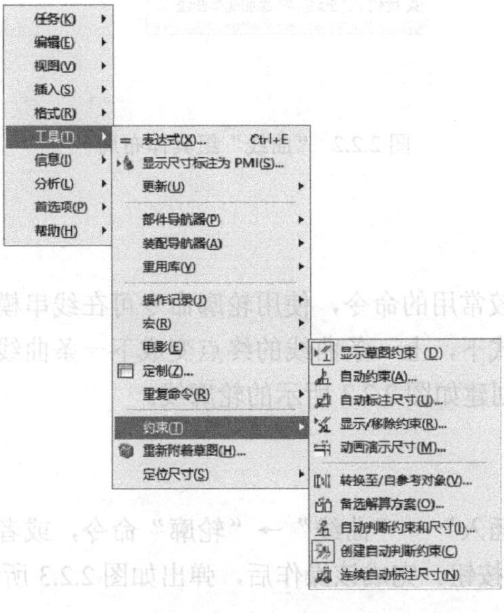

图 2.1.9　草图环境下的“工具”下拉菜单

2.2 草图曲线的绘制

进入任务草图环境后，NX“主页”选项卡变成如图 2.2.1 所示的外观，草图环境下的“主页”选项卡包含“草图”组、“曲线”组和“约束”组三部分。要创建草图，用户首先需要使用“曲线”组里的命令绘制草图曲线的大致轮廓，然后使用“约束”组里的命令添加尺寸约束和几何约束来控制草图的准确形状、位置和尺寸。

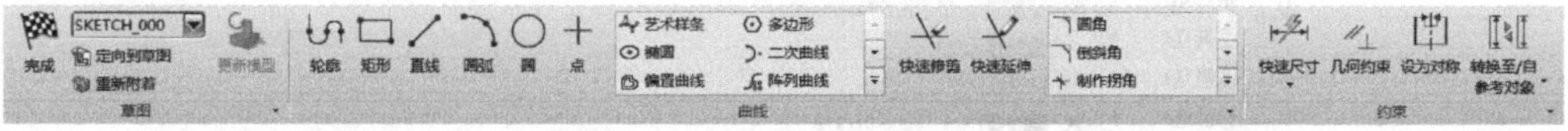

图 2.2.1 草图环境下的“主页”选项卡

2.2.1 曲线工具简介

要绘制草图，用户需要选择“主页”选项卡→“曲线”组中的绘图命令按钮，或者在“菜单”→“插入”→“曲线”中选取绘图命令，然后可通过在图形区选取坐标点创建草图对象。“曲线”组具体布局如图 2.2.2 所示。

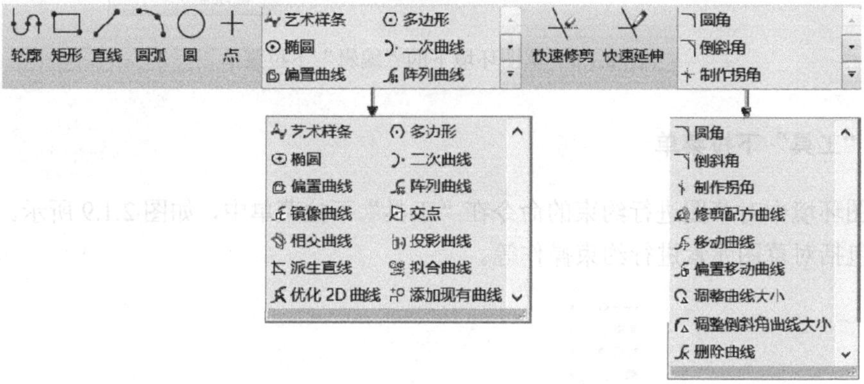

图 2.2.2 “曲线”组具体布局

2.2.2 绘制轮廓线

轮廓命令是一个比较常用的命令，使用轮廓命令可在线串模式下创建一系列的相连直线和圆弧。在线串模式下，上一条曲线的终点变成下一条曲线的起点。例如，可以通过一系列鼠标单击操作创建如图 2.2.3 所示的轮廓线。

1. 启动方式

选择“菜单”→“插入”→“曲线”→“轮廓”命令，或者单击“主页”选项卡→“曲线”组中的“轮廓”按钮。完成该操作后，弹出如图 2.2.3 所示的“轮廓”对话框。

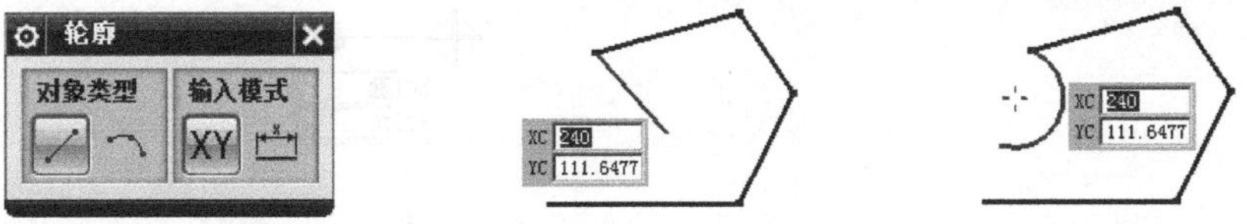

（a）“轮廓”对话框　　（b）绘制连续的对象　　（c）用轮廓命令绘制弧

图 2.2.3　绘制轮廓线

2. 选项说明

（1）对象类型

直线：创建直线。这是选择轮廓时的默认模式，在草图平面外选择的点将投影到草图平面上。

圆弧：创建圆弧。当从直线连接到圆弧时，将创建一个两点圆弧。如果在线串模式下绘制的第一个对象是圆弧，则可以创建一个三点圆弧。在默认情况下，创建圆弧后轮廓切换到直线模式。要创建一系列成链的圆弧，可双击圆弧选项。

（2）输入模式

坐标模式：使用 *X* 和 *Y* 坐标值创建曲线点。

参数模式：使用与直线或圆弧曲线类型对应的参数创建曲线点。直线的参数是长度和角度，圆弧的参数是半径和扫掠角度。

2.2.3　绘制直线

使用直线命令，根据约束自动判断和捕捉选择来创建直线，是草图绘制中最基本的方法。

1. 启动方式

选择“菜单”→“插入”→“曲线”→“直线”命令，或单击“主页”选项卡→“曲线”组中的“直线”按钮。完成该操作后，弹出如图 2.2.4 所示的“直线”对话框。

2. 选项说明

（1）坐标模式：使用 *XC* 和 *YC* 坐标创建直线的起点或终点。这是绘制直线起点的默认模式。

（2）参数模式：使用长度和角度参数创建直线的起点或终点。绘制直线的终点时，NX 会切换到此模式。

如图 2.2.5 所示是绘制直线的一个示例，其中，第一个直线点位于 *XC-YC* 平面上 90mm 和 70mm 处，输入方式是坐标模式；第二个直线点位于长度 45mm、角度 300° 处，输入方式是参数模式。

图 2.2.4 “直线”对话框

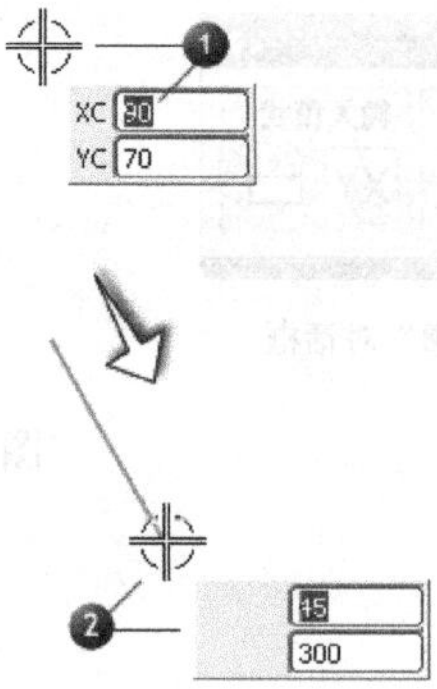

图 2.2.5 绘制示例

2.2.4 绘制圆弧

圆弧是圆的一部分，在草图中经常绘制光顺的线条。

1. 启动方式

选择“菜单”→“插入”→“曲线”→“圆弧”命令（或单击“主页”选项卡→“曲线”组→“圆弧”按钮），弹出如图 2.2.6 所示的“圆弧”对话框。

2. 选项说明

绘制圆弧有两种方法：一种是通过确定圆弧的两个端点和圆弧上的一个点来创建圆弧；另一种是通过确定圆弧的中心和端点来创建圆弧。两种方法均可使用坐标或参数模式，通过“圆弧”对话框→“输入模式”组中的按钮进行切换。

（1）绘制圆弧方法

① 通过三点的圆弧：用于创建一条经过三个点的圆弧——起点、终点及圆弧上一点。可捕捉与各类曲线相切的点作为第三点，也可以直接输入半径。如图 2.2.7 所示是通过三点绘制圆弧的一个示例。

图 2.2.6 “圆弧”对话框

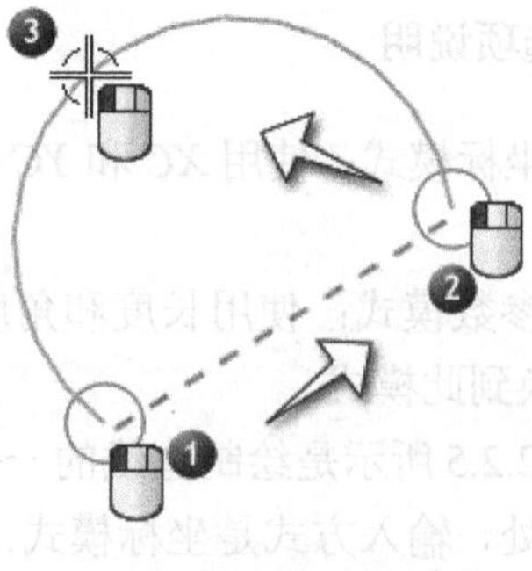

图 2.2.7 三点绘制圆弧示例

使用这种方法时，如果移动光标使其穿过任一圆形标记，则可以将第三个点变为端点，而不是圆弧上的一个点，其变化如图 2.2.8 所示。

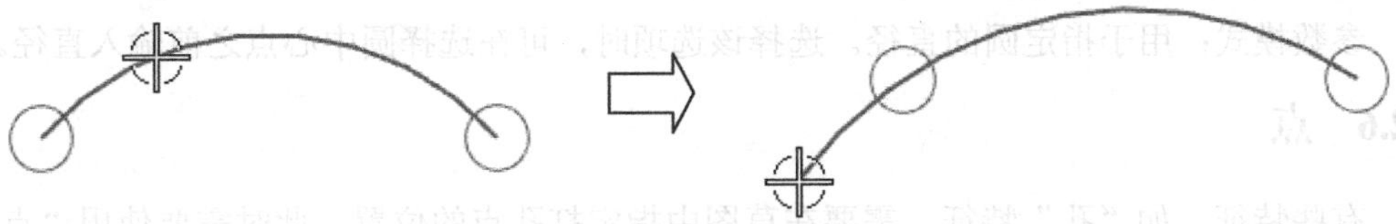

图 2.2.8　指定中间点与指定端点

② 通过中心和端点定圆弧：通过定义圆弧中心、圆弧起点和圆弧终点来创建圆弧。

（2）输入模式

坐标模式：使用坐标值来指定圆弧的点。

参数模式：用于指定三点定圆弧的半径参数。对于通过中心和端点定圆弧，用户可指定半径和扫掠角度两个参数。

2.2.5 绘制圆

圆是绘制草图时常用的封闭图形元素，如圆孔和和凸台的截面轮廓。

1. 启动方式

选择“菜单”→“插入”→“曲线”→“圆”命令（或单击“主页”选项卡→“曲线”组中的“圆”按钮），弹出如图 2.2.9 所示的“圆”对话框。

2. 选项说明

绘制圆有两种方法：一种是通过指定圆心和直径来绘制，另一种是通过指定圆上三点来绘制。两种方法均可使用坐标或参数模式，通过“圆”对话框→“输入模式”组中的按钮切换。如图 2.2.10 所示是使用第一种方法绘制圆的一个示例。

图 2.2.9 “圆”对话框

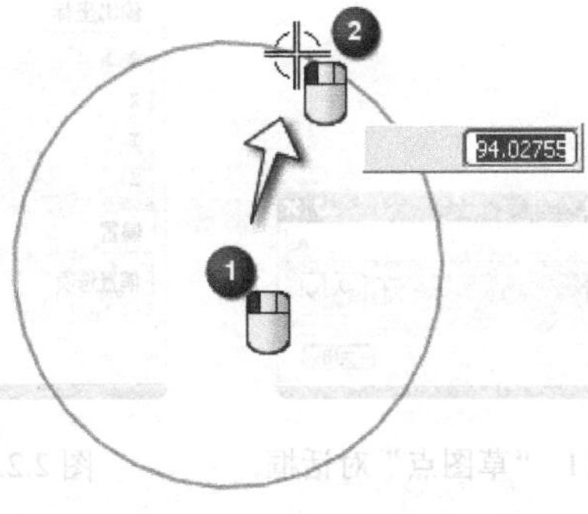

图 2.2.10　绘制示例

（1）绘制圆方法

圆心和直径定圆：通过指定圆心和直径创建圆。

三点定圆：通过指定三点创建圆。

（2）输入模式

坐标模式：使用坐标值来指定圆上的点。

参数模式：用于指定圆的直径。选择该选项时，可在选择圆中心点之前输入直径。

2.2.6 点

有些特征，如“孔”特征，需要在草图中指定打孔点的位置，此时需要使用“点”命令来满足要求。

1. 启动方式

选择“菜单”→“插入”→“基准/点”→“点”命令（或单击“主页”选项卡→“曲线”组→“点”按钮），弹出如图 2.2.11 所示的“草图点”对话框。

2. 选项说明

该对话框的选项焦点一直在“指定点”上，所以用户可以在图形区域直接选取点。如果用户需要通过选择一个对象来自动判断点，此时上边框条中点捕捉方式中的过滤选项可用。如果用户需要快速指定一种点捕捉方式而过滤掉其余的点捕捉方式，可以在对话框中的点捕捉方式中选择相应的方式，如曲线的端点或圆的圆心等。如果需要更多点构造方式，可以单击“草图点”对话框中的“点”按钮，弹出如图 2.2.12 所示的“点”对话框，在该对话框“类型”列表中选择更多的点构造方式，如图 2.2.13 所示，也可以通过直接输入在某个坐标系中的坐标值来确定点的位置。

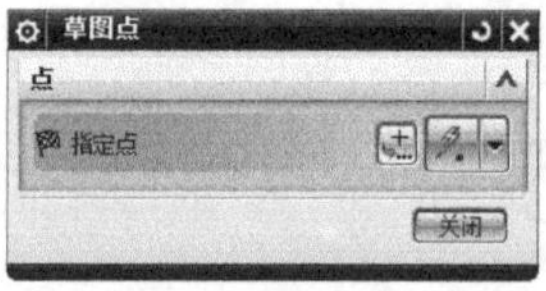

图 2.2.11 “草图点”对话框

图 2.2.12 “点”对话框

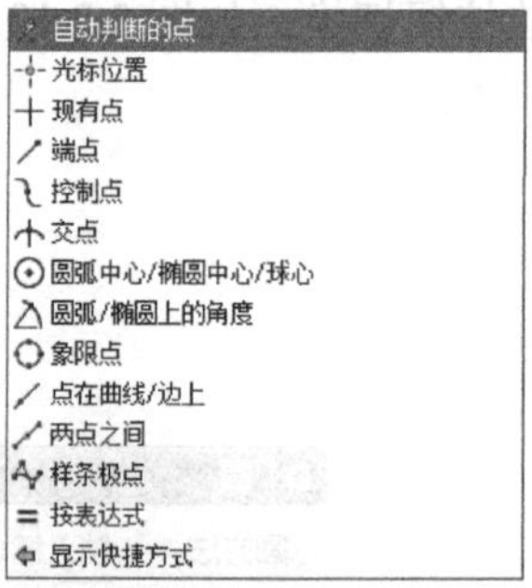

图 2.2.13 更多点构造方式

2.2.7 绘制矩形

矩形是常用的封闭直线图形。

1. 启动方式

选择“菜单”→“插入”→“曲线”→“矩形”命令（或单击“主页”选项卡→“曲线”组中的“矩形”按钮），弹出如图 2.2.14（a）所示的“矩形”对话框。

2. 选项说明

绘制矩形有三种方法（见图 2.2.14（b)、(c)、(d)）：一种是通过确定两个对角点来创建矩形；另一种是通过确定三个顶点来创建矩形；第三种是通过选取中心点、一条边的中点和顶点来创建矩形。

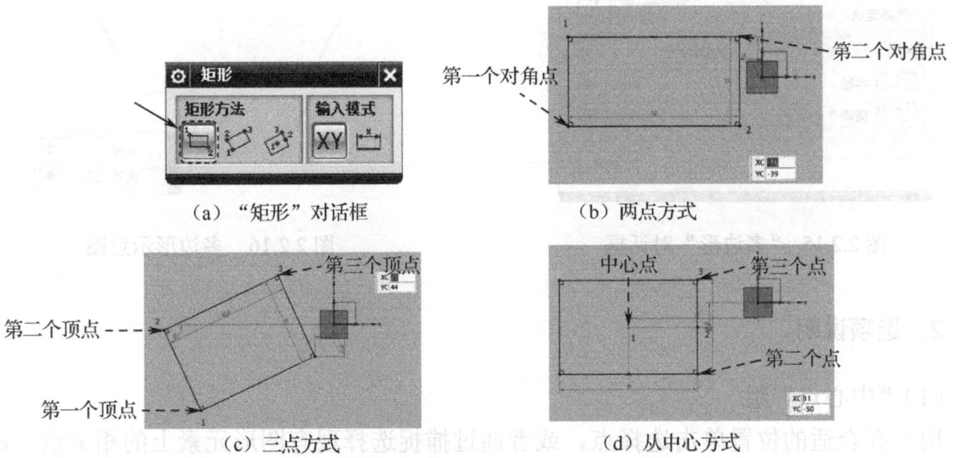

（a）“矩形”对话框　（b）两点方式

（c）三点方式　（d）从中心方式

图 2.2.14　绘制矩形方法

（1）绘制矩形方法

两点方式：根据对角上的两点创建矩形。矩形与 *XC* 和 *YC* 草图轴平行。

三点方式：用于创建和 *XC* 轴及 *YC* 轴成角度的矩形。前两个点显示宽度和与轴之间的角度，第三点指示高度。选择第一点之后、第二点之前，可以拖动鼠标左键在按两点和按三点方式之间进行切换。

从中心方式：先指定中心点，第二点指定角度和宽度，第三点指定高度。

（2）输入模式

坐标模式：用 *XC*、*YC* 坐标值为矩形指定点。使用屏幕输入框或在图形窗口中单击鼠标左键指定坐标。

参数模式：用相关参数值为矩形指定点。

2.2.8　多边形

正多边形是较为复杂的封闭直线图形，使用“多边形”命令直接绘制正多边形更方便快捷。

1. 启动方式

选择“菜单”→“插入”→“曲线”→“多边形”命令（或单击“主页”选项卡→“曲线”组→“曲线”库中的“矩形”按钮），弹出如图 2.2.15 所示的“多边形”对话框。如图 2.2.16 所示为绘制多边形示意图。

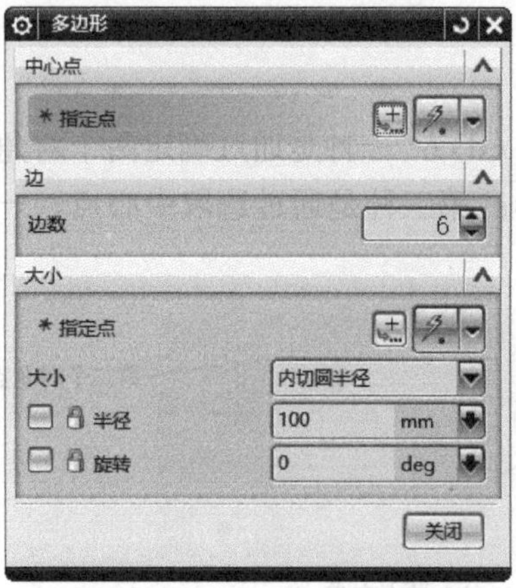

图 2.2.15 “多边形”对话框

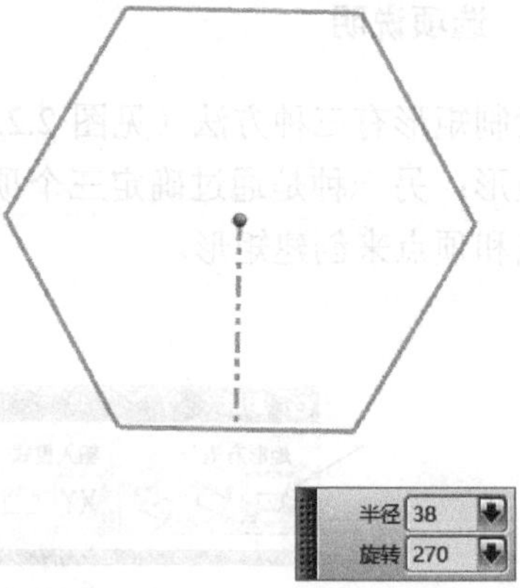

图 2.2.16 多边形示意图

2. 选项说明

(1)“中心点”组

用户在合适的位置单击选择点，或者通过捕捉选择现有图形元素上的相关点，还可以单击“点”按钮，通过“点”对话框来精确确定中心点的位置。

(2)“边”组

在“边数”框中输入多边形的边数。

(3)“大小”组

“大小”下拉列表：用来选择多边形大小的指定方式，包括下面三种方式。

①“内切圆半径”：指定从中心点到多边形边的距离。

②“外接圆半径”：指定从中心点到多边形拐角的距离。

③“边长”：指定多边形边的长度。

“半径”输入框：当“大小”下拉列表设为“内切圆半径”或“外接圆半径”时可用，用来设置多边形内切圆和外接圆半径的大小，可用前面的复选框锁定该值。

“长度”输入框：“大小”下拉列表设为“边长”时可用，用来设置多边形边的长度，可用前面的复选框锁定该值。

“旋转”输入框：控制从草图水平轴开始测量的旋转角度，可用前面的复选框锁定该值。

2.2.9 样条曲线

样条曲线是指包含一个或多个曲线段的图形，可用“艺术样条”命令来绘制。

1. 启动方式

选择“菜单”→“插入”→“曲线”→“艺术样条”命令（或单击“主页”选项卡→“曲线”组→“曲线”库中的“艺术样条”按钮），弹出如图 2.2.17 所示的“艺术样条”对话框。

2. 选项说明

(1)"类型"组

"通过点":通过定义点指定样条曲线穿过的点来创建样条,如图 2.2.18(a)所示。

"根据极点":通过定义点指定样条曲线的极点来创建样条,如图 2.2.18(b)所示。

图 2.2.17 "艺术样条"对话框

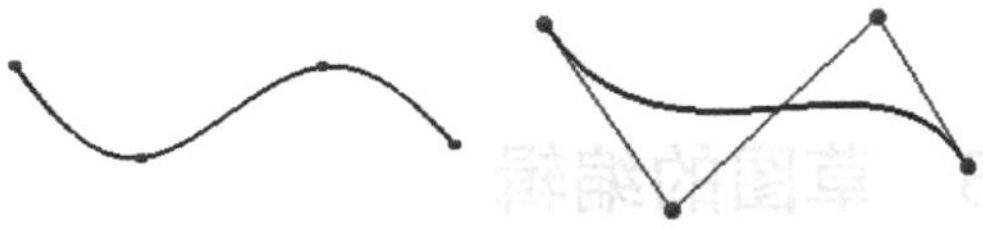

(a)"通过点"方式 (b)"根据极点"方式

图 2.2.18 不同的类型

(2)"点/极点位置"组

指定样条的定义点。

(3)"参数化"组

"次数"输入框:指定样条基的阶次,如果是通过"根据极点"方式来创建样条的,极点数不能少于次数。一般来说阶次越高,能表现的形状越复杂,精度越高,但也更容易发生样条的扭曲。

"封闭"选项:通过"根据极点"方式来创建样条时出现此选项,如果勾选,样条首尾将连接在一起。

"匹配的结点位置"选项:"通过点"来创建样条时出现此选项,如果勾选,定义点所在的位置也将是结点。

"单段"选项:仅当类型设置为"根据极点"时可用。在至少指定两个极点时,创建样条预览。选中此选项后,样条次数必须为极点总数减一,同时,极点数越多,样条的次数越高。

2.2.10 绘制派生直线

绘制派生直线是指绘制与已有直线平行的直线,或两直线的中位线,或两条不平行直线的角平分线。

选择"菜单"→"插入"→"来自曲线集的曲线"→"派生直线"命令(或单击"主页"选项卡→"曲线"组→"曲线"库中的"派生直线"按钮),启动"派生直线"命令,此命令没有对话框，但在左下角的“提示栏”有操作提示。如图 2.2.19 所示是该命令的选取操作与操作结果。

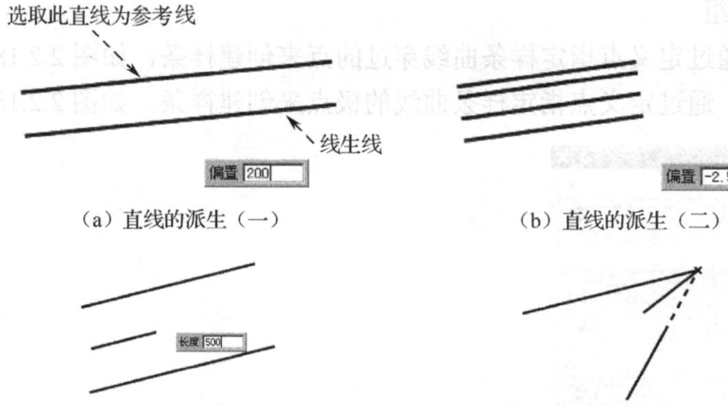

（a）直线的派生（一）　（b）直线的派生（二）

（c）派生两条平行线中间的直线　（d）派生角平分线

图 2.2.19　绘制派生直线

2.3　草图的编辑

草图创建完成后，用户可以编辑草图。编辑草图时首先打开要编辑的草图，打开草图后，草图处于活动状态，此时用户可添加、删除或者修改该草图中的对象。

打开草图的方式取决于这个草图是内部的还是外部的。

如果草图是内部草图，可以在“部件导航器”中，右击草图所属特征，然后进行编辑。还可以在“部件导航器”或图形窗口中，双击草图所属特征，在“特征”对话框中，单击绘制截面步骤以激活草图任务环境。

如果草图是外部草图，在建模模式下，可使用多种方法打开外部草图，具体取决于工作首选项。用户可以在图形窗口中双击一条草图曲线，或者在“部件导航器”中双击草图特征，还可以右击一个草图，然后进行编辑。

如果在一次模型更新中需要编辑多个草图，可以在草图任务环境中选择其他草图。切换草图的方式是从“主页”选项卡→“草图”组→“草图名称”下拉列表中选择草图名称，如图 2.3.1 所示。

图 2.3.1　“草图名称”下拉列表

要编辑其他草图，可在“部件导航器”中双击草图，或从草图名称列表中选择另一个草图。

2.3.1 草图对象的编辑

在草图环境中可以对直线、圆弧、圆、样条等草图对象进行复制、移动、编辑操作，常见操作方式如表 2.3.1 所示。

表 2.3.1 常见操作方式

目 的	操 作
移动曲线、点或尺寸	拖动曲线、点或尺寸
在捕捉时竖直或水平移动曲线或点	按住 Shift 键，拖动曲线或点
不捕捉时竖直或水平移动曲线或点	按住 Shift+Alt 键，拖动曲线或点
复制曲线或点	按住 Ctrl 键，拖动曲线或点
不捕捉时竖直或水平复制曲线或点	按住 Ctrl+Shift 键，拖动曲线或点
编辑对象	双击对象

（1）对于直线，用户可以拖动单个端点来改变其长度和方向，也可以避开端点拖动整条直线来单独改变直线位置，如图 2.3.2 所示。

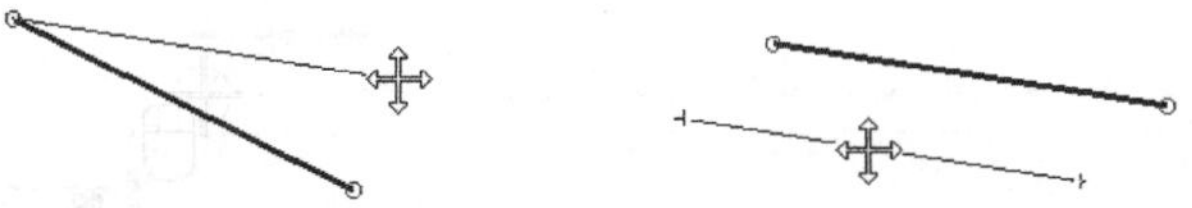

（a）直线的转动和拉伸　　（b）直线的移动

图 2.3.2 直线的编辑

（2）对于圆，用户可以拖动圆周修改其半径大小，也可以拖动圆心来改变整个圆的位置，如图 2.3.3 所示。

（a）圆的缩放　　（b）圆的移动

图 2.3.3 圆的编辑

（3）对于圆弧，用户可以拖动圆心来改变整个圆弧的位置，也可以拖动单个端点来改变端点的位置，如图 2.3.4 所示。如果要修改其半径大小，可以通过拖动单个端点来实现，也可以避开端点拖动圆弧本身，具体选择哪种方式根据实际情况而定。

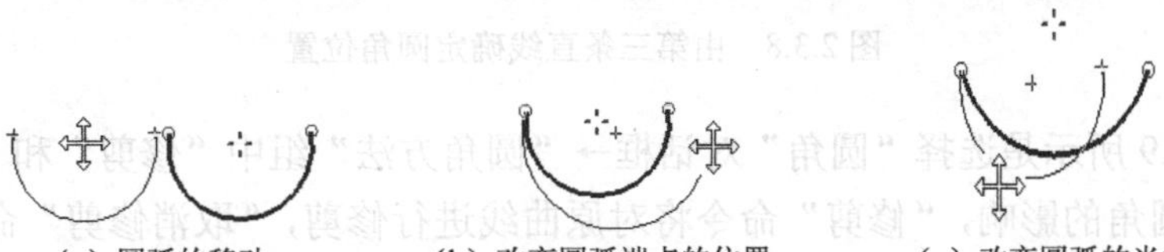

（a）圆弧的移动　　（b）改变圆弧端点的位置　　（c）改变圆弧的半径

图 2.3.4 圆弧的编辑

（4）样条曲线的编辑包括改变形状和位置，前者通过移动其通过点或控制点来完成，后者要避开其通过点或控制点，拖动样条本身，如图 2.3.5 所示。

（a）操作 1：改变曲线的形状　　（b）操作 2：曲线的移动

图 2.3.5　样条曲线的编辑

2.3.2　绘制圆角

选择“菜单”→“插入”→“曲线”→“圆角”命令（或单击“主页”选项卡→“曲线”组→“编辑曲线”库中的“圆角”按钮），弹出如图 2.3.6 所示的“圆角”对话框。如图 2.3.7 所示，选择两条直线，选择一个位置放置，即可创建一个圆角。选择放置位置时也可以通过选择第三条直线来确定圆角的位置，这样得到的圆角圆弧与第三条直线相切，如图 2.3.8 所示。

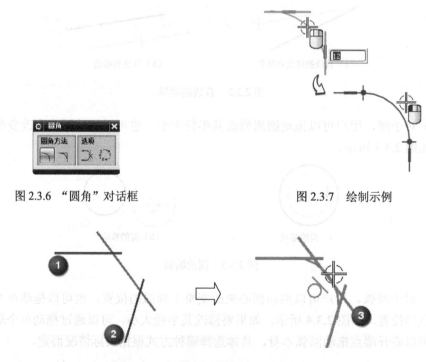

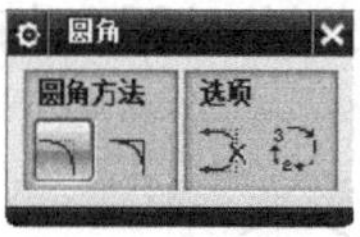

图 2.3.6 “圆角”对话框

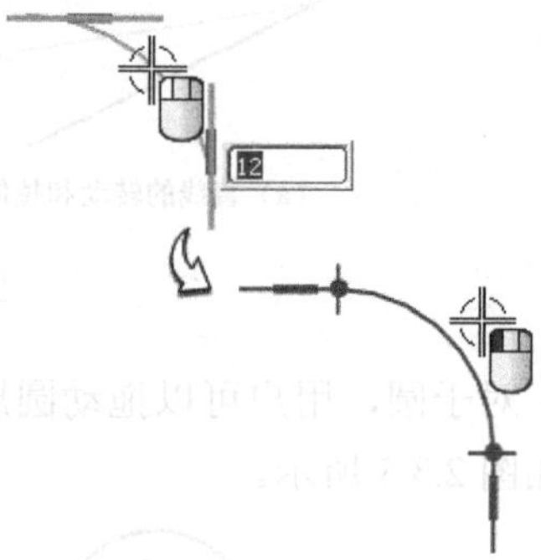

图 2.3.7　绘制示例

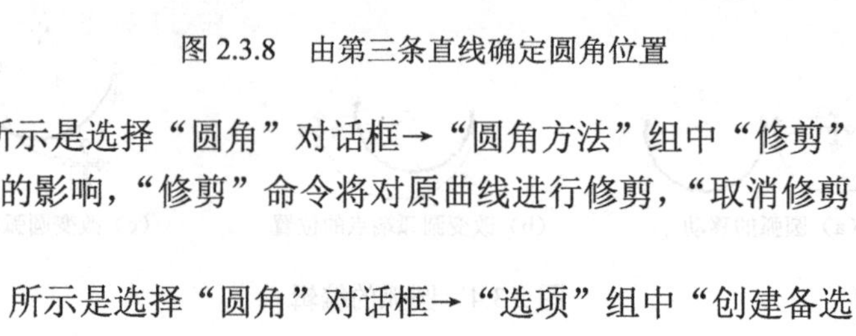

图 2.3.8　由第三条直线确定圆角位置

如图 2.3.9 所示是选择“圆角”对话框→“圆角方法”组中“修剪”和“取消修剪”命令对所得圆角的影响，“修剪”命令将对原曲线进行修剪，“取消修剪”命令则将保留原曲线。

如图 2.3.10 所示是选择“圆角”对话框→“选项”组中“创建备选圆角”命令对所

得圆角的影响，“创建备选圆角”命令可以生成圆角的补圆弧。

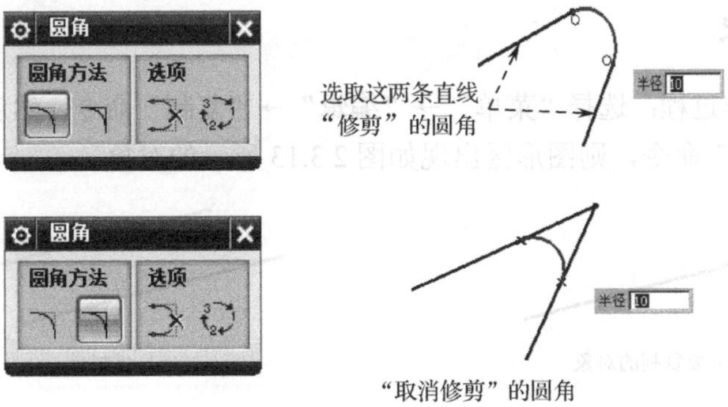

图 2.3.9 用不同命令绘制圆角

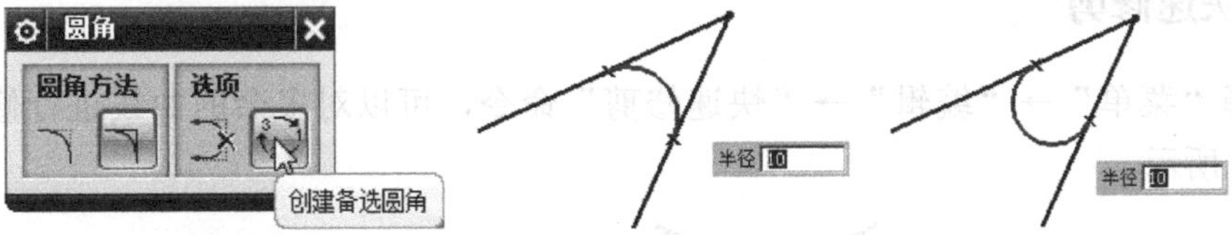

图 2.3.10 “创建备选圆角”命令

2.3.3 制作拐角

选择“菜单”→“插入”→“曲线”→“制作拐角”命令（或单击“主页”选项卡→“曲线”组→“编辑曲线”库中的“制作拐角”按钮），弹出如图 2.3.11 所示“制作拐角”对话框。

使用“制作拐角”命令，可通过将两条输入曲线延伸和修剪到一个公共交点来创建拐角，如图 2.3.12 所示为制作拐角过程。

如果创建自动判断约束选项已开启，则在交点处创建一个重合约束。

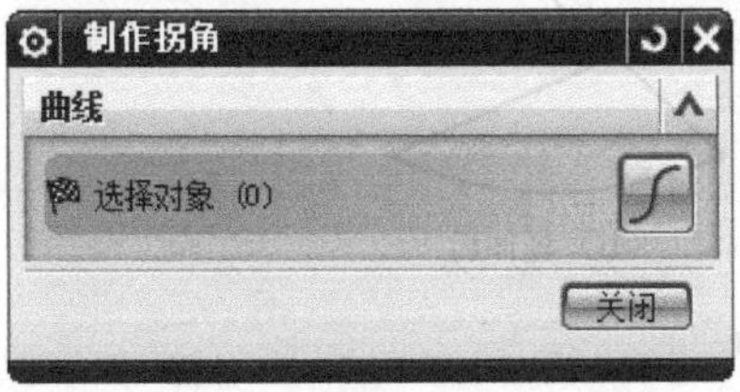

图 2.3.11 “制作拐角”对话框

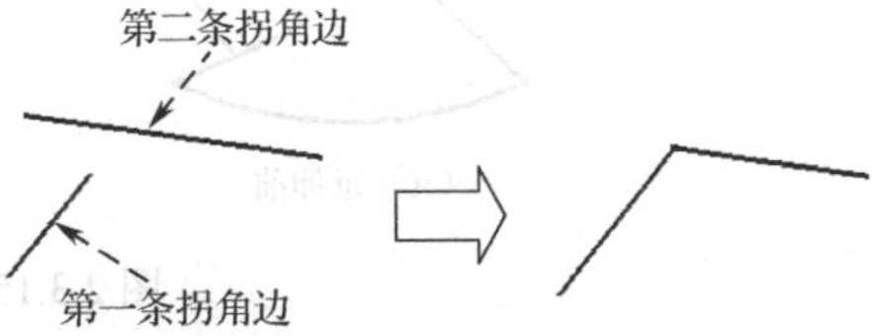

图 2.3.12 制作拐角过程

2.3.4 删除对象

在图形区单击或框选要删除的对象（框选时要框住整个对象），此时可看到选中的对象变成橘黄色（具体颜色取决于“可视化首选项”对话框→“颜色/字体”选项卡中的设置，该对话框由“文件”选项卡→“首选项”菜单→“可视化”命令启动）。按一下键盘上的 Delete 键，所选对象即被删除。

2.3.5 复制对象

复制对象操作过程：选择“菜单”→“编辑”→“复制”命令，然后选择“菜单”→“编辑”→“粘贴”命令，则图形区出现如图 2.3.13 所示的对象。

（a）要复制的对象　　（b）复制后

图 2.3.13　对象的复制

2.3.6 快速修剪

选择“菜单”→“编辑”→“快速修剪”命令，可以对多余的曲线进行修剪，如图 2.3.14 所示。

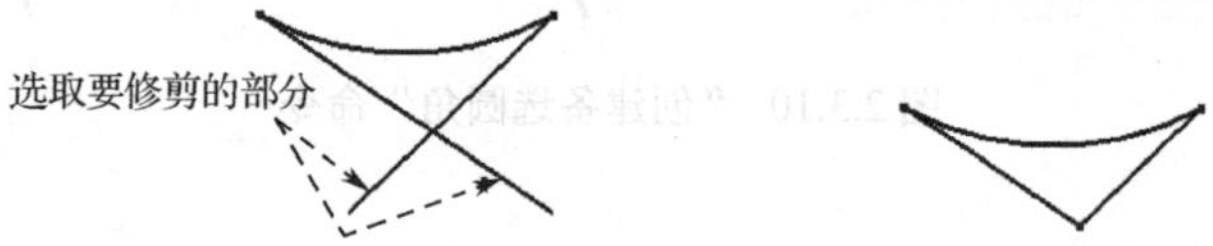

（a）修剪前　　（b）修剪后

图 2.3.14　快速修剪

2.3.7 快速延伸

选择“菜单”→“编辑”→“快速延伸”命令，可以将曲线延伸到下一个边界，如图 2.3.15 所示。

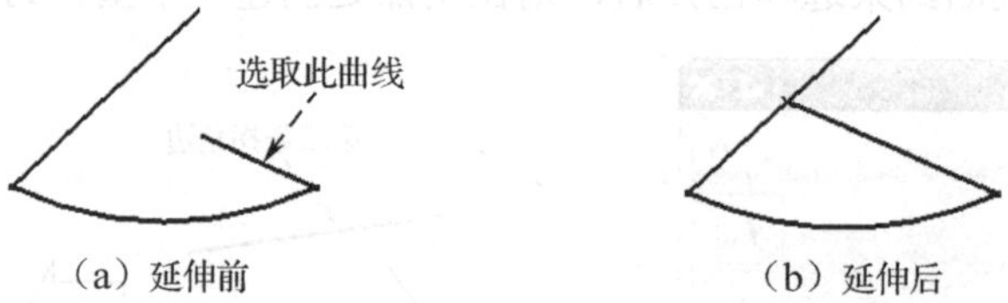

（a）延伸前　　（b）延伸后

图 2.3.15　快速延伸

2.3.8 镜像

镜像可以将草图对象以一条直线为对称中心，将所选取的对象以这条对称中心线为轴进行复制，生成新的草图对象。

选择“菜单”→“插入”→“镜像”命令，弹出如图 2.3.16 所示“镜像曲线”对话框。通过此对话框用户可以创建镜像曲线，如图 2.3.17 所示。

图 2.3.16 “镜像曲线”对话框

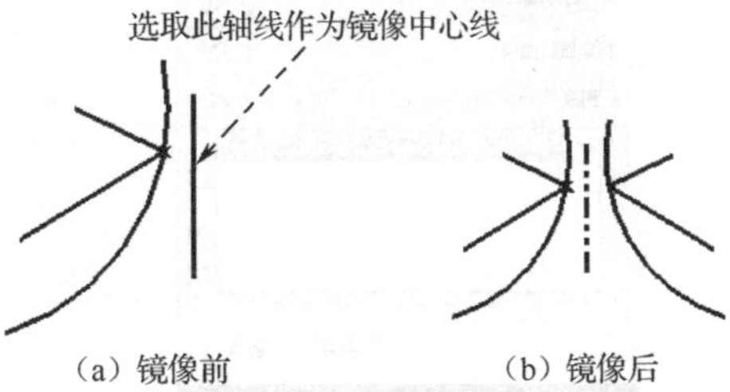

图 2.3.17　镜像操作

2.3.9　偏置曲线

偏置曲线就是对当前草图中的曲线进行偏移，从而产生与参照曲线相关联、形状相似的新的曲线。

选择“菜单”→“插入”→“偏置曲线”命令，弹出如图 2.3.18 所示“偏置曲线”对话框。通过此对话框用户可以创建偏置曲线，如图 2.3.19 所示。

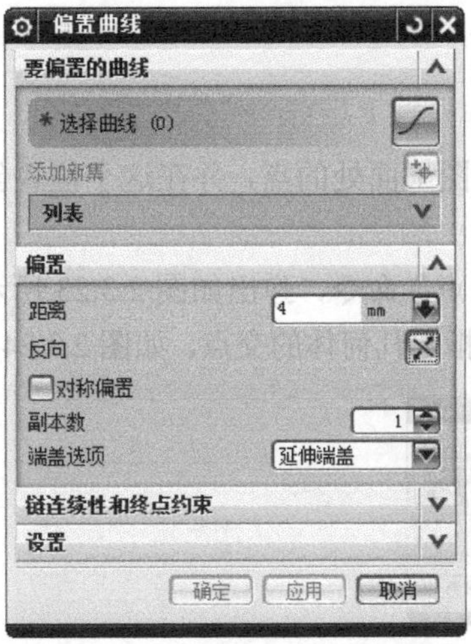

图 2.3.18 “偏置曲线”对话框

图 2.3.19　偏置曲线的创建

2.3.10　编辑定义截面

草图曲线一般可用于拉伸、旋转和扫描特征剖面，如果要改变特征剖面的形状，可以通过“编辑定义截面”功能来实现。

在草图环境下，选择“菜单”→“编辑”→“编辑定义截面”命令，弹出如图 2.3.20 所示的“编辑定义截面”对话框。通过此对话框用户可以创建编辑定义截面，如图 2.3.21 和图 2.3.22 所示。

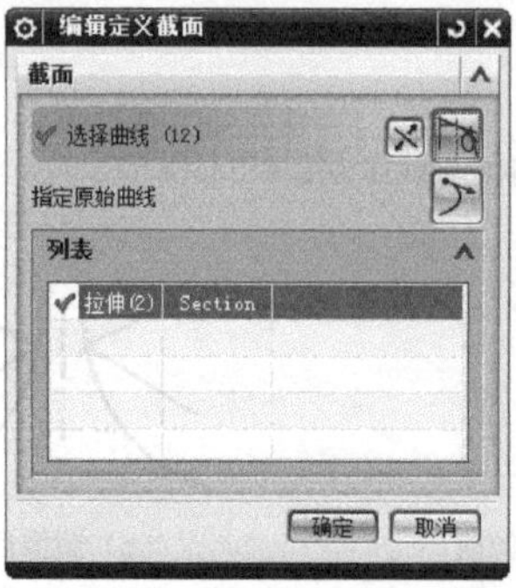

图 2.3.20 “编辑定义截面”对话框

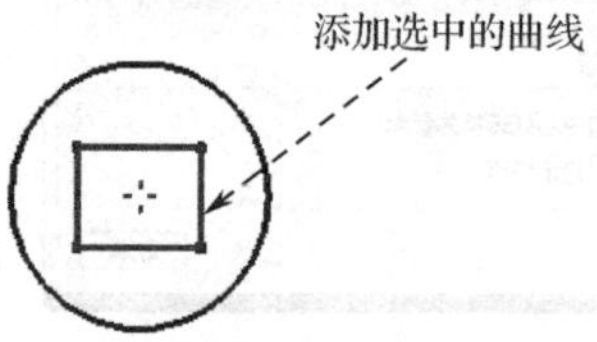

图 2.3.21 添加选中的曲线

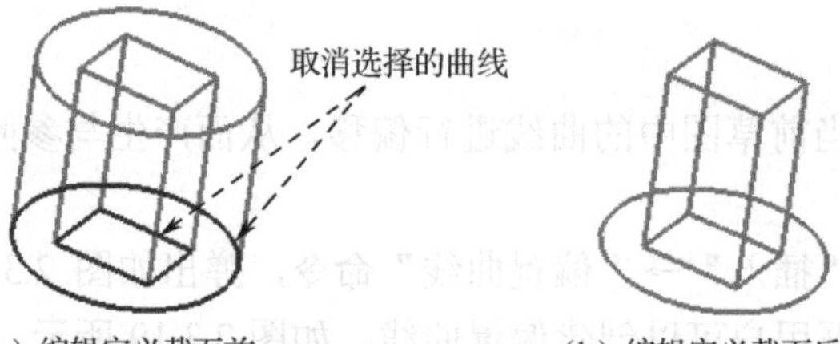

（a）编辑定义截面前　　（b）编辑定义截面后

图 2.3.22 编辑定义截面

2.3.11 交点

“交点”命令可以方便地查找指定几何体穿过草图平面处的点，并在这个位置创建一个关联点和基准轴。

在草图环境下，选择“菜单”→“插入”→“交点”命令，弹出如图 2.3.23 所示“交点”对话框。通过此对话框用户可以创建草图平面与指定几何体的交点，如图 2.3.24 所示。

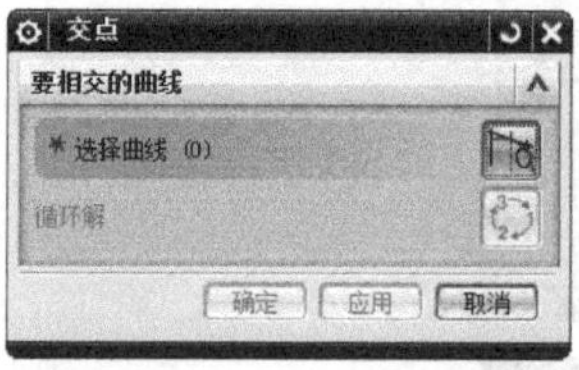

图 2.3.23 “交点”对话框

（a）创建前　　（b）创建后

图 2.3.24 交点操作

2.3.12 相交曲线

“相交曲线”命令可以通过用户指定的面与草图基准平面相交产生一条曲线。

在草图环境下，选择“菜单”→“插入”→“相交曲线”命令，弹出如图 2.3.25 所示“相交曲线”对话框。通过此对话框用户可以创建草图平面与指定几何体的相交线，如图 2.3.26 所示。

图 2.3.25 “相交曲线”对话框

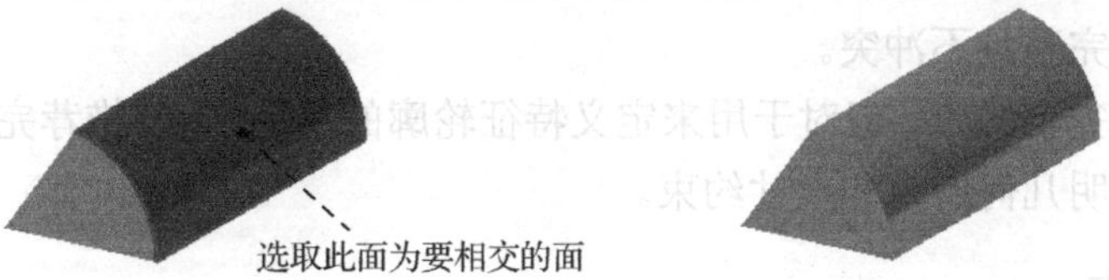

（a）创建前 （b）创建后

图 2.3.26 相交操作

2.3.13 投影曲线

“投影曲线”命令是将选取的对象按垂直于草图工作平面的方向投影到草图中，使之成为草图对象。

在草图环境下，选择“菜单”→“插入”→“投影曲线”命令，弹出如图 2.3.27 所示“投影曲线”对话框。通过此对话框用户可以创建投影曲线，如图 2.3.28 所示。

图 2.3.27 “投影曲线”对话框

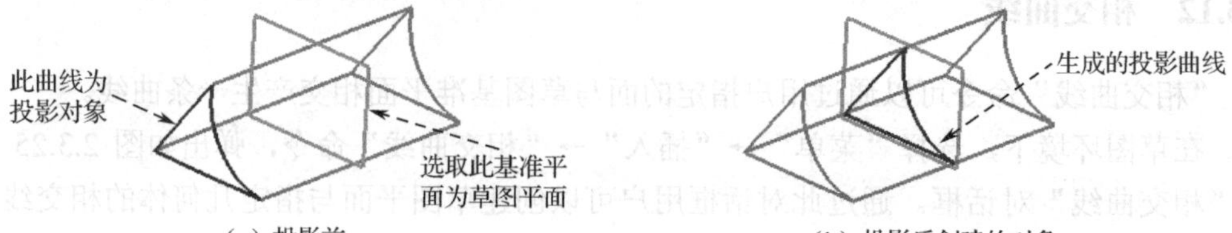

（a）投影前　　（b）投影后创建的对象

图 2.3.28　投影操作

2.4　草图的约束

2.4.1　草图约束概述

草图约束主要包括几何约束和尺寸约束两种类型。几何约束用来定位草图对象和确定草图对象之间的相互关系，而尺寸约束是用来驱动、限制和约束草图几何对象的大小和形状的。

在草图中，用户可以将几何关系和尺寸关系作为约束，以全面捕捉设计意图。用约束创建参数驱动的设计，比较容易更新并且可预见性更好。NX 会在用户工作时评估约束，以确保这些约束完整且不冲突。

草图不需要完全约束，但对于用来定义特征轮廓的草图，NX 推荐完全约束。下面通过两个例子来说明几何约束和尺寸约束。

1．几何约束

几何约束是指指定并维持草图几何图形（或草图几何图形之间）的几何条件。如图 2.4.1 所示的几何约束建立了以下几种关系：①相切；②竖直；③水平；④偏置；⑤垂直；⑥重合。

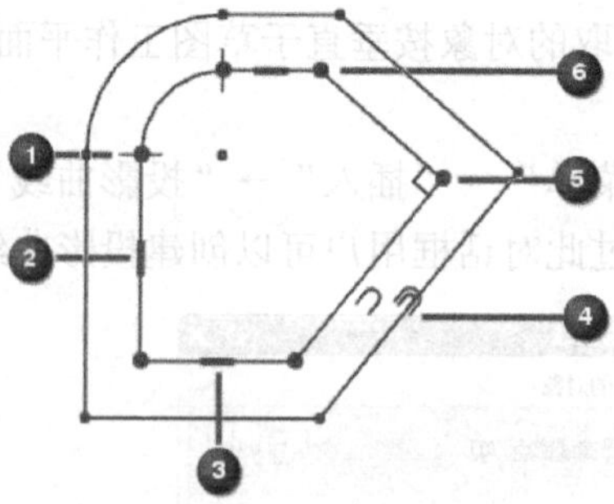

图 2.4.1　几何约束示例

在草图中，几何约束符号显示方式如图 2.4.2 所示。

约束的类型	命令图标	图形窗口中的图标	约束的类型	命令图标	图形窗口中的图标
固定			等半径		=
完全固定			定长		
重合		•	定角		
同心		•	镜像曲线		
共线		=	设为对称		
点在曲线上		○	阵列曲线		
点在线串上		○	阵列曲线		
中点			阵列曲线		
水平			阵列曲线		
竖直			偏置曲线		⊂
平行		//	曲线的斜率		
垂直			缩放，均匀		
相切			缩放，非均匀		
等长		=	修剪		

图 2.4.2　几何约束符号列表

2. 尺寸约束

尺寸约束是指指定并维持草图几何图形（或草图几何图形之间）的尺寸。尺寸约束也称为驱动尺寸。如图 2.4.3 所示，尺寸可以建立以下对象。

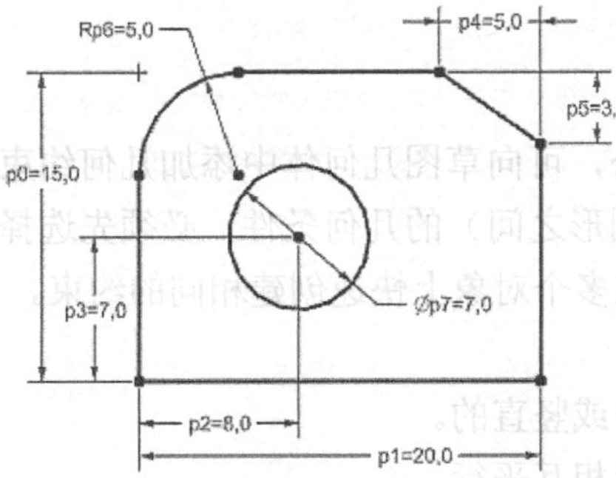

图 2.4.3　尺寸约束示例

（1）草图对象的尺寸，如圆弧半径或曲线长度。

（2）两个对象间的关系，如两点间的距离。

需要注意的是，尺寸约束看起来与制图尺寸相同。不过，制图尺寸仅仅起注释作用，而尺寸约束可以控制草图对象的尺寸。

2.4.2 约束工具简介

进入草图环境后，在“主页”选项卡上会出现绘制草图时所需要的“约束”组，如图 2.4.4 所示。

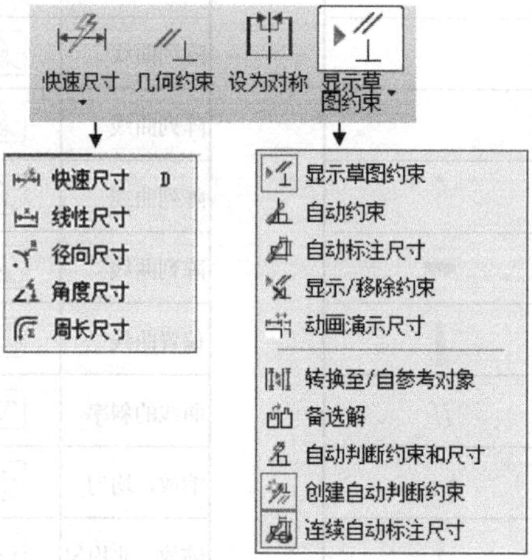

图 2.4.4 “约束”组

（1）“快速尺寸”命令是“尺寸”下拉菜单的默认项目，单击其下方的箭头展开该下拉菜单，可以选择别的尺寸命令，一般情况下使用“快速尺寸”命令添加尺寸约束。

（2）“几何约束”命令用于为草图对象添加几何约束。

（3）“设为对称”命令用于为草图对象添加几何约束中的镜像约束。

（4）“显示草图约束”命令是“约束”下拉菜单的默认项目，用于控制是否在草图中显示对草图施加的所有几何约束，单击其下方的箭头展开该下拉菜单，可以选择别的命令。

其中，“创建自动判断约束”命令用于控制是否为草图对象自动添加几何约束。

2.4.3 添加几何约束

使用“几何约束”命令，可向草图几何体中添加几何约束。这些约束指定并维持草图几何图形（或草图几何图形之间）的几何条件，必须先选择约束类型，再选择要约束的对象。通过此工作流可在多个对象上快速创建相同的约束。

几何约束可以：

（1）将直线定义为水平或竖直的。

（2）确保多条直线保持相互平行。

（3）要求多个圆弧有相同的半径。

（4）在空间中定位草图或相对于外部对象定位草图。

在草图中，添加几何约束主要有三种方法：使用对话框添加几何约束、使用快捷工具条添加几何约束和自动创建几何约束。

1．使用对话框添加几何约束

使用对话框添加几何约束属于手工添加约束，即对所选对象由用户自己来指定某种约束。

单击“主页”选项卡→“约束”组→“几何约束”按钮，弹出如图 2.4.5 所示“几何约束”对话框。

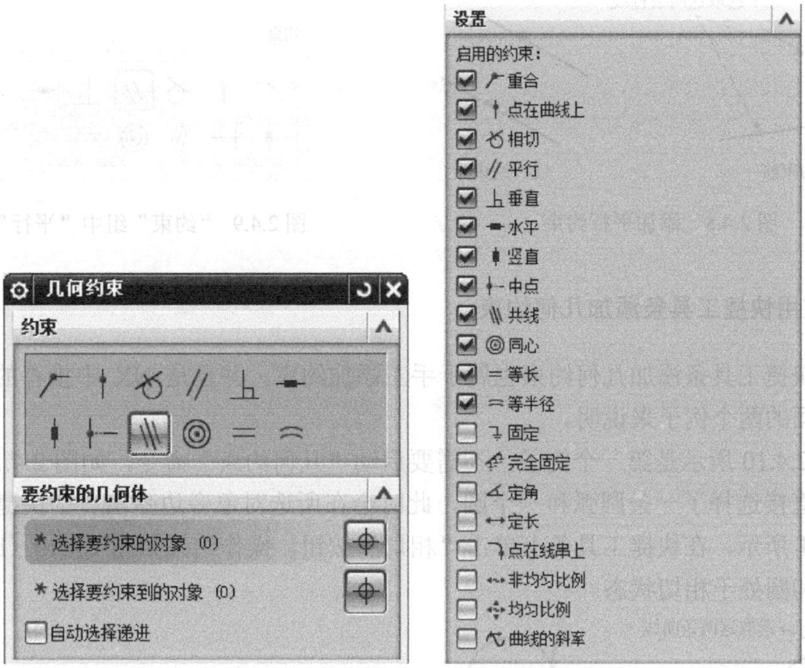

图 2.4.5　“几何约束”对话框

（1）“约束”组用于指定要创建的约束的类型。

（2）“要约束的几何体”组用于选择要约束的草图对象，此组中的“自动选择递进”复选框影响被约束对象的选取方式，选中该复选框后，用户无须单击确定即可下移至选择要约束的对象选项。

（3）“设置”组中“启用的约束”列表显示了所有可用约束项，那些被勾选的约束项会显示在对话框的“约束”组中。

如图 2.4.6 所示是第一个例子，启动“几何约束”命令，如图 2.4.7 所示，在“几何约束”对话框→“约束”组中单击“相切”按钮，确认“要约束的几何体”组→“自动选择递进”复选框被选中，然后依次选择图 2.4.6（a）所示的圆弧和圆，单击“确定”按钮，操作结果如图 2.4.6（b）所示，此时圆弧和圆处于相切状态。

如图 2.4.8 所示是第二个例子，启动“几何约束”命令，如图 2.4.9 所示，在“几何约束”对话框→“约束”组中单击“平行”按钮，确认“要约束的几何体”组→“自动选择递进”复选框被选中，然后依次选择图 2.4.8（a）所示的两条直线，单击“确定”按钮，操作结果如图 2.4.8（b）所示，此时两条直线处于平行状态。

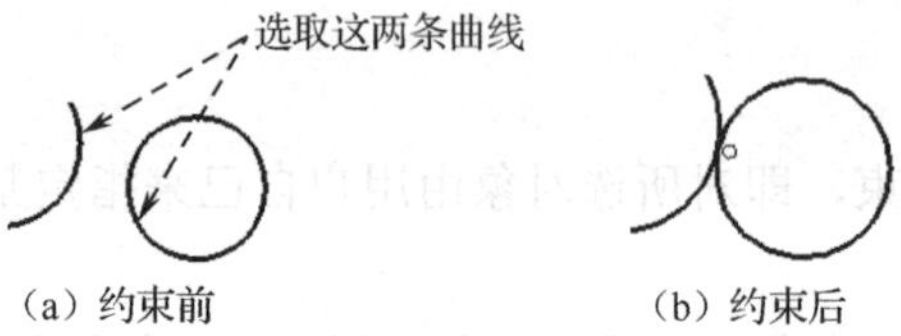

图 2.4.6　添加相切约束

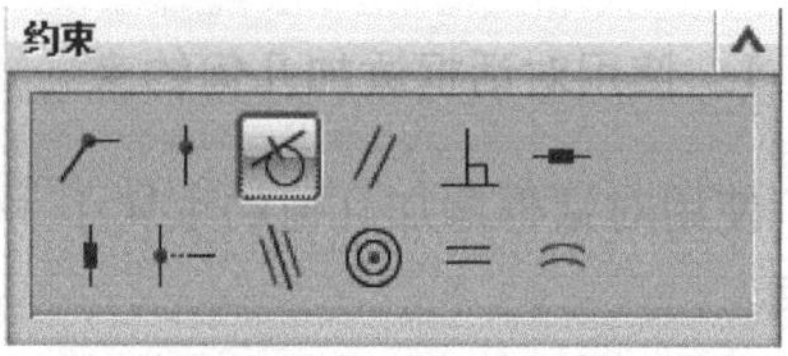

图 2.4.7 “约束”组中“相切”约束

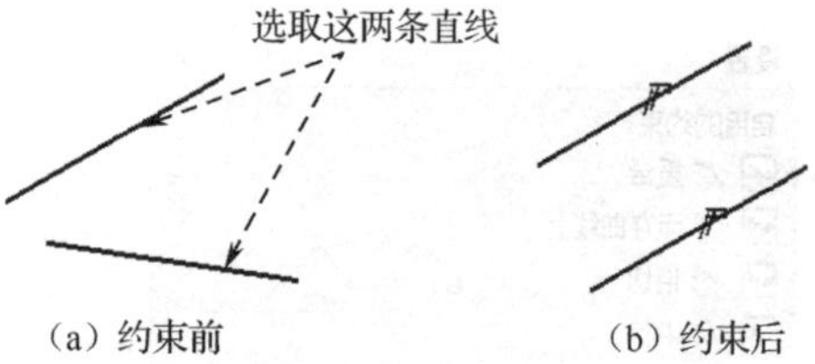

图 2.4.8　添加平行约束

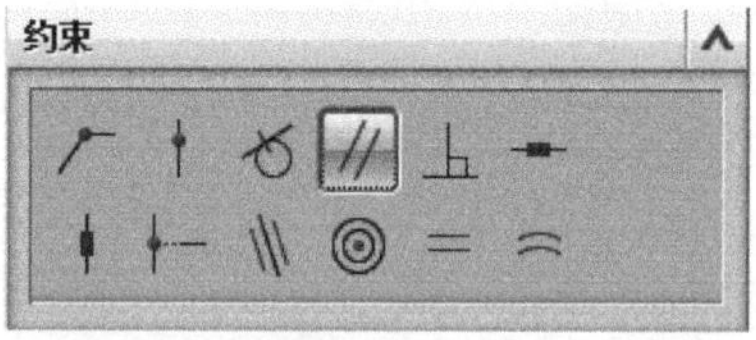

图 2.4.9 “约束”组中“平行”约束

2. 使用快捷工具条添加几何约束

使用快捷工具条添加几何约束也属于手工添加约束，并且是 NX 中推荐的方式。这里还用前面的两个例子来说明。

如图 2.4.10 所示是第一个例子，不需要启动“几何约束”命令，如图 2.4.10（a）所示，用户直接选择了一条圆弧和一个圆，此时会在所选对象旁边弹出一个快捷工具条，如图 2.4.11 所示，在快捷工具条上单击“相切”按钮，操作结果如图 2.4.10（b）所示，此时圆弧和圆处于相切状态。

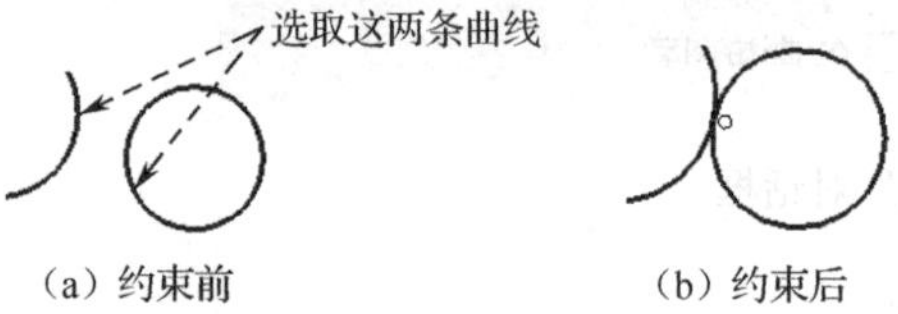

图 2.4.10　添加相切约束

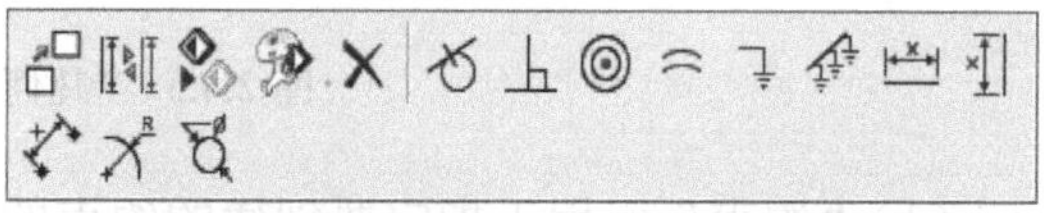

图 2.4.11　快捷工具条上的“相切”约束

如图 2.4.12 所示是第二个例子，用户选择了两条直线，此时会在所选对象旁边弹出一个快捷工具条，如图 2.4.13 所示，在快捷工具条上单击“平行”按钮，操作结果如图 2.4.12（b）所示，此时两条直线处于平行状态。

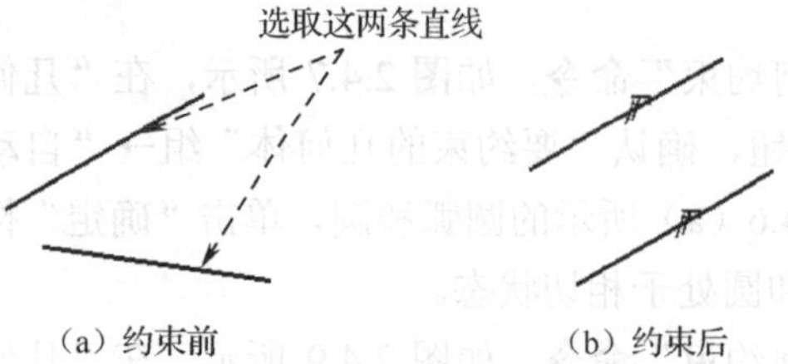

图 2.4.12　添加平行约束

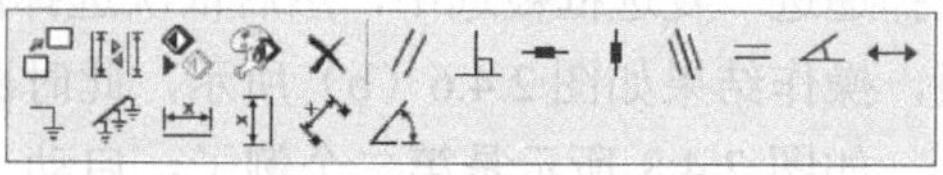

图 2.4.13　快捷工具条上的“平行”约束

3. 自动创建几何约束

自动创建几何约束，是指根据选择的几何约束类型及草图对象间的关系，自动添加相应的约束到草图对象上。

在曲线构造期间，选择“创建自动判断约束”命令可切换是否创建自动判断的几何约束。默认情况下，此选项是打开的，并且它会创建用户在自动判断约束和“尺寸约束”对话框中选择的几何约束，此选项的设置随部件文件中的每个草图一起保存。

注意：要在选择曲线末端或者完成当前曲线绘制之前锁定预览的几何约束，可单击鼠标中键。

如果用户关闭“创建自动判断约束”选项，依然可以在绘制曲线时预览自动判断产生的几何约束并作用到正在绘制的草图对象上，但预览的几何约束不保存在用户的草图中。在以下情况下，请考虑关闭此选项：

（1）用户有一个较大且复杂的草图，并且用户不想保存所有的几何约束。

（2）用户想使用自己的几何约束而不是使用 NX 自动判断的几何约束来记录用户的设计意图。

如果用户仅仅需要绘制草图曲线而不想创建几何约束，按住 Alt 键可以临时禁用以下选项：

（1）自动判断约束选项；

（2）草图辅助线；

（3）捕捉点。

如图 2.4.14 所示是没有按下 Alt 键的情况，尽管鼠标指示的直线终点不在垂直线上，但平面上的直线实际上是垂直线，同时还会出现虚线表示的辅助线。如图 2.4.15 所示是按下 Alt 键的情况，此时鼠标的当前位置就是直线终点，得到的直线不是垂直线，同时没有出现虚线表示的辅助线。

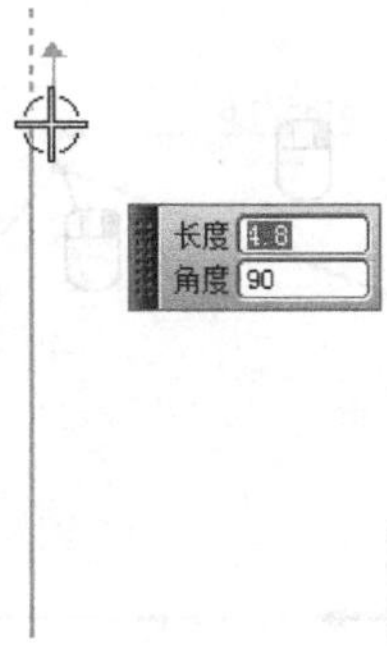

图 2.4.14　没有按下 Alt 键时

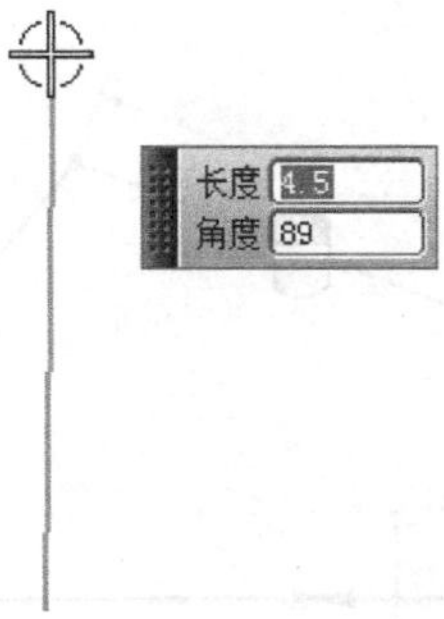

图 2.4.15　按下 Alt 键时

2.4.4　尺寸约束术语

若要为草图正确地添加设计意图，必须了解创建尺寸约束的术语和流程。这些术语适应于所有草图尺寸类型。

1. 测量方法

测量方法控制尺寸约束的设计意图。设计意图在更改草图几何体之前不会很明确。如图 2.4.16 所示，用户可以使用三个不同的测量方法来创建图中的线性尺寸。

(1) 垂直

通过选择直线或点作为参考对象来创建垂直尺寸，如图 2.4.17 所示。

(2) 点到点

创建任意两点或直线端点之间的点到点尺寸。如果选择直线，则 NX 首先将直线的两个端点自动判断为参考对象，如图 2.4.18 所示。

(3) 水平或竖直

水平或竖直尺寸使用两个点作为参考对象，测量相对于草图坐标系的竖直或水平距离。根据用户单击以放置尺寸文本的位置来自动判断水平或竖直，如图 2.4.19 所示。

该线性尺寸可使用这三个测量方法之一创建。更改标注对象时，尺寸根据使用的测量方法来显示。

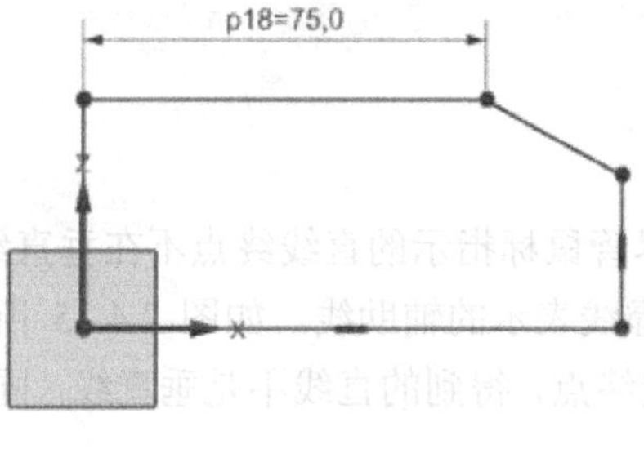

图 2.4.16　测量方法示例

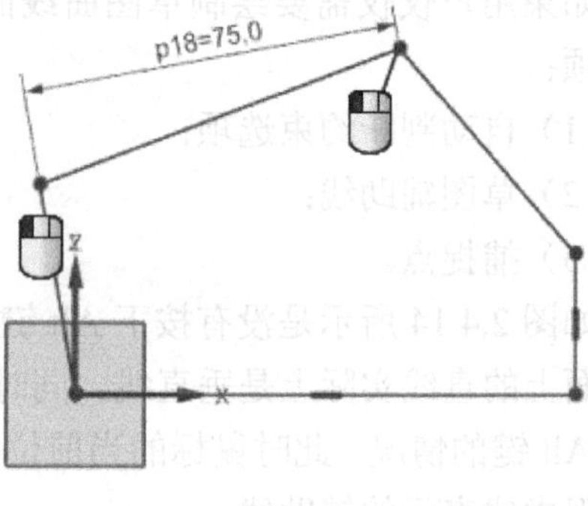

图 2.4.17　测量方法为垂直

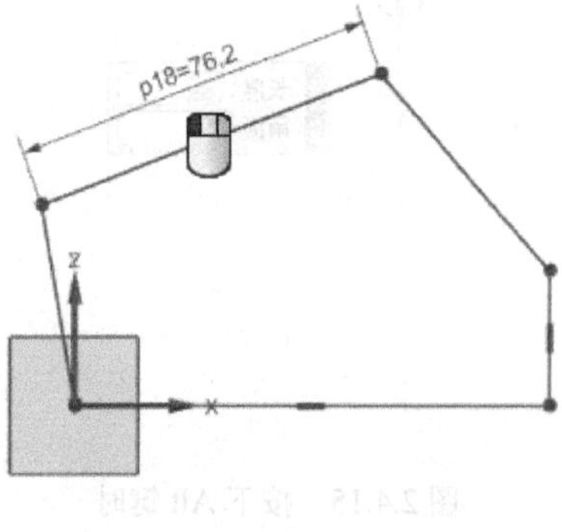

图 2.4.18　测量方法为点到点

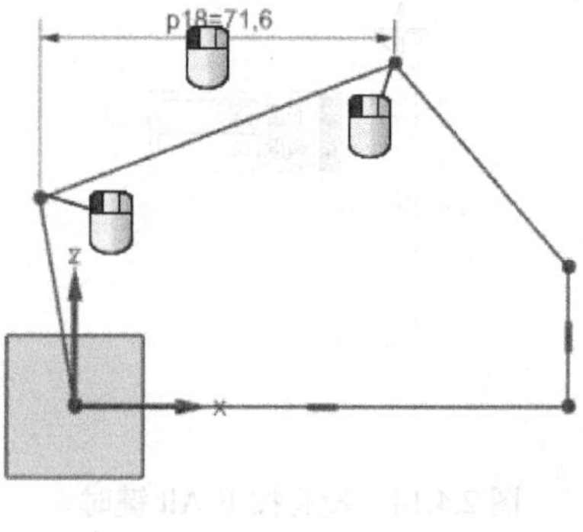

图 2.4.19　测量方法为水平或竖直

用户可以在创建尺寸时明确地选择一种测量方法，也可以让 NX 自动判断测量方法。NX 根据用户选择的参考对象及放置原点的位置来自动判断测量方法。

2. 参考对象

草图尺寸会在草图的参考对象之间创建约束，参考对象可以为曲线或点。

对于线性尺寸，垂直、点到点、水平或竖直尺寸需要两个参考对象。这两个参考对象可以是两个点或一条直线和一个点，如图 2.4.20 所示。

对于角度尺寸，则需要两条直线作为参考对象，如图 2.4.21 所示。

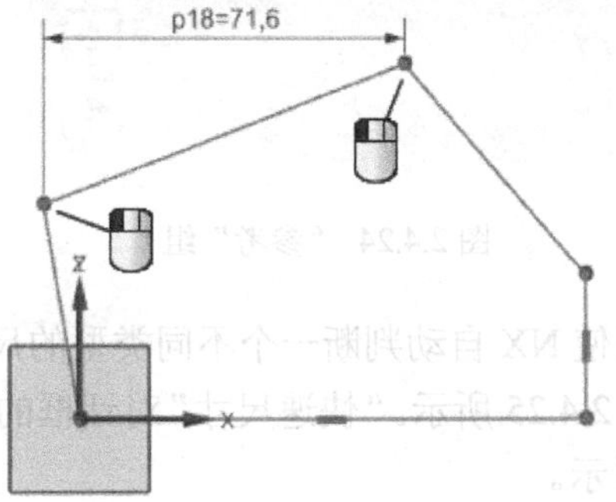

图 2.4.20　线性尺寸的参考对象

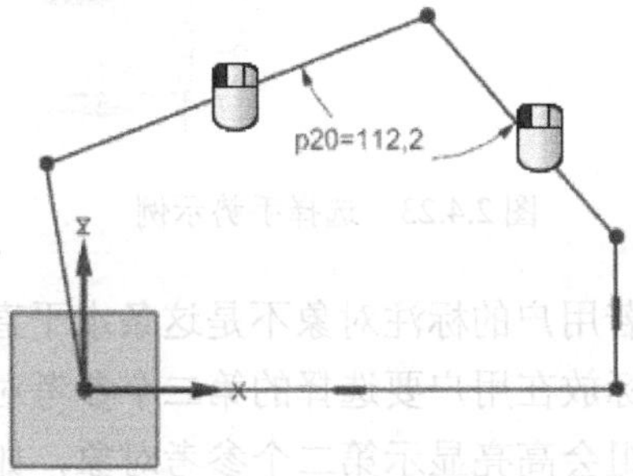

图 2.4.21　角度尺寸的参考对象

对半径和直径尺寸，仅需要使用一个参考对象，如图 2.4.22 所示。

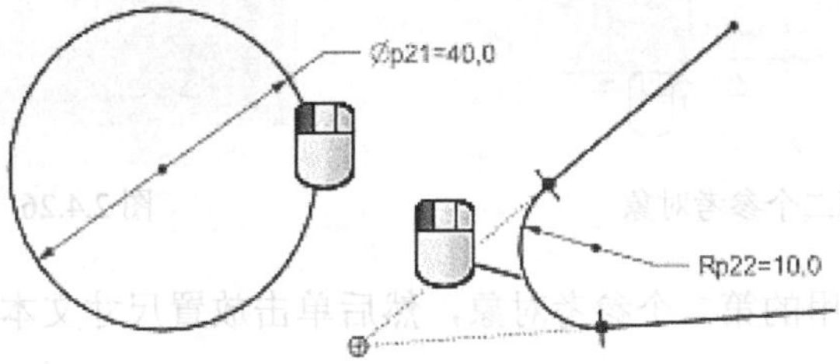

图 2.4.22　直径或半径尺寸的参考对象

3. 自动判断的参考对象

选择第一个参考对象时，NX 可能会先自动判断第二个参考对象，具体取决于用户选择的测量方法和对象。例如，如果选择了一条直线，NX 会自动判断用户想要在直线的两个端点之间创建尺寸。

注意：要在基准轴和直线端点之间创建垂直尺寸，需先选择基准轴。因为基准轴没有两个端点，NX 将不会尝试自动判断第二个参考对象。

4. 自动判断的选择手势

当需要选择的第二个参考对象与 NX 自动判断不同时，用户可以使用自动判断的选择手势，这里将以如图 2.4.23 所示的例子来说明此操作。

如图 2.4.23 所示，当选择一条直线作为第一个参考对象时，NX 可能会自动判断该尺寸的两个参考对象是两个端点。“快速尺寸”对话框的“参考”组指示两个参考对象已选择，如图 2.4.24 所示，图形窗口会预览显示两个自动判断参考对象之间的尺寸，如图 2.4.23 所示。

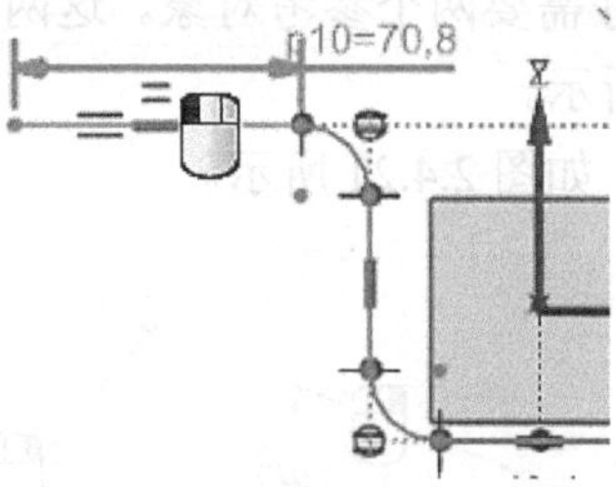

图 2.4.23　选择手势示例

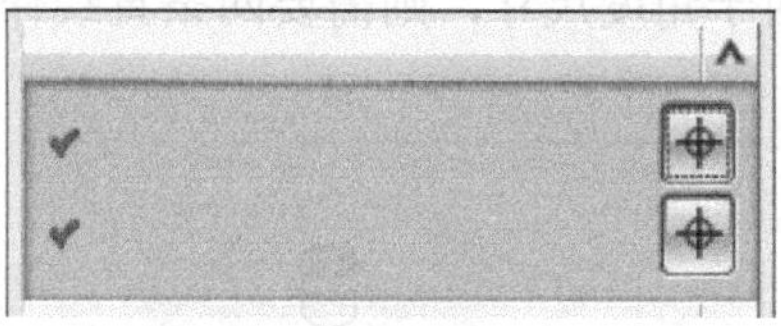

图 2.4.24　“参考”组

若用户的标注对象不是这条水平直线，则需要使 NX 自动判断一个不同类型的尺寸，将光标放在用户要选择的第二个参考对象上，如图 2.4.25 所示。“快速尺寸”对话框的“参考”组会高亮显示第二个参考对象，如图 2.4.26 所示。

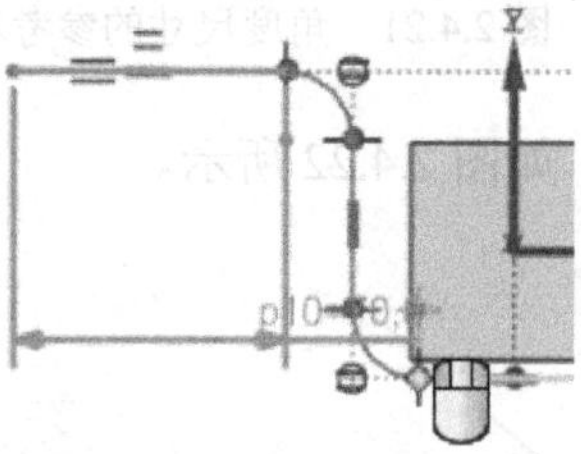

图 2.4.25　第二个参考对象

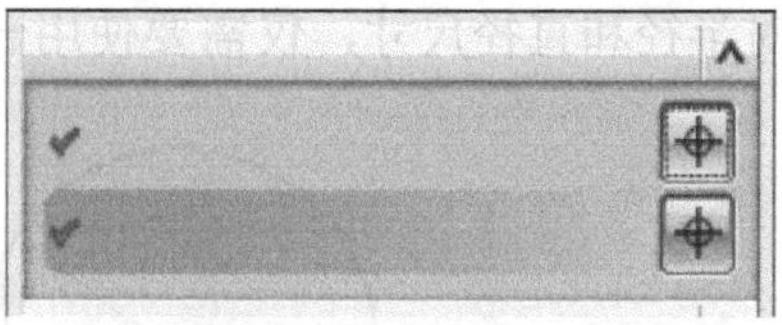

图 2.4.26　高亮显示

单击以选择此备用的第二个参考对象，然后单击放置尺寸文本，如图 2.4.27 所示。

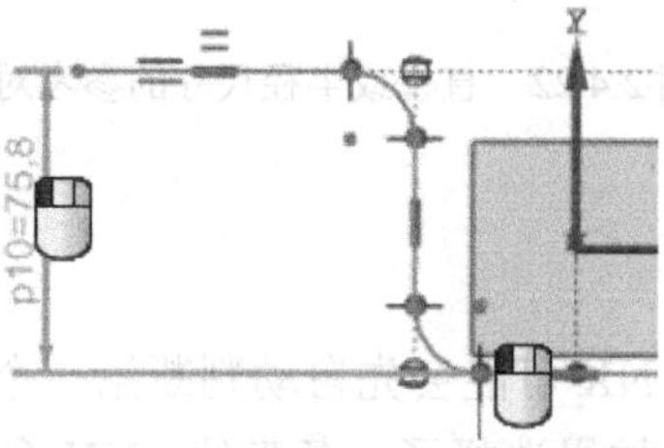

图 2.4.27　选择第二个参考对象

5. **驱动尺寸**

对于 NX 建模中的大部分草图尺寸，添加它们是为了控制草图形状。用户也可以创建参考尺寸以在不驱动几何体的情况下测量距离。

注意：如果创建冗余尺寸，NX 可能会提示用户草图已过约束。将尺寸转换为参考尺寸后，草图不再显示过约束。通过在“快速尺寸”对话框的“驱动”组中选中“参考”复选框，可以将尺寸创建为参考尺寸。

2.4.5　添加尺寸约束

添加尺寸约束也就是在草图上标注尺寸，并设置尺寸标注线的形式与尺寸大小，来驱动、限制和约束草图几何对象。

选择"菜单"→"插入"→"尺寸"→"快速尺寸"命令（或单击"主页"选项卡→"约束"组→"尺寸"下拉菜单→"快速尺寸"按钮），弹出"快速尺寸"对话框，如图 2.4.28 所示，在"快速尺寸"对话框→"测量"组→"方法"下拉列表中主要包括如图 2.4.29 所示几种标注方式。

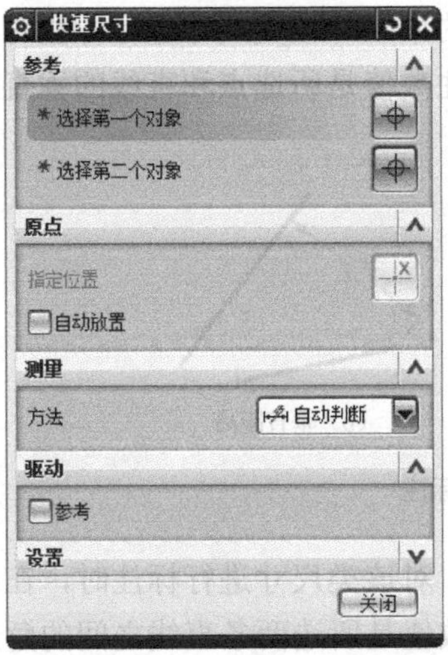

图 2.4.28　"快速尺寸"对话框

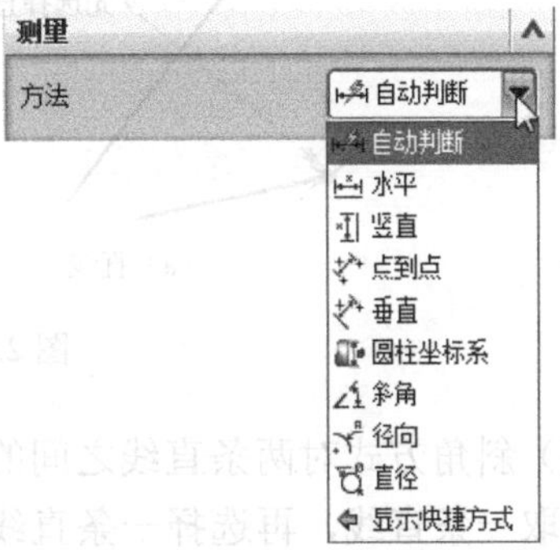

图 2.4.29　几种标注方式

（1）自动判断是指 NX 根据所选取的草图对象的类型及光标位置，自动判断标注尺寸的方式。

（2）水平方式对所选对象进行平行于草图工作平面 *XC* 轴方向上的尺寸约束，如图 2.4.30（b）所示。选取一条直线，或者选取该直线的两个端点，得到的标注数值是该直线在水平方向的投影长度，尺寸线平行于 *XC* 轴方向。

（3）竖直方式对所选对象进行平行于草图工作平面 *YC* 轴方向上的尺寸约束，如图 2.4.30（c）所示。选取一条直线，或者选取该直线的两个端点，得到的标注数值是该直线在竖直方向的投影长度，尺寸线平行于 *YC* 轴方向。

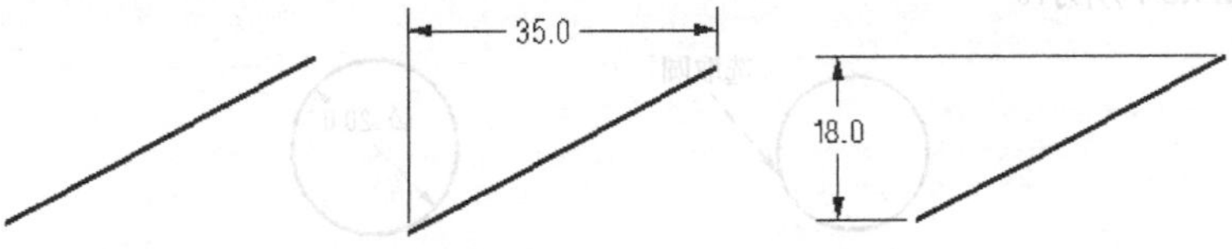

（a）直线　　（b）水平尺寸　　（c）竖直尺寸

图 2.4.30　水平和竖直尺寸的标注

（4）点到点方式对所选对象进行平行于对象方向上的尺寸约束。对该类尺寸进行标注时，在图形区域选取同一对象或者不同对象的两个控制点，得到的标注数值是两点连线的长度，尺寸线平行于两点连线方向，如图 2.4.31 所示。

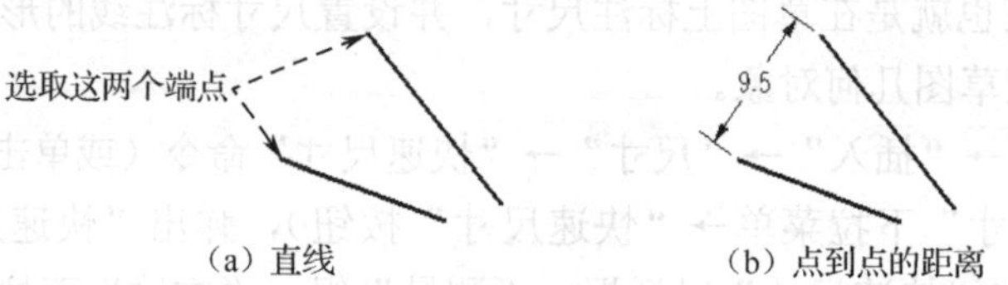

图 2.4.31　点到点距离的标注

（5）垂直方式对点和直线之间的垂直距离进行约束。对该类尺寸进行标注时，在图形区域先选取一条直线，再选择一个点，得到的标注数值是所选点和直线的垂直距离，尺寸线垂直于所选直线，如图 2.4.32 所示。

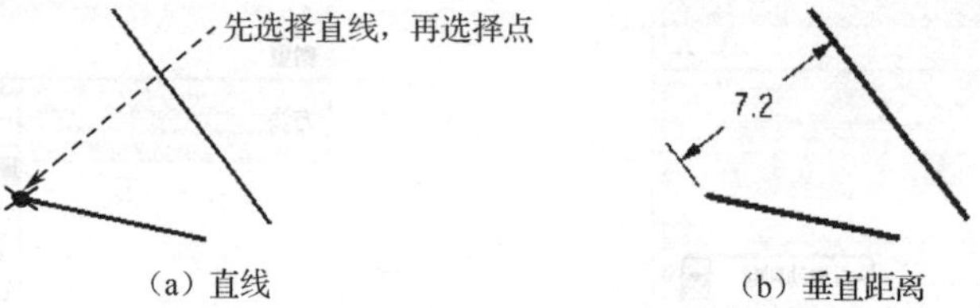

图 2.4.32　垂直尺寸的标注

（6）斜角方式对两条直线之间的角度进行约束。对该类尺寸进行标注时，在图形区域先选取一条直线，再选择一条直线，得到的标注数值是所选两条直线之间的角度，尺寸线为弧形，两端分别垂直于两条被选直线，如图 2.4.33 所示。

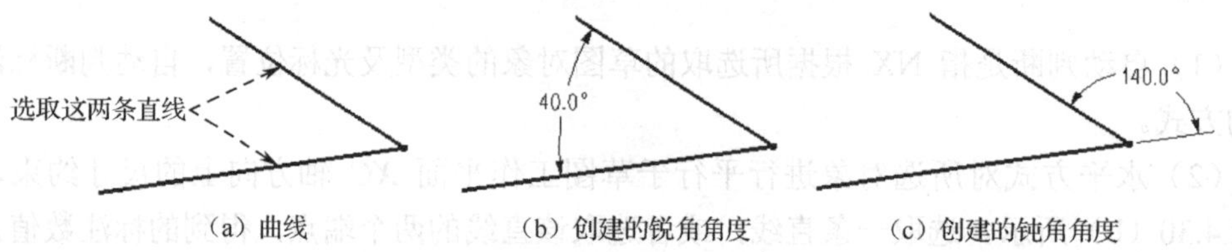

图 2.4.33　角度的标注

（7）直径方式对所选圆弧对象的直径进行约束。对该类尺寸进行标注时，在图形区域选取圆弧或圆，得到的标注数值是所选曲线的直径，尺寸线过所选取圆弧或圆的直径方向，如图 2.4.34 所示。

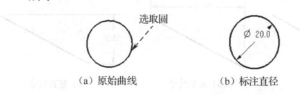

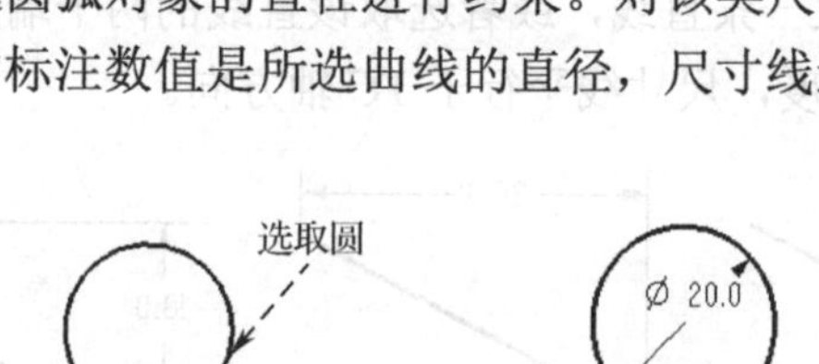

图 2.4.34　直径的标注

（8）半径（即径向）方式对所选圆弧对象的半径进行约束。对该类尺寸进行标注时，在图形区域选取圆弧或圆，得到的标注数值是所选曲线的半径，尺寸线过所选取圆弧或圆的直径方向，如图 2.4.35 所示。

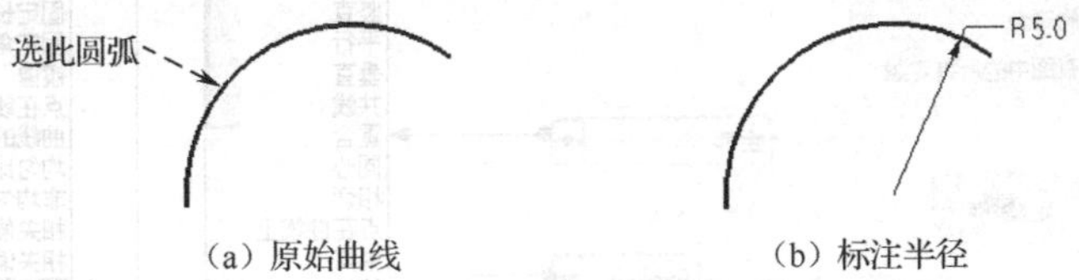

图 2.4.35　半径的标注

2.4.6　显示/隐藏所有约束

单击“约束”组→“约束工具”下拉菜单→“显示所有约束”按钮，使其处于被按下的状态，将显示施加到草图上的所有几何约束。同理，如果需要隐藏全部几何约束，再次选择该命令，使其处于未被按下的状态，操作过程如图 2.4.36 所示。

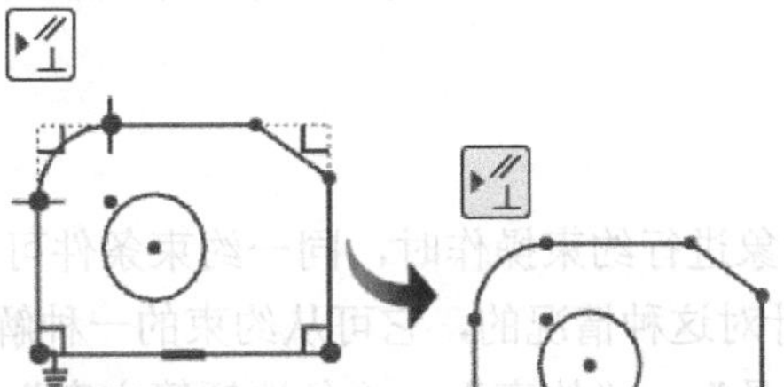

图 2.4.36　显示与隐藏几何约束

2.4.7　显示/移除约束

“显示/移除约束”命令主要用来查看现有的几何约束，设置查看的范围、查看类型和列表方式及移除不需要的几何约束。

选择“菜单”→“工具”→“约束”→“显示所有约束”命令（或者单击“约束”组→“约束工具”下拉菜单→“显示所有约束”按钮），使所有存在的约束都显示在图形区中，然后选择“约束”组→“约束工具”下拉菜单→“显示/移除约束”命令，弹出如图 2.4.37 所示的“显示/移除约束”对话框。用户可以通过此对话框显示/移除约束。

该对话框由约束列表、约束类型、显示约束及信息几部分组成。“约束列表”用于控制要在“显示约束”窗口中列出哪些几何约束。“约束类型”用于按类型过滤几何约束，有“包含”和“排除”两种方式，“约束类型”中提供了 23 种可选类型。“显示约束”中的下拉列表用于控制列表窗口中几何约束的显示情况，提供了“显示”、“自动判断”和“双向”3 个选项。

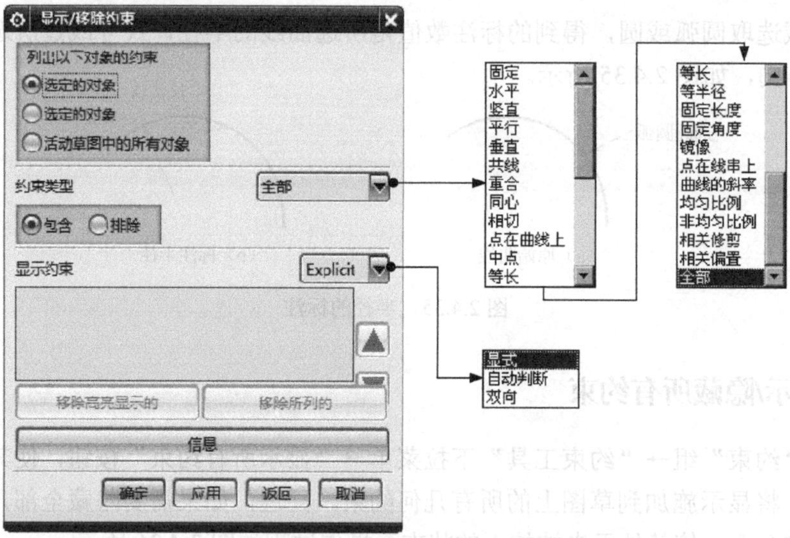

图 2.4.37 “显示/移除约束”对话框

2.4.8 约束的备选解

当用户对一个草图对象进行约束操作时，同一约束条件可能存在多种满足要求的情况，“备选解”操作正是针对这种情况的，它可从约束的一种解法转为另一种解法。

选择“菜单”→“工具”→“约束”→“备选解算方案”命令（或单击“约束”组中的“备选解算方案”按钮），弹出“备选解”对话框，如图 2.4.38 所示，用户可以通过此对话框选择另一种解法。如图 2.4.39 所示，添加在两个圆周上的外切和内切关系都满足相切约束，可通过该指令切换这两种情况。

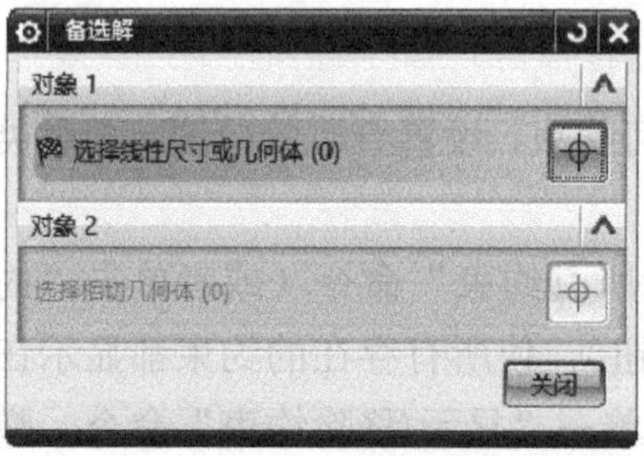

图 2.4.38 “备选解”对话框

（a）外切图形　（b）内切图形

图 2.4.39 “备选解”示例

2.4.9 移动尺寸标注

为了使草图的布局更清晰合理，可以移动尺寸文本的位置。

首先将鼠标移至要移动的尺寸处，按住鼠标左键。然后左右或上下移动鼠标，可以移动尺寸箭头和文本框的位置。最后在合适的位置松开鼠标左键，完成尺寸位置的移动。

2.4.10　修改尺寸值

修改草图的标注尺寸有如下两种方法。

方法一：双击要修改的尺寸，弹出动态输入框，在动态输入框中输入新的尺寸值，并按下鼠标中键，完成尺寸的修改，如图 2.4.40 所示。

方法二：将鼠标移至要修改的尺寸处右击。在弹出的快捷菜单中选择“编辑值”命令。在弹出的动态输入框中输入新的尺寸值，单击中键完成尺寸的修改。

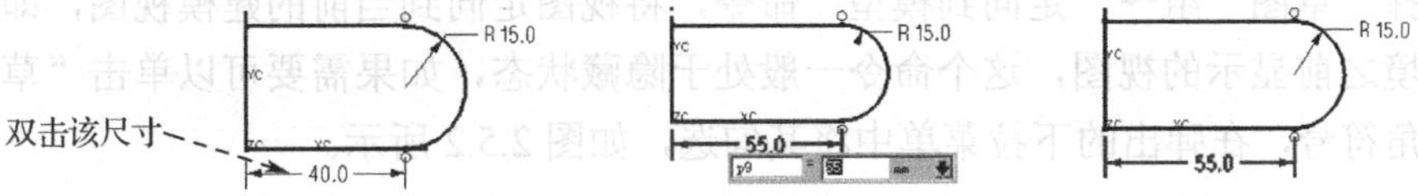

（a）标注尺寸（一）　（b）标注尺寸（二）　（c）标注尺寸（三）

图 2.4.40　修改尺寸值

2.4.11　转换至/自参考对象

在为草图对象添加几何约束和尺寸约束的过程中，有些草图对象是作为基准、定位来使用的，或者有些草图对象在创建尺寸时可能引起约束冲突，此时可将草图对象转换为参考对象。当然必要时，也可将其激活，即从参考对象转化为草图对象。

选择“菜单”→“工具”→“约束”→“转换至/自参考对象”命令（或单击“约束”组中的“转换至/自参考对象”按钮），弹出如图 2.4.41 所示的“转换至/自参考对象”对话框。用户可以通过此对话框对草图对象进行转换，如图 2.4.42 所示。

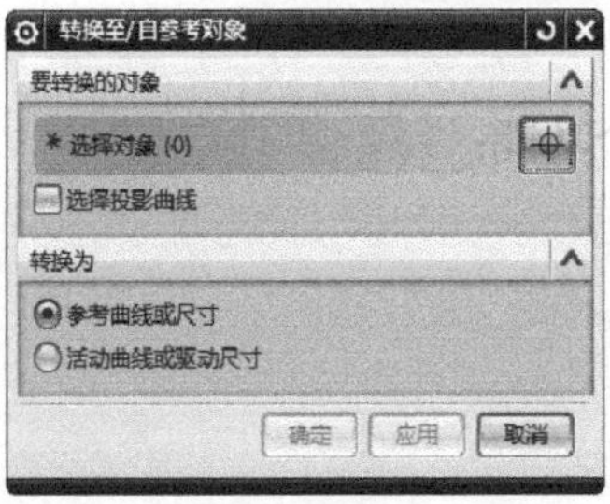

图 2.4.41　“转换至/自参考对象”对话框

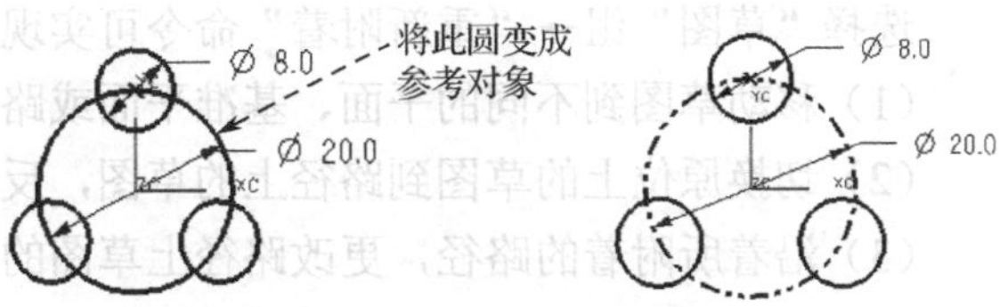

（a）创建参考对象前　（b）创建参考对象后

图 2.4.42　转换参考对象

2.5　草图的管理

1. 定向视图到草图

如图 2.5.1 所示，选择“草图”组→“定向到草图”命令，使草图平面与屏幕平行，可方便草图的绘制。

图 2.5.1 “草图”组

2. 定向视图到模型

选择“草图”组→“定向到模型”命令，将视图定向到当前的建模视图，即在进入草图环境之前显示的视图，这个命令一般处于隐藏状态，如果需要可以单击“草图”组的下三角符号，在弹出的下拉菜单中将其勾选，如图 2.5.2 所示。

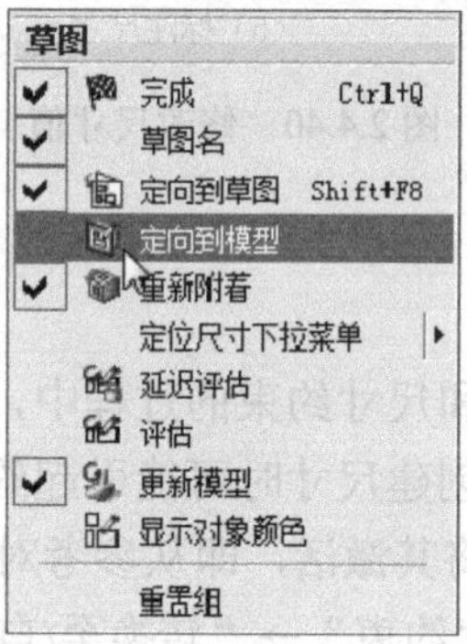

图 2.5.2 “定向到模型”命令

3. 重新附着

选择“草图”组→“重新附着”命令可实现以下三个功能：

（1）移动草图到不同的平面、基准平面或路径。

（2）切换原位上的草图到路径上的草图，反之亦然。

（3）沿着所附着的路径，更改路径上草图的位置。

4. 创建定位尺寸

利用“草图”组→“定位尺寸”下拉菜单，可以创建、编辑、删除或重定义草图定位尺寸，并且相对于已存在几何体（边缘、基准轴和基准平面）定位草图。

5. 延迟计算与评估草图

选择“草图”组→“延迟评估”命令，NX 将延迟草图约束的评估（即创建曲线时，NX 不显示约束，指定约束时，NX 不会更新几何体），直到选择“评估”命令后可查看草图自动更新的情况。

6. **更新模型**

选择“草图”组→“更新模型”命令，对模型进行更新，以反映最新对草图所做的更改。如果存在要进行的更新，或退出草图环境时，NX 会自动更新模型。

2.6 典型应用案例

2.6.1 绘制简单轮廓

绘制简单轮廓

1. **案例介绍**

本案例介绍了一个简单轮廓的绘制过程，目的是演示草图曲线的创建过程。

2. **创建新文件**

选择“菜单”→“文件”→“新建”命令或选择“主页”选项卡→“标准”组→“新建”命令，打开“新建”对话框。在“模板”列表中选择“模型”，输入名称“简单轮廓”，单击“确定”按钮，进入建模环境。

3. **进入草图环境**

选择“菜单”→“插入”→“草图曲线”→“轮廓”命令，或者选择“主页”选项卡→“直接草图”组→“轮廓”命令，打开“轮廓”对话框。

选择 *XC-YC* 平面作为工作平面，单击“确定”按钮，进入草图环境。

4. **定义草图轮廓的第一个点**

选择“主页”选项卡→“直接草图”组→“轮廓”命令，单击基准坐标系的原点，如图 2.6.1 所示。

5. **绘制水平线**

向右移动鼠标，看到带箭头的虚线辅助线时，单击屏幕上该辅助线上距原点约 40mm 处的位置，将创建一条水平线，如图 2.6.2 所示。

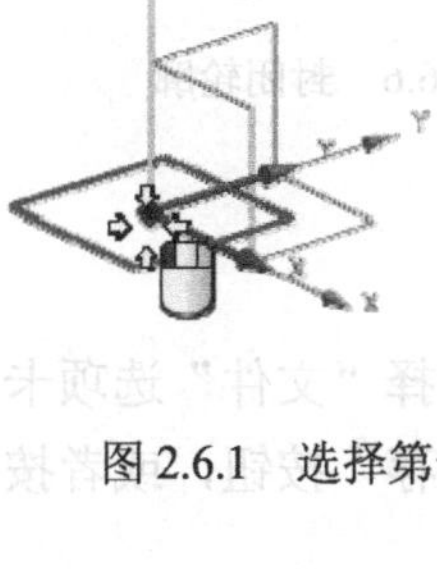

图 2.6.1 选择第一个点

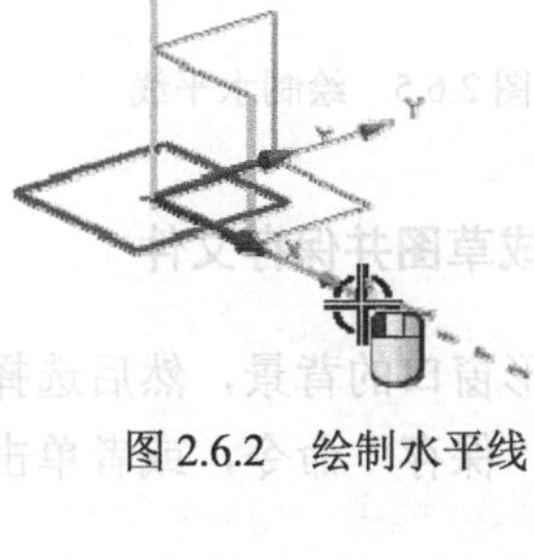

图 2.6.2 绘制水平线

6. 绘制竖直线

在直线上方移动鼠标，看到带箭头的虚线辅助线时，单击屏幕上该辅助线上距原点约 30mm 处的位置，将创建一条竖直线，如图 2.6.3 所示。

7. 绘制斜线

向左上方移动鼠标，在如图 2.6.4 所示的位置单击鼠标，绘制斜线。

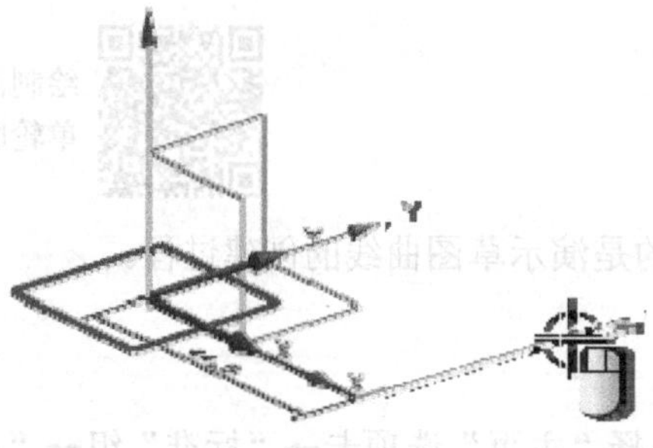

图 2.6.3　绘制竖直线

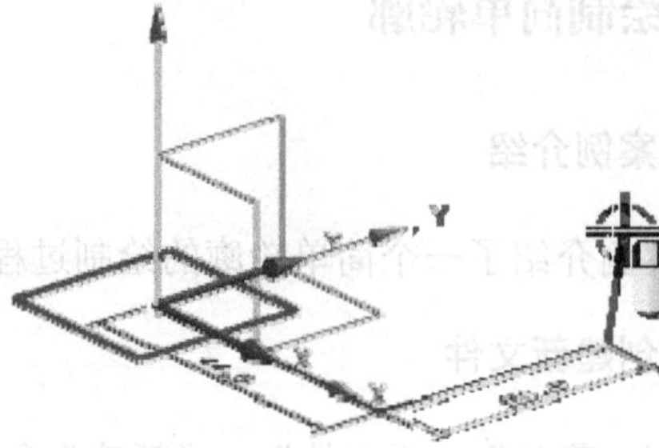

图 2.6.4　绘制斜线

8. 绘制水平线

向右移动鼠标，直到看到虚线辅助线时，单击屏幕上的位置，此时直线与虚线辅助线垂直，如图 2.6.5 所示。

9. 封闭轮廓

选择基准坐标系的原点，使得轮廓封闭，如图 2.6.6 所示。

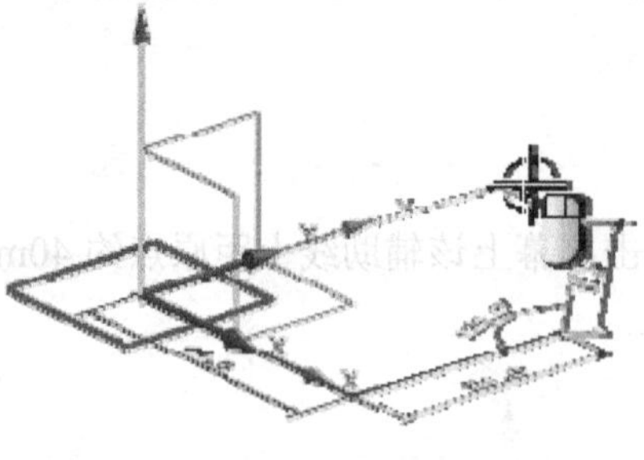

图 2.6.5　绘制水平线

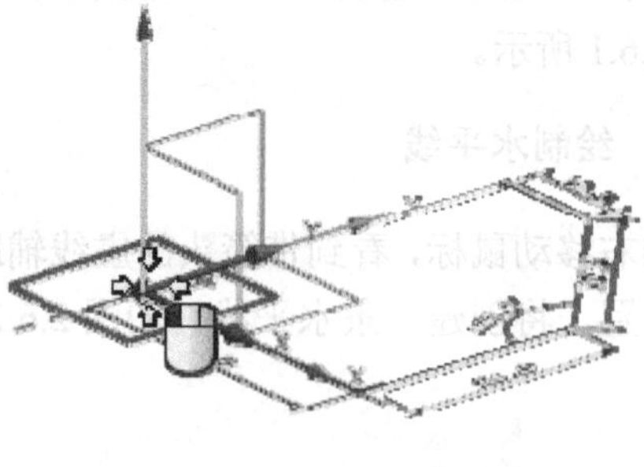

图 2.6.6　封闭轮廓

10. 完成草图并保存文件

右击图形窗口的背景，然后选择“完成草图”命令。再选择“文件”选项卡→“保存”菜单→“保存”命令，或者单击快速访问工具条中的“保存”按钮，或者按下快捷键 Ctrl+S，保存文件。

2.6.2 绘制支架座轮廓

绘制支架座轮廓

1. 案例介绍

本案例介绍了一个支架座轮廓草图的绘制过程，目的是演示创建草图曲线并添加几何约束的过程。

2. 创建新文件

选择“菜单”→“文件”→“新建”命令或选择“主页”选项卡→“标准”组→“新建”命令，打开“新建”对话框，如图 2.6.7 所示。在“模板”列表中选择“模型”，在“名称”输入框输入“支架座”，在“文件夹”输入框指定合适的存放目录，单击“确定”按钮，进入建模环境。

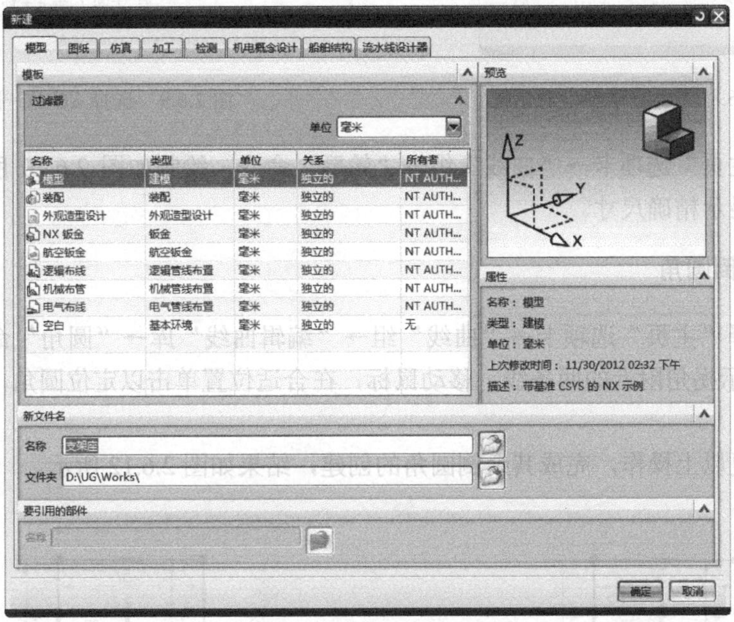

图 2.6.7 “新建”对话框

3. 进入草图环境

选择“菜单”→“插入”→“在任务环境中绘制草图”命令，打开“创建草图”对话框，如图 2.6.8 所示。

选择 *XC-YC* 平面作为工作平面，如图 2.6.9 所示，其他选项采用默认设置，单击“确定”按钮，进入任务草图环境。

图 2.6.8 “创建草图”对话框

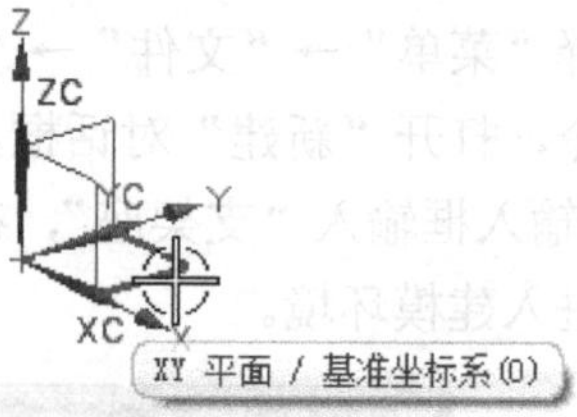

图 2.6.9 选择 *XC-YC* 平面

选择“主页”选项卡→“曲线”组→“轮廓”命令，绘制如图 2.6.10 所示的曲线轮廓，不需要显示精确尺寸。

4. 创建倒圆角

（1）选择“主页”选项卡→“曲线”组→“编辑曲线”库→“圆角”命令。选择如图 2.6.11 所示拐角附近的两条线，移动鼠标，在合适位置单击以定位圆角，不需要输入精确半径。

（2）重复以上操作，完成其余倒圆角的创建，结果如图 2.6.12 所示。

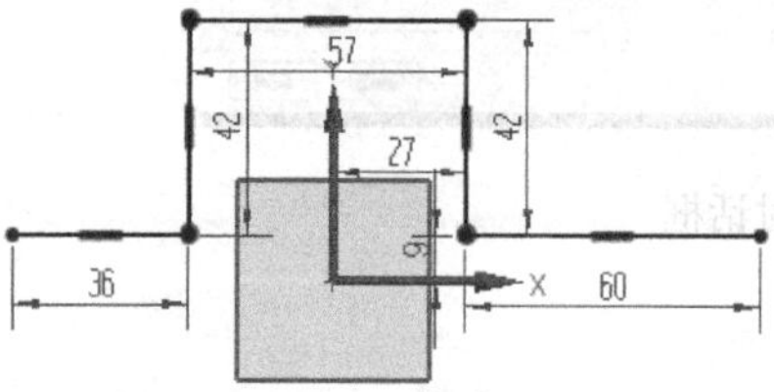

图 2.6.10 大致轮廓

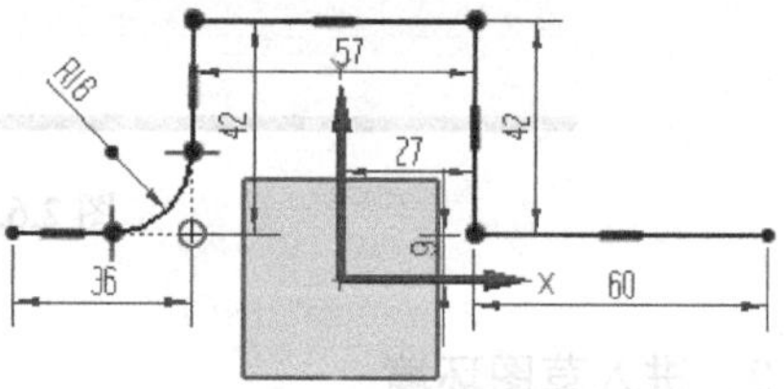

图 2.6.11 第一个圆角

5. 约束草图使其与基准轴共线

（1）选择“几何约束”命令，在打开的“几何约束”对话框→“约束”组中选择“共线”约束，如图 2.6.13 所示。

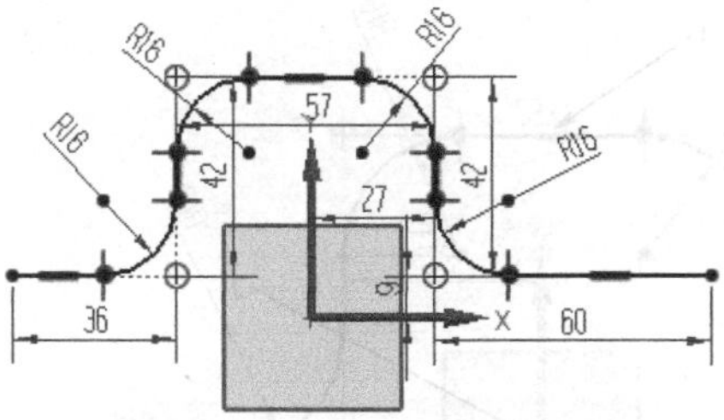

图 2.6.12　完成倒圆角

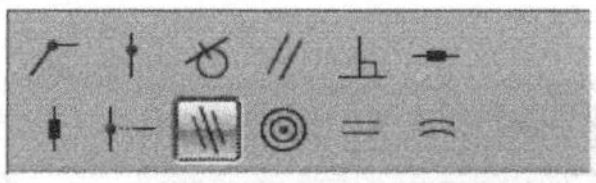

图 2.6.13 “共线”约束

（2）选择两条下部水平线，然后单击鼠标中键进入下一个选择步骤。

（3）选择基准坐标系的 X 轴，如图 2.6.14 所示。操作结果如图 2.6.15 所示。

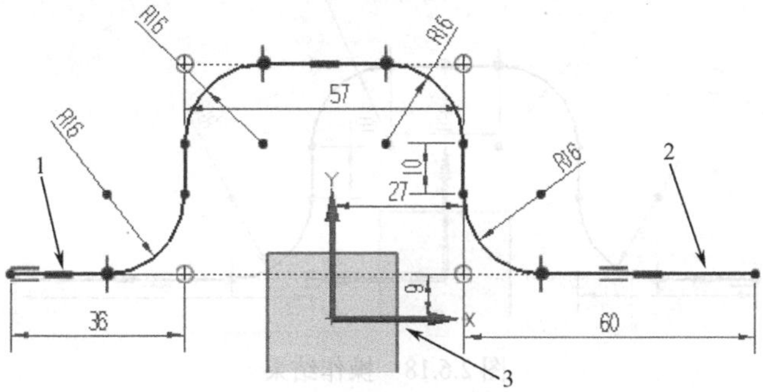

图 2.6.14　选择被约束对象

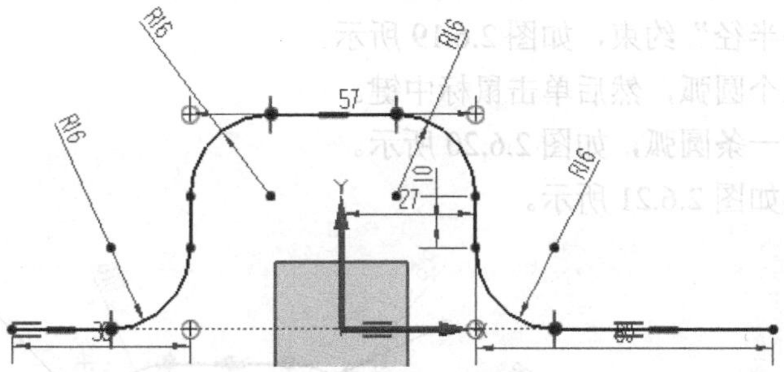

图 2.6.15　操作结果

6. 约束草图，使其保持在基准坐标系的居中位置

（1）选择“中点”约束，如图 2.6.16 所示。

（2）选择上部水平线，然后单击鼠标中键。

（3）选择基准坐标系的原点，如图 2.6.17 所示。

（4）操作结果如图 2.6.18 所示。

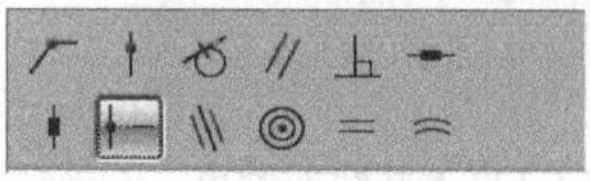

图 2.6.16 “中点”约束

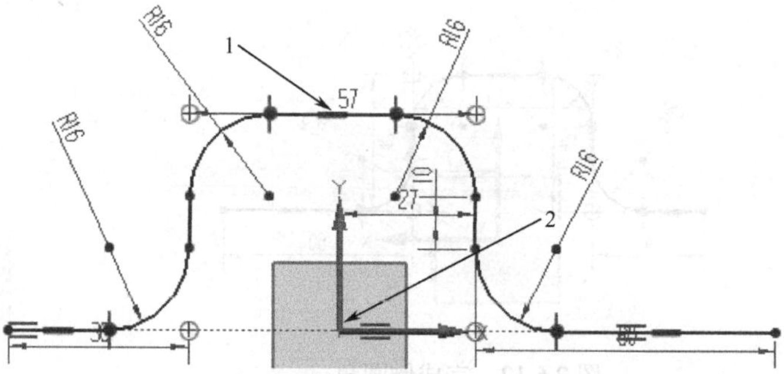

图 2.6.17 选择被约束对象

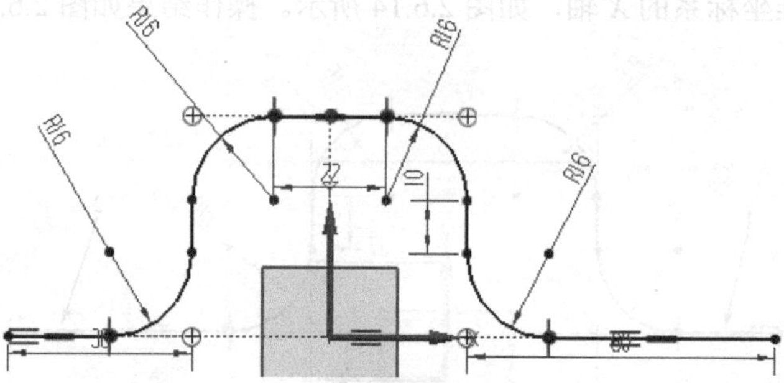

图 2.6.18 操作结果

7. 约束四个圆弧，使它们的半径相同

（1）选择“等半径”约束，如图 2.6.19 所示。

（2）选择前三个圆弧，然后单击鼠标中键。

（3）选择最后一条圆弧，如图 2.6.20 所示。

（4）操作结果如图 2.6.21 所示。

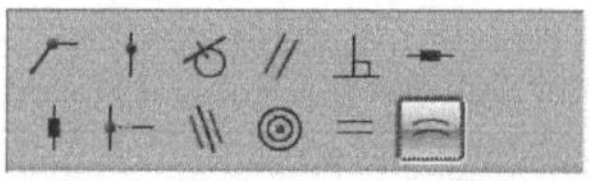

图 2.6.19 “等半径”约束

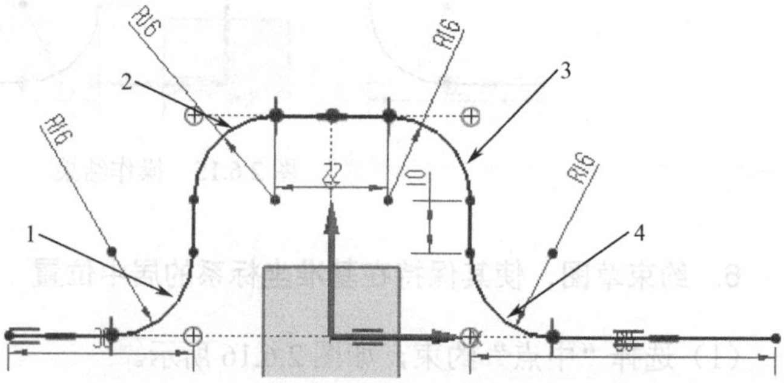

图 2.6.20 选择被约束对象

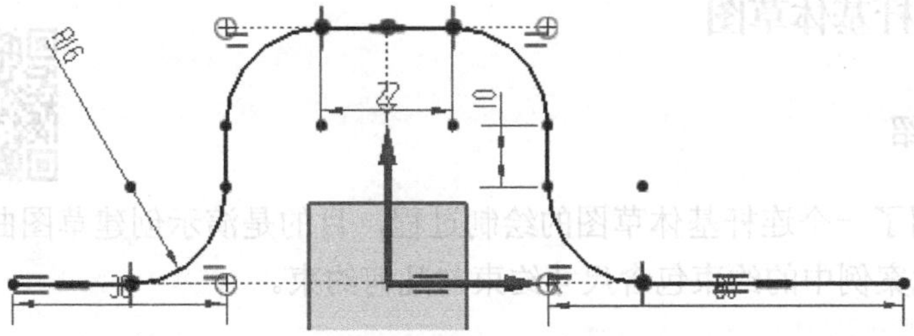

图 2.6.21　操作结果

8. 约束草图的两条边，使它们的长度相同

（1）选择“等长”约束，如图 2.6.22 所示。

（2）选择第一条下部水平线，然后单击鼠标中键。

（3）选择第二条水平线，如图 2.6.23 所示。

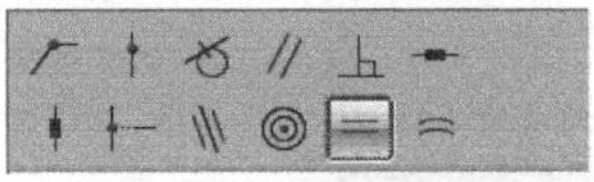

图 2.6.22　“等长”约束

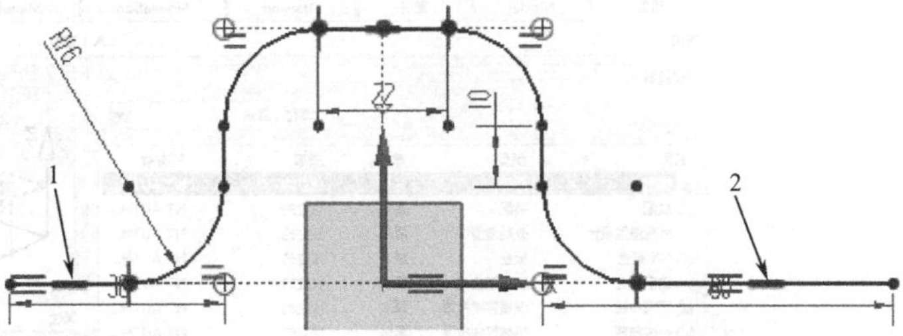

图 2.6.23　选择被约束对象

9. 检查操作结果

该草图被约束于 X 轴，且对称。有四个自动创建的尺寸，如图 2.6.24 所示。

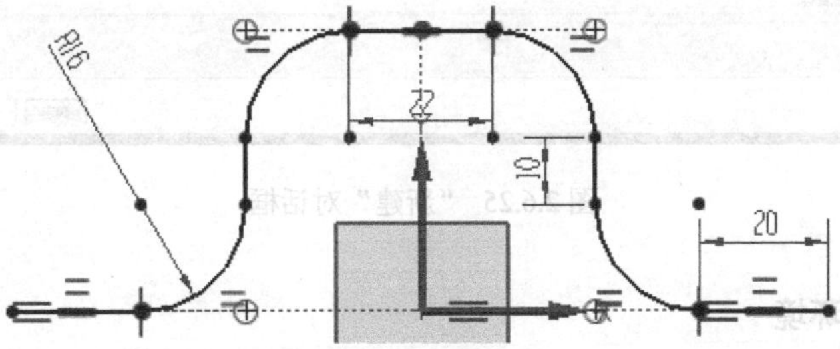

图 2.6.24　操作结果

10. 退出草图

选择“主页”选项卡→“直接草图”组→“完成草图”命令。

2.6.3 绘制连杆基体草图

绘制连杆基体草图

1. 案例介绍

本案例介绍了一个连杆基体草图的绘制过程，目的是演示创建草图曲线并手动添加约束的过程，此案例中的约束包含尺寸约束与几何约束。

2. 创建新文件

选择“菜单”→“文件”→“新建”命令或选择“主页”选项卡→“标准”组→“新建”命令，打开“新建”对话框，如图 2.6.25 所示。在“模板”列表中选择“模型”，在“名称”输入框输入“连杆”，在“文件夹”输入框指定合适的存放目录，单击“确定”按钮，进入建模环境。

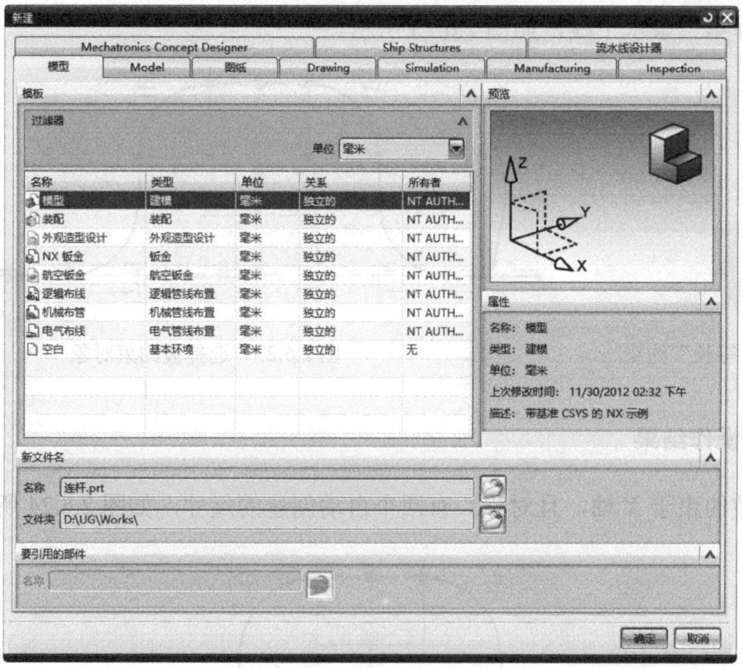

图 2.6.25 “新建”对话框

3. 进入草图环境

选择“菜单”→“插入”→“在任务环境中绘制草图”命令，打开“创建草图”对话框，如图 2.6.26 所示。

选择 *XC-YC* 平面作为工作平面，如图 2.6.27 所示，其他选项采用默认设置，单击“确定”按钮，进入任务草图环境。

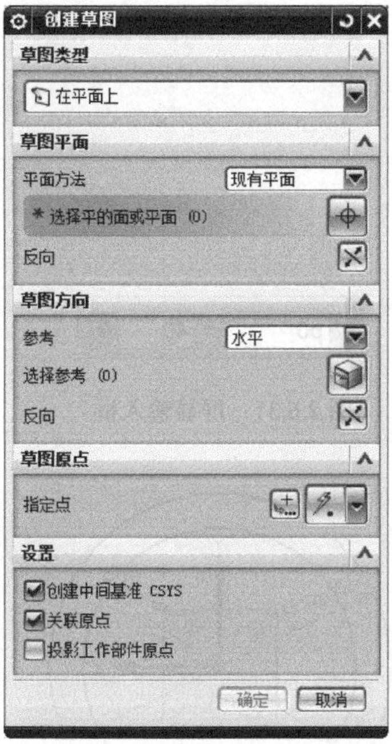

图 2.6.26 “创建草图”对话框

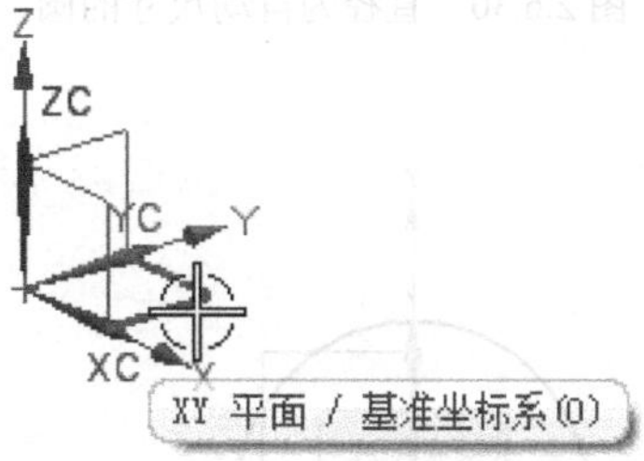

图 2.6.27　选择 *XC-YC* 平面

4. 绘制中间圆

选择“主页”选项卡→“曲线”组→“圆”命令，弹出如图 2.6.28 所示的“圆”对话框，选取草图原点作为圆心，如图 2.6.29 所示，然后在圆心外一点单击，此时 NX 将创建一个圆心约束在草图原点的圆，如图 2.6.30 所示。

此时圆的直径标注的是自动尺寸，不是约束尺寸。双击该圆直径标注尺寸的数值，弹出一个屏显输入框，如图 2.6.31 所示，在其中输入 40，并按下回车键，此时该圆的直径就被确定下来了，如图 2.6.32 所示。

按照相同的步骤，以第一个圆的圆心作为圆心，绘制直径为 50mm 的圆，如图 2.6.33 所示。

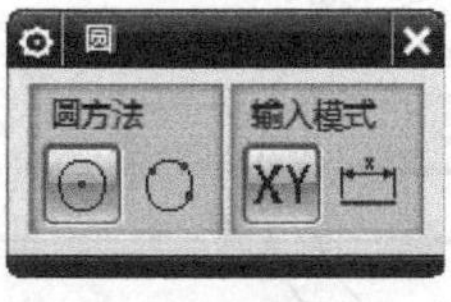

图 2.6.28 “圆”对话框

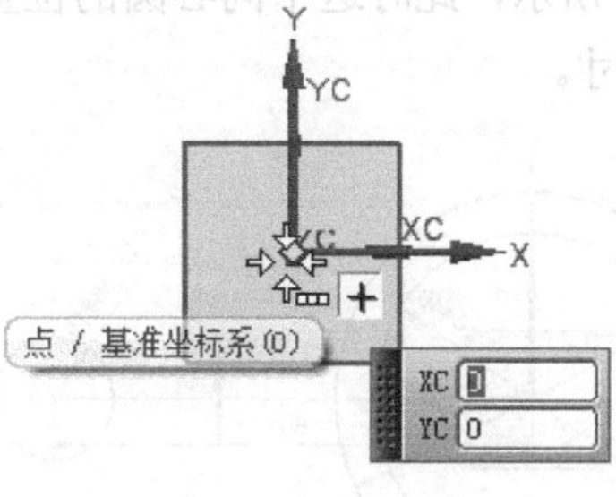

图 2.6.29　选择圆心

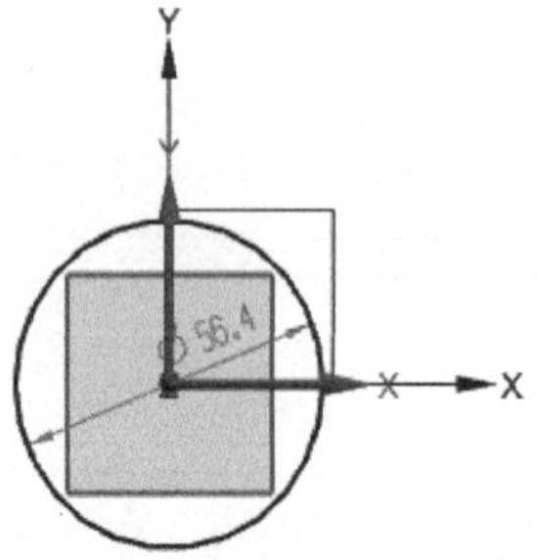

图 2.6.30　直径为自动尺寸的圆

图 2.6.31　屏显输入框

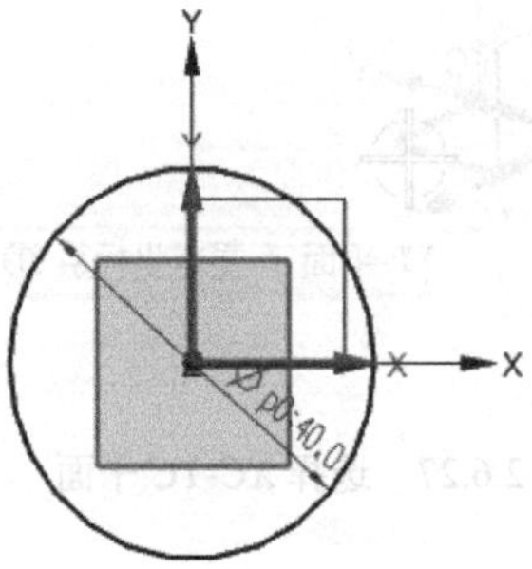

图 2.6.32　直径为约束尺寸的圆

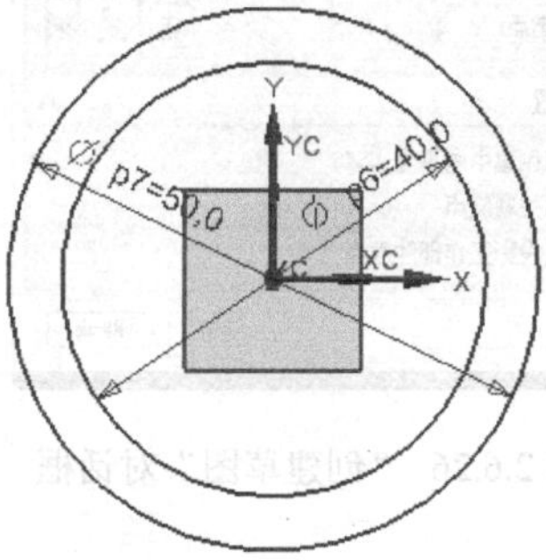

图 2.6.33　两个同心圆

5. 绘制右侧圆

选择“主页”选项卡→“曲线”组→“圆”命令，弹出“圆”对话框，同时在鼠标旁还会出现一个屏显输入框，在第一个输入框中输入 60，按下回车键，再在第二个输入框中输入 0，此时会出现另一个屏显输入框，让用户输入圆的直径，在该对话框中输入 15 并按下回车键，这样就以坐标（60，0）为圆心，直径为 15mm 绘制圆，操作结果如图 2.6.34 所示。

以直径为 15mm 的圆的圆心作为圆心，再绘制一个直径为 10mm 的圆。操作结果如图 2.6.35 所示，此时这个同心圆的位置上的尺寸是自动尺寸，没有约束，下面将其转化为约束尺寸。

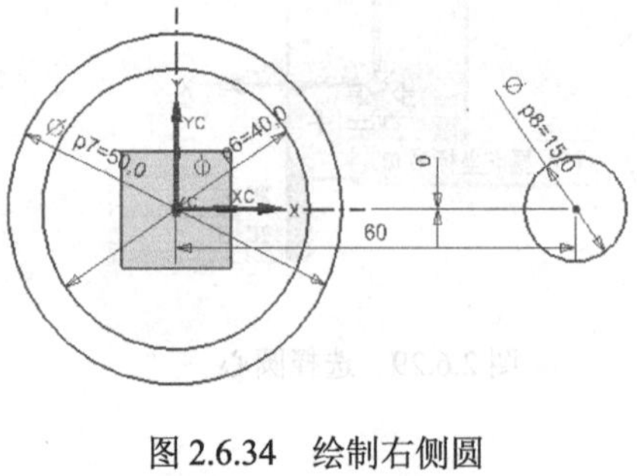

图 2.6.34　绘制右侧圆

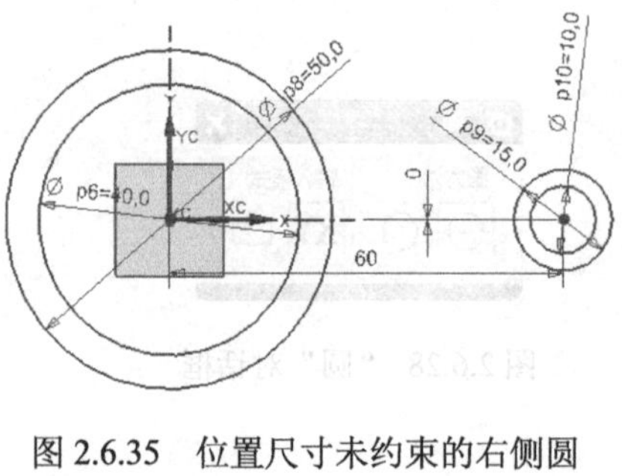

图 2.6.35　位置尺寸未约束的右侧圆

6. 约束右侧圆的位置

右击侧边圆的横向位置尺寸（此处为60mm），弹出右键菜单，如图2.6.36所示，选择“转换为驱动”命令，此时侧边圆的横向位置就确定下来了。

选择侧边圆的圆心，再右击*XC*轴，选择右键菜单中的“从列表中选择”命令，弹出“快速选择”对话框，在对话框中的列表中选择“草图横轴”，NX 弹出快捷工具条，如图 2.6.37 所示，选择“点在曲线上”命令，此时侧边圆的纵向位置就确定下来了，操作结果如图2.6.38所示，NX会在图形区域下方的提示栏显示“完全约束”。

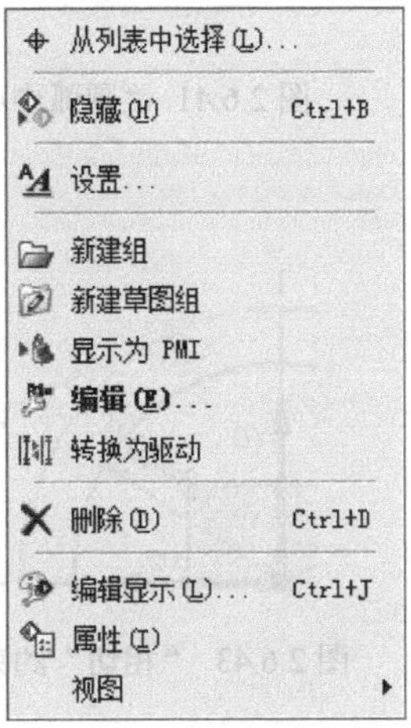

图2.6.36 右键菜单

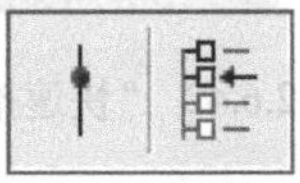

图2.6.37 快捷工具条

7. 绘制连接切线

选择“主页”选项卡→“曲线”组→“直线”命令，弹出如图2.6.39所示的“直线”对话框，把鼠标放置在直径为 50mm 的圆周偏外的位置，观察捕捉标记，确认其为如图 2.6.40 所示的“曲线上的点”，而不是如图 2.6.41 所示的“圆弧中心”。单击鼠标，如果弹出“快速拾取”对话框，选择“曲线上的点”选项，如图 2.6.42 所示，此时直线的起点被约束在直径为50mm的圆周上，同时在直线起点处出现了如图2.6.43所示“相切”约束符号，表示该直线将与圆相切。

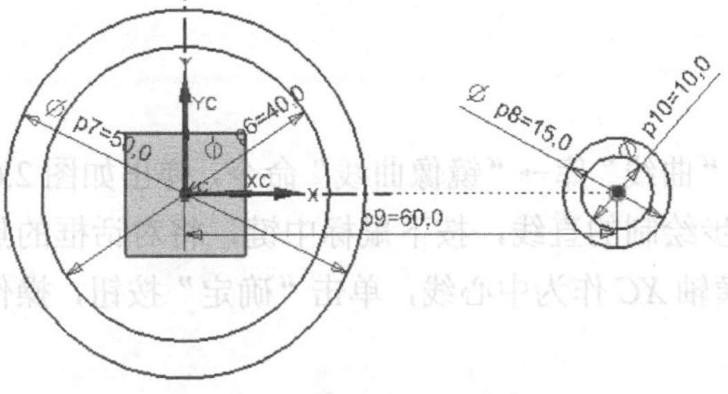

图2.6.38 完全约束的草图

图2.6.39 “直线”对话框

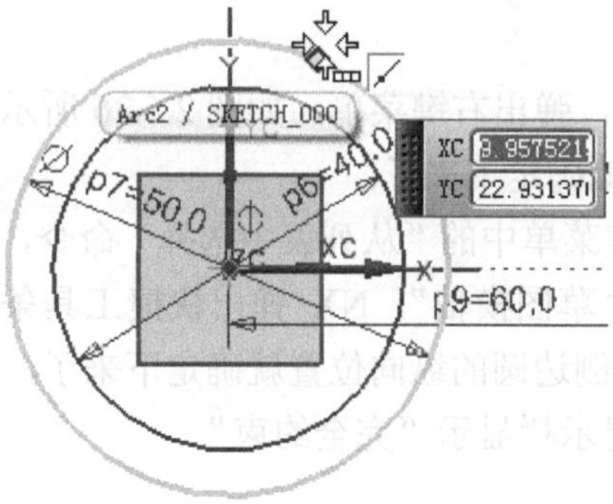

图 2.6.40 “曲线上的点”

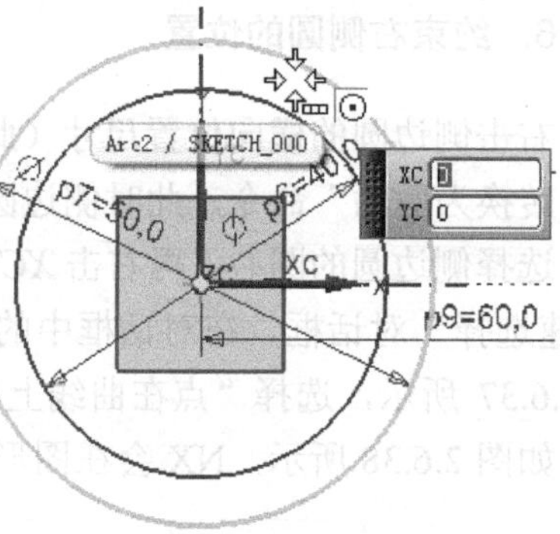

图 2.6.41 “圆弧中心”

图 2.6.42 “快速拾取”对话框

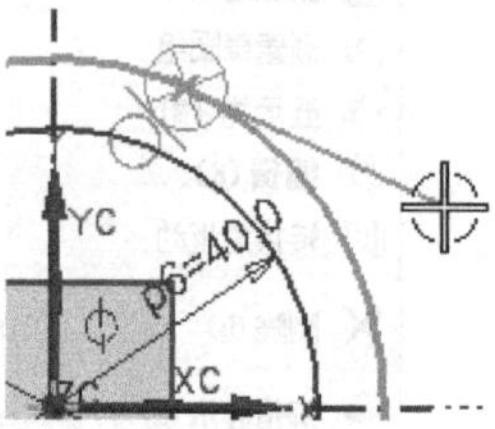

图 2.6.43 “相切”约束符号

将鼠标移至直径为 15mm 的圆周处，当出现如图 2.6.44 所示的约束符号和“曲线上的点”捕捉标记时，单击鼠标，此时 NX 生成了一条与直径 50mm 和直径 15mm 的两个圆周同时相切的直线，该直线两端点也分别在这两个圆周上，如图 2.6.45 所示。

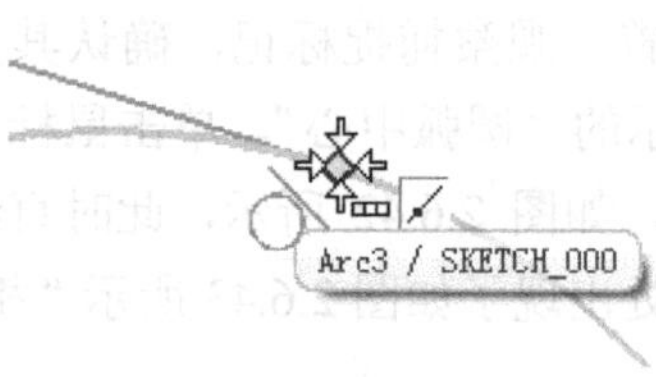

图 2.6.44 约束符号和捕捉标记

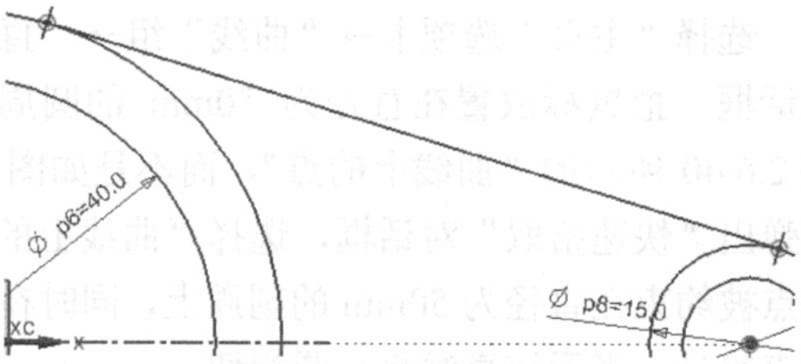

图 2.6.45 直线上的几何约束

8. 镜像直线

选择“主页”选项卡→“曲线”组→“曲线”库→“镜像曲线”命令，弹出如图 2.6.46 所示的“镜像曲线”对话框，选择上一步绘制的直线，按下鼠标中键，将对话框的焦点转移到“中心线”部分，再选择草图的横轴 *XC* 作为中心线，单击“确定”按钮，操作结果如图 2.6.47 所示。

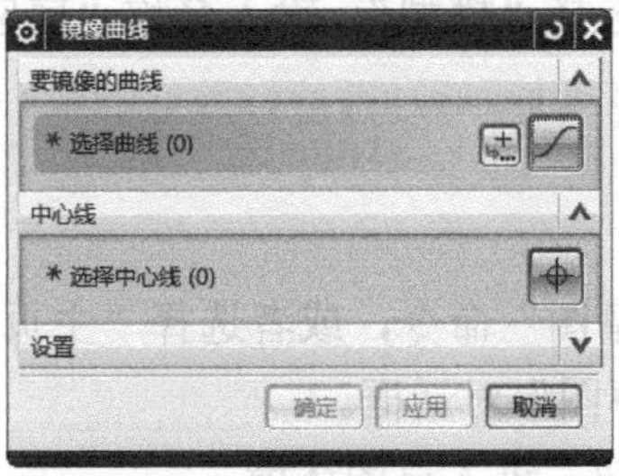

图 2.6.46　“镜像曲线”对话框

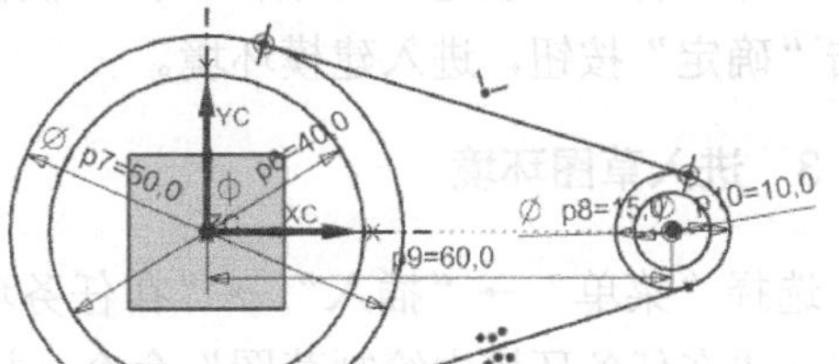

图 2.6.47　操作结果

9. 镜像直线和右侧圆

选择“主页”选项卡→“曲线”库→“曲线”组→“镜像曲线”命令，或者按下功能键 F4，弹出如图 2.6.46 所示的“镜像曲线”对话框，选择前两步生成的两条直线及直径为 10mm 和 15mm 的圆作为“要镜像的曲线”，按下鼠标中键，将对话框的焦点转移到“中心线”部分，再选择草图的纵轴 *YC* 作为中心线，单击“确定”按钮，操作结果如图 2.6.48 所示。

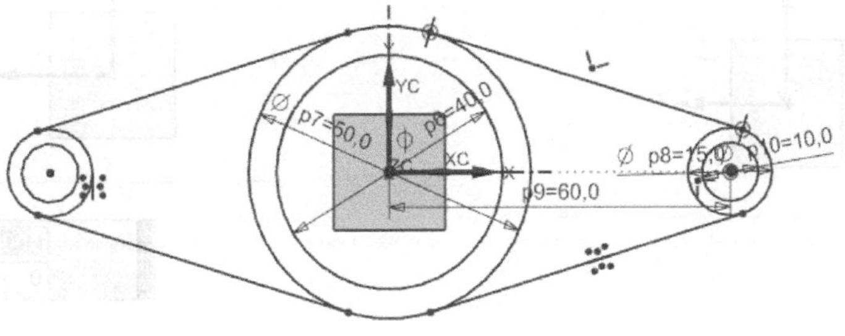

图 2.6.48　操作结果

10. 完成草图并保存文件

右击图形窗口的背景，然后选择“完成草图”命令。再选择“文件”选项卡→“保存”菜单→“保存”命令，或者快速访问工具条中的“保存”命令，或者按下快捷键 Ctrl+S，保存文件。

2.6.4　绘制油泵端盖草图

绘制油泵端盖草图

1. 案例介绍

本案例介绍了一个油泵端盖草图轮廓的绘制过程，目的是演示创建草图曲线并手动添加约束的过程，此案例中手动添加的几何约束较多。

2. 创建新文件

选择“菜单”→“文件”→“新建”命令或选择“主页”选项卡→“标准”组→“新

建”命令，打开“新建”对话框。在“模板”列表中选择“模型”，输入名称“底座”，单击“确定”按钮，进入建模环境。

3. 进入草图环境

选择“菜单”→“插入”→“在任务环境中绘制草图”命令，或者选择“主页”选项卡→“在任务环境中绘制草图”命令，打开“创建草图”对话框。

选择 *XC-YC* 平面作为工作平面，单击“确定”按钮，进入草图环境。

4. 定义草图轮廓的第一个点

选择“主页”选项卡→“直接草图”组→“轮廓”命令，单击基准坐标系左下方的屏幕位置，如图 2.6.49 所示。

5. 绘制水平线

在 *XC* 轴下方从左到右绘制一条长为 100mm 的水平线，如图 2.6.50 所示。

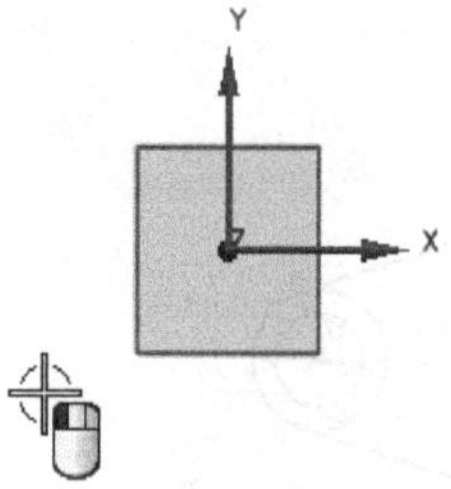

图 2.6.49　选择第一个点

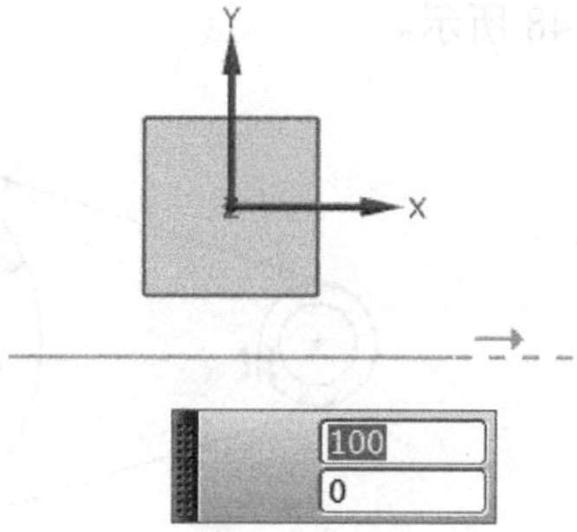

图 2.6.50　绘制水平线

6. 绘制相切圆弧

向直线右侧拖动鼠标，从直线切换到圆弧创建模式，如图 2.6.51 所示。

在直线上方移动鼠标，当看到一条通过圆弧中心点的虚线辅助线时，单击鼠标，将创建一条与水平线相切的 180° 圆弧，如图 2.6.52 所示。

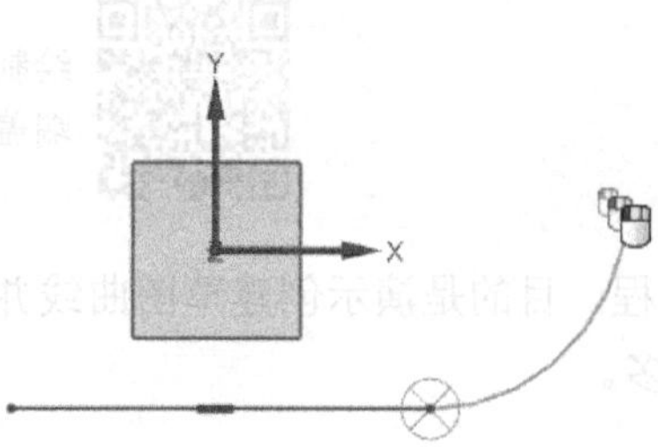

图 2.6.51　切换到圆弧创建模式

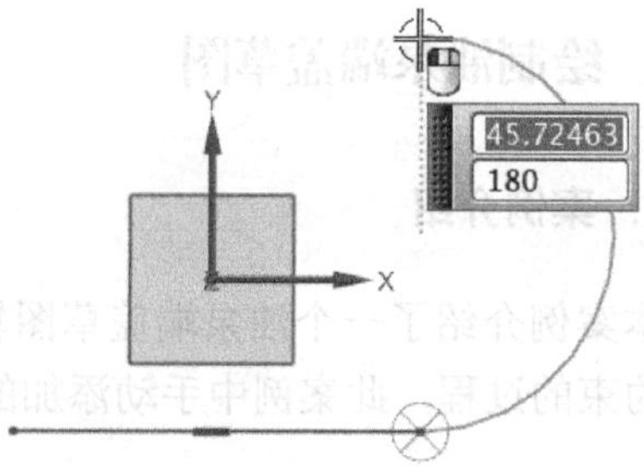

图 2.6.52　绘制圆弧

7. 完成封闭的环

继续绘制草图，直至绘制出两端各有一个圆弧的封闭环，如图 2.6.53 所示。

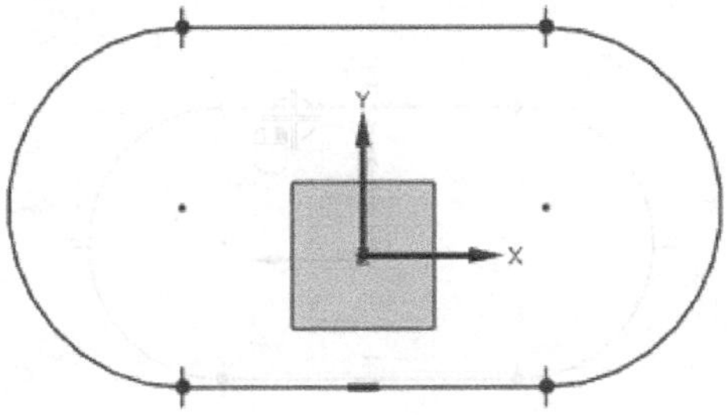

图 2.6.53　封闭环

8. 添加等半径约束

选择左右两条圆弧，如图 2.6.54 所示，然后在几何约束快捷工具条上选择“等半径”命令。

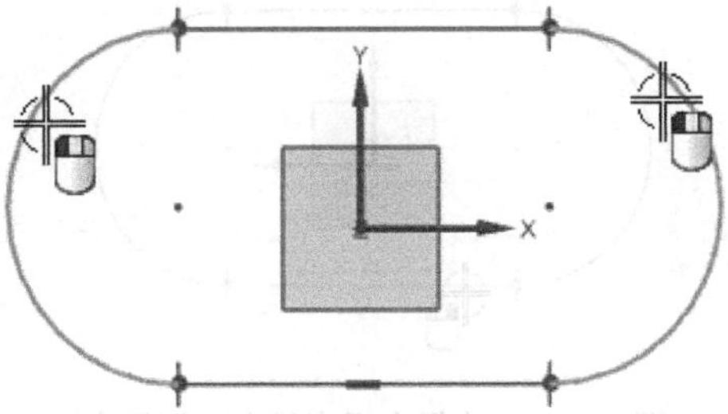

图 2.6.54　选择圆弧

注意： 指针放在稍接近圆弧外的地方（而不是圆弧中心）选择圆弧。

9. 添加等长约束

选择上下两条直线，然后在几何约束快捷工具条上选择“等长”命令，如图 2.6.55 所示。

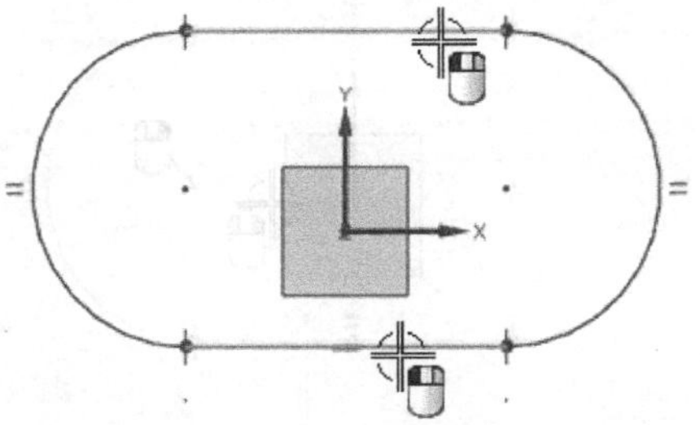

图 2.6.55　选择两条直线

10. 使直线水平

如果直线不是水平的，则选择它们，如图 2.6.56 所示，然后在几何约束快捷工具条上选择“水平”命令。

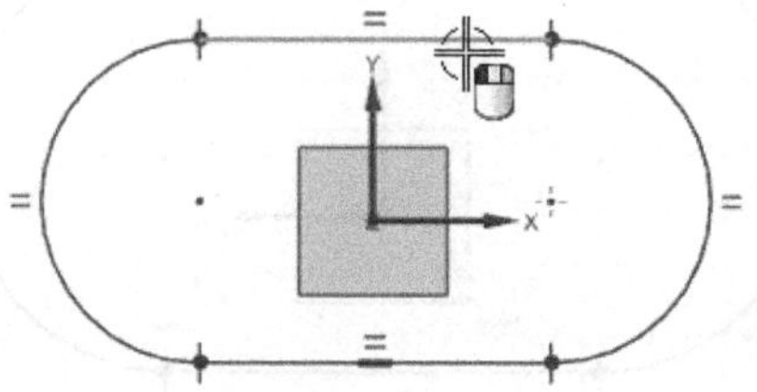

图 2.6.56　选择直线

11. 确定水平方向的位置

选择接近底线中点的位置，然后选择基准坐标系的点，如图 2.6.57 所示，并在几何约束快捷工具条上选择“中点”命令。

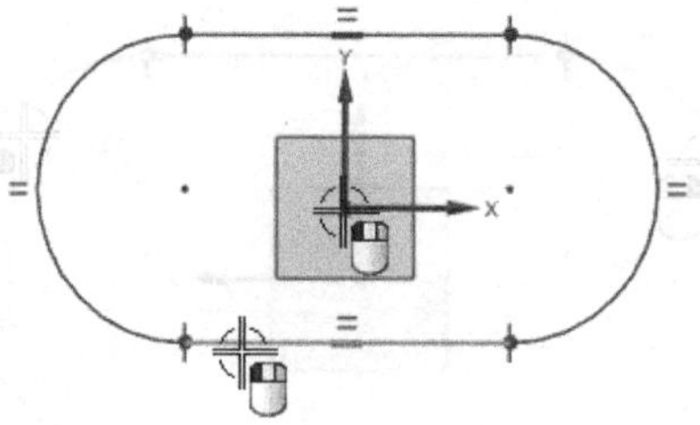

图 2.6.57　选择水平直线和坐标原点

注意：必要时，可使用快速拾取选择点。

12. 确定竖直方向的位置

选择“主页”选项卡→“直接草图”组→“几何约束”命令，在“几何约束”对话框的“约束”组中，单击“点在曲线上”按钮。

如图 2.6.58 所示，选择基准轴，然后单击鼠标中键，选择其中一个圆弧中心。

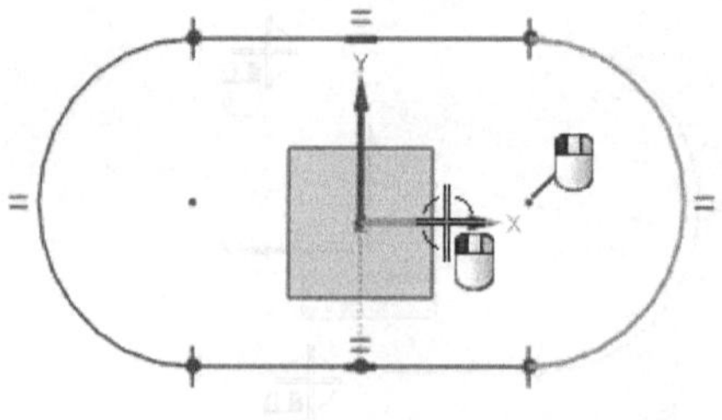

图 2.6.58　选择 *XC* 轴和圆弧中心

13. 标注竖直距离

选择“主页”选项卡→“直接草图”组→“快速标注尺寸”命令。如图 2.6.59 所示，选择上下两条直线，将尺寸放置于部件的左侧，在屏显输入框中输入 125，然后按下回车键。

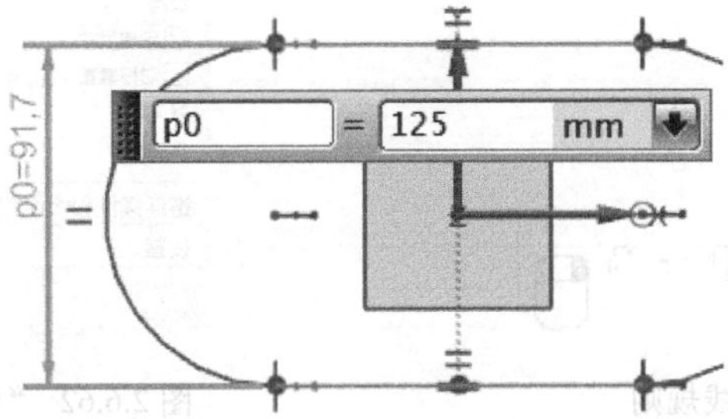

图 2.6.59　选择直线并输入数值

14. 标注水平距离

如图 2.6.60 所示，选择两个圆弧，将尺寸放置在部件下方，在屏显输入框中输入 225，然后按下回车键。

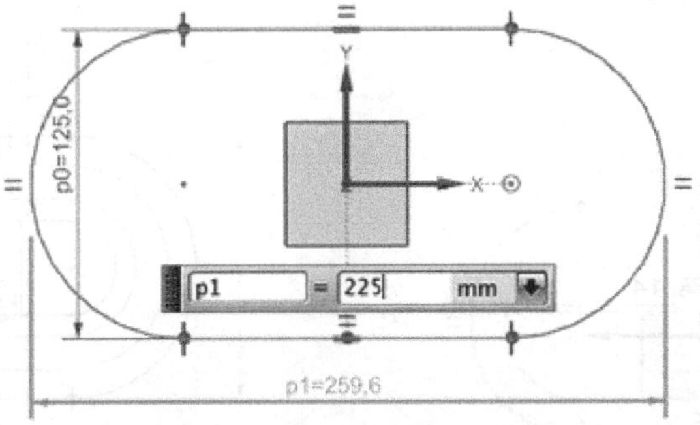

图 2.6.60　选择圆弧并输入数值

观察一下右下角的状态行，状态行显示：草图已完全约束。

15. 创建偏置曲线

选择“主页”选项卡→“直接草图”组→“偏置曲线”命令。如图 2.6.61 所示，选择“上边框条”→“曲线规则”列表→“相连曲线”选项，在弹出的“偏置曲线”对话框→“偏置”组中，选择“创建尺寸”复选框，然后清除“对称偏置”复选框，如图 2.6.62 所示。

图 2.6.61　曲线规则

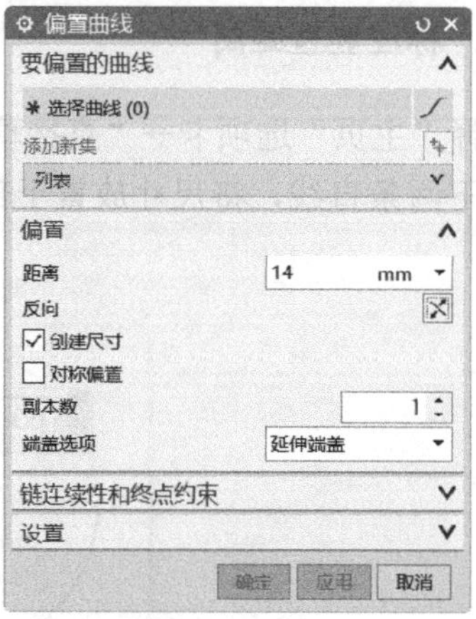

图 2.6.62　“偏置曲线”对话框

选择最外侧轮廓中的任意曲线，在“距离”屏显输入框中输入 14，然后按下回车键，如图 2.6.63 所示。单击“应用”按钮，完成偏置环。

注意：必要时可双击方向矢量，以反转偏置的方向，使其指向原始轮廓内部。

16. 重复创建偏置曲线

使用相同的步骤在偏置值为 30mm 和 40mm 处创建另外两个内环，如图 2.6.64 所示。

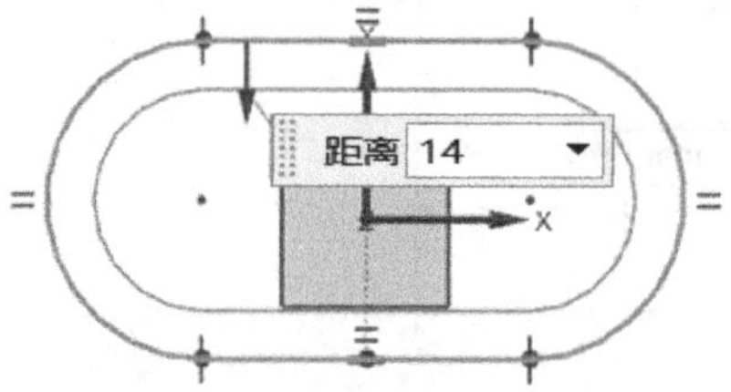

图 2.6.63　选择曲线与偏置距离

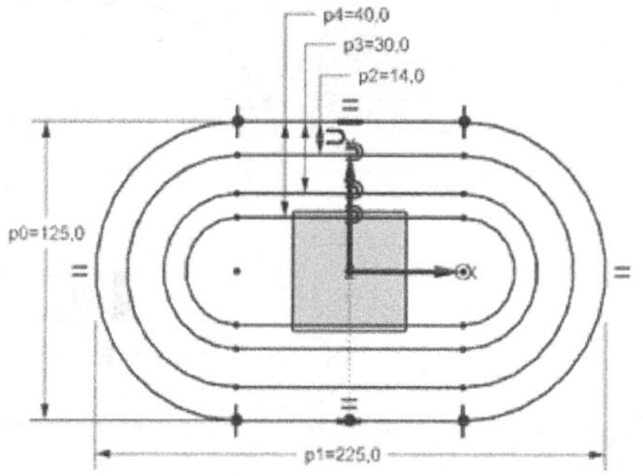

图 2.6.64　重复创建偏置曲线

17. 创建沉头孔放置点

第一个偏置环提供用来放置沉头孔的参考几何体。如图 2.6.65 所示，选择环中的所有曲线，右击环，然后选择“转换为参考”命令。

要定位沉头孔，要在参考圆弧的每个端点处添加点。选择“主页”选项卡→“直接草图”组→“点”命令。选择每个参考圆弧的端点和中点，以创建 6 个点，如图 2.6.66 所示。

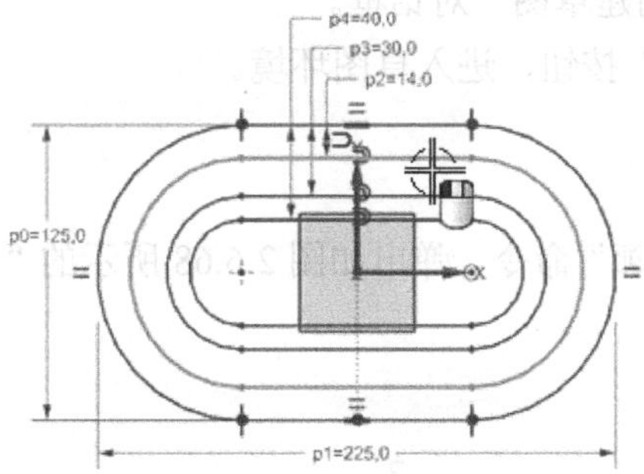

图 2.6.65　参考几何体

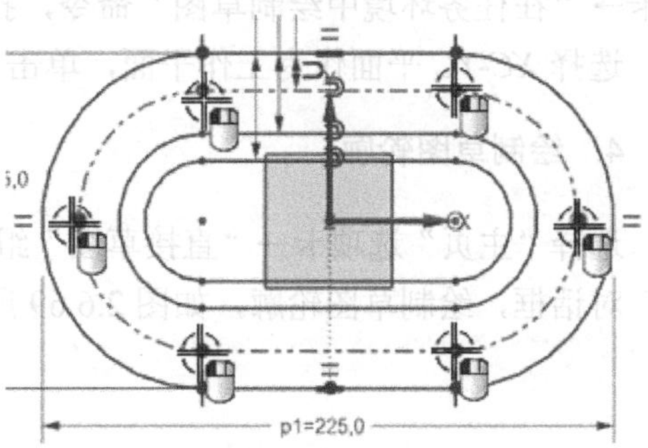

图 2.6.66　创建放置点

18. 完成草图并保存文件

右击图形窗口的背景，然后选择“完成草图”命令，如图 2.6.67 所示。

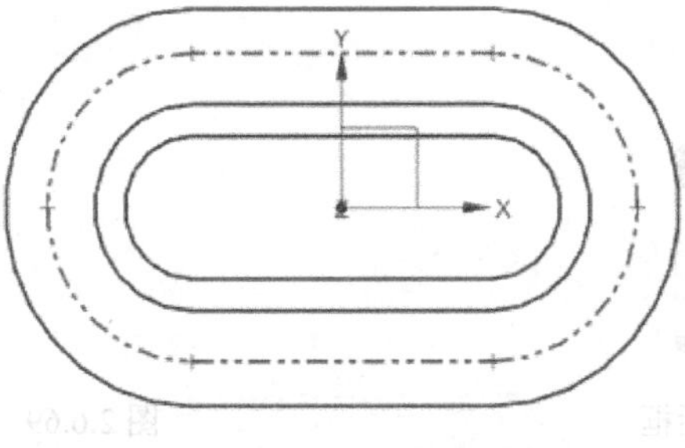

图 2.6.67　完成的草图

选择“文件”选项卡→“保存”菜单→“保存”命令，或者快速访问工具条中的“保存”命令，或者按下快捷键 Ctrl+S，保存文件。

2.6.5　绘制减速器端盖草图

绘制减速器端盖草图

1. 案例介绍

本案例介绍了一个减速器端盖草图轮廓的绘制过程，目的是演示创建草图曲线并手动添加约束的过程，此案例中手动添加的尺寸约束较多。

2. 创建新文件

选择“菜单”→“文件”→“新建”命令或选择“主页”选项卡→“标准”组→“新建”命令，打开“新建”对话框。在“模板”列表中选择“模型”，输入名称“端盖”，单击“确定”按钮，进入建模环境。

3. 进入草图环境

选择“菜单”→“插入”→“在任务环境中绘制草图”命令，或者选择“主页”选项卡→“在任务环境中绘制草图”命令，打开“创建草图”对话框。

选择 *XC-YC* 平面作为工作平面，单击“确定”按钮，进入草图环境。

4. 绘制草图轮廓

选择“主页”选项卡→“直接草图”组→“轮廓”命令，弹出如图 2.6.68 所示的“轮廓”对话框，绘制草图轮廓，如图 2.6.69 所示。

图 2.6.68 “轮廓”对话框

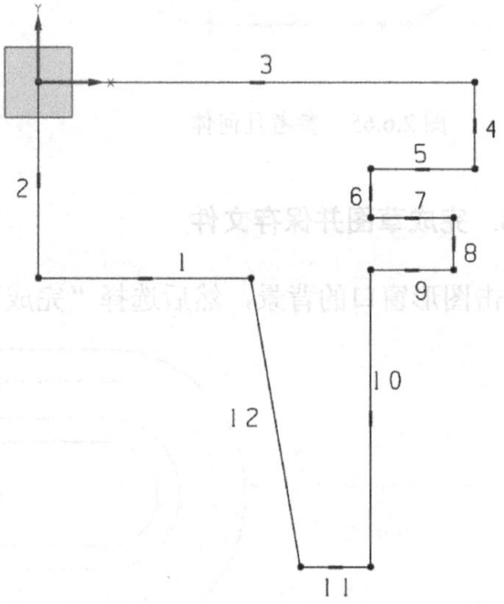

图 2.6.69 草图轮廓

5. 确定水平方向的位置

选择直线 2，然后选择基准坐标系的 *YC* 轴，并在如图 2.6.70 所示的快捷工具条上选择“共线”命令。

注意：必要时，可使用快速拾取选择 *YC* 轴。

6. 确定竖直方向的位置

选择直线 3，然后选择基准坐标系的 *XC* 轴，并在快捷工具条上选择“共线”命令。这样，草图轮廓中直线 2 和直线 3 的位置就确定了，轮廓添加了如图 2.6.71 所示约束符号。

图 2.6.70 快捷工具条

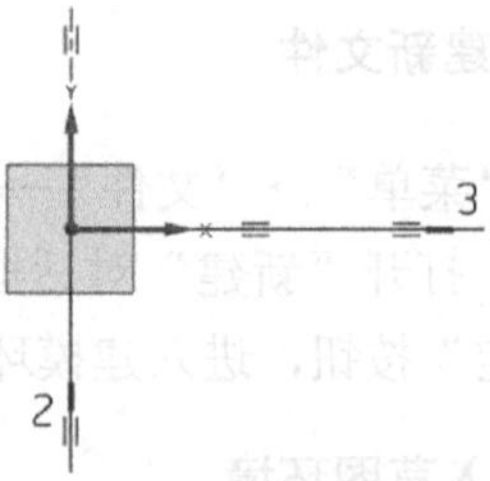

图 2.6.71 添加的约束符号

7. 对齐直线 6 与直线 10

选择直线 6 与直线 10，然后在快捷工具条上选择“共线”命令，使它们具有共线约束。

8. 标注尺寸

选择“主页”选项卡→“直接草图”组→“快速标注尺寸”命令。选择直线 2 和直线 4，确定尺寸放置位置后单击鼠标，在屏显输入框中输入 60，然后按下回车键，结果如图 2.6.72 所示。

采用同样的方法，标注直线 2 和直线 6 之间的距离为 38mm，直线 2 和直线 8 之间的距离为 40mm，其他标注结果如图 2.6.73 所示。

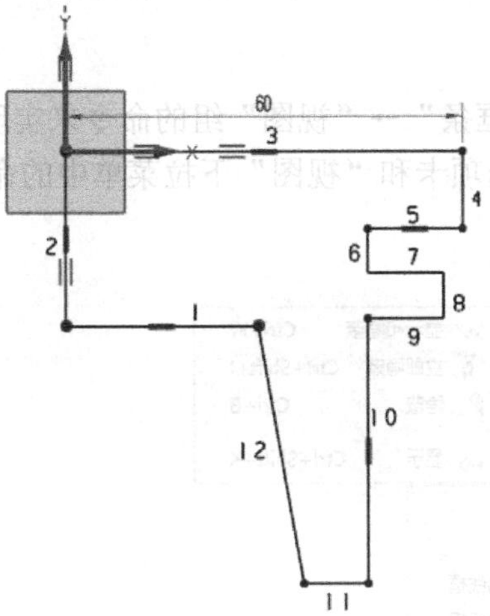

图 2.6.72　尺寸标注

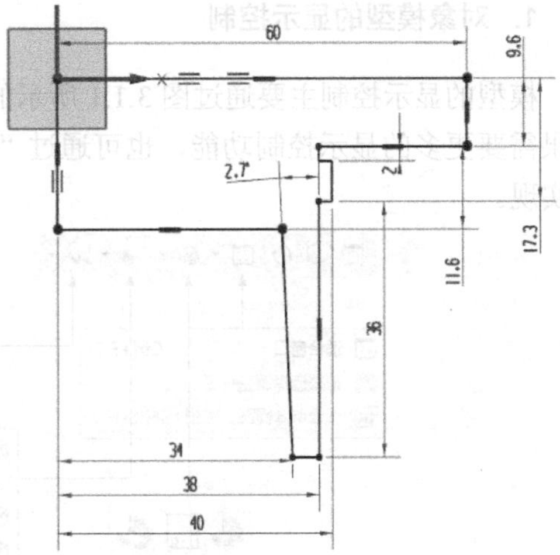

图 2.6.73　完成尺寸标注的草图轮廓

9. 完成草图

右击图形窗口的背景，然后选择“完成草图”命令。再选择“文件”选项卡→“保存”菜单→“保存”命令，或者快速访问工具条中的“保存”命令，或者按下快捷键 Ctrl+S，保存文件。

第3章 实体建模

3.1 基本操作

3.1.1 对象操作

1. 对象模型的显示控制

模型的显示控制主要通过图 3.1.1 所示的“上边框条”→“视图”组的命令来实现，如果需要更多的显示控制功能，也可通过“视图”选项卡和“视图”下拉菜单中的命令来实现。

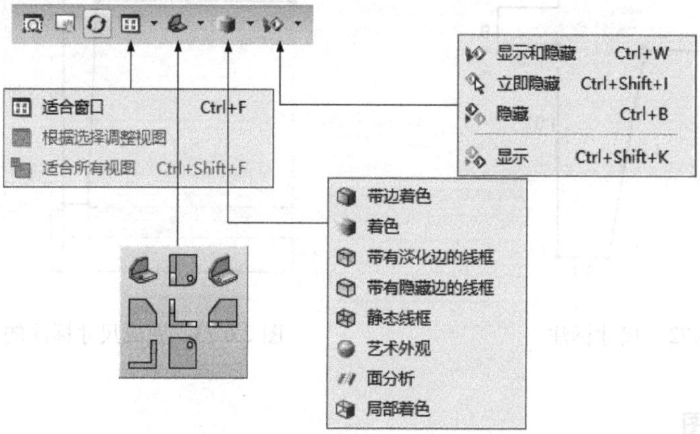

图 3.1.1 “视图”组中的命令

2. 删除对象

利用“编辑”→“删除”命令可以删除一个或多个对象，如图 3.1.2 所示。

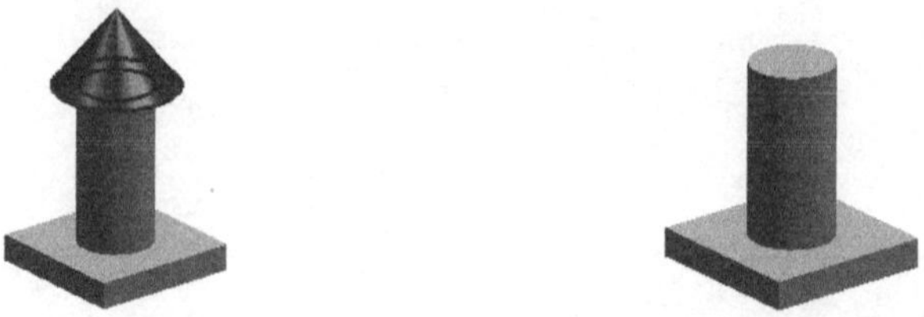

(a) 删除前　　(b) 删除后

图 3.1.2 删除对象

3. 隐藏与显示对象

隐藏对象就是通过一些操作使该对象在部件模型中不显示，如图 3.1.3 所示。

4. 编辑对象显示

编辑对象的显示就是修改对象的层、颜色、线型和宽度等，如图 3.1.4 所示。

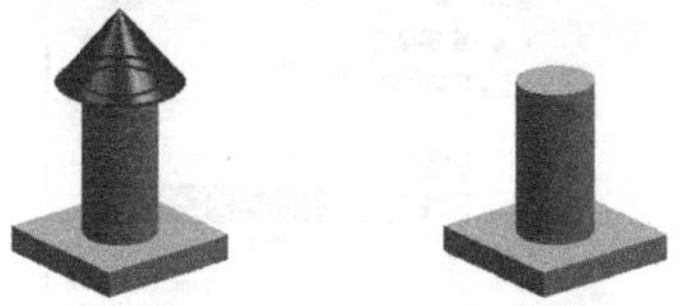

（a）隐藏前　（b）隐藏后

图 3.1.3　隐藏对象

（a）编辑前　（b）编辑后

图 3.1.4　编辑对象显示

5. 分类选择

NX10.0 提供了一个分类选择的工具，利用选择对象类型和设置过滤器的方法，以达到快速选取对象的目的。选取对象时，可以直接选取对象，也可以利用“分类选择”对话框中的对象类型过滤功能，来限制选择对象的范围。选中的对象以高亮方式显示。

6. 对象的视图布局

视图布局是指在图形区同时显示多个视角的视图，一个视图布局最多允许排列 9 个视图。用户可以创建 NX 已有的视图布局，也可以自定义视图布局。

选择“视图”→“布局”命令，弹出布局子菜单，可以对布局进行新建、打开、删除、保存和重新生成等操作。

3.1.2　部件导航器

1.“部件导航器”概述

单击资源条中的第 3 个按钮，可以打开“部件导航器”。“部件导航器”是 NX10.0 资源条中的一个部分，它可以用来组织、选择和控制数据的可见性，以及通过简单浏览来理解数据，也可以在其中更改现存的模型参数，以得到所需的形状和定位表达；另外，制图和建模数据也包括在“部件导航器”中。

“部件导航器”分成 4 个面板：主面板、依附性面板、细节面板及预览面板。构造模型或图纸时，数据被填充到这些面板窗口。使用这些面板导航部件，可执行各种操作。

2.“部件导航器”界面简介

“部件导航器”主面板提供了全面的部件视图。可以使用它的树状结构（又称为“特征树”），来查看和访问实体、实体特征和所依附的几何体、视图、图样、表达式、快速检查及模型中的引用集。

打开文件后，参照模型如图 3.1.5 所示，在与之相应的模型树中，圆括号内的时间戳记跟在各特征名称的后面，如图 3.1.6 所示。“部件导航器”主面板有两种模式：“时间戳记顺序”模式和“设计视图”模式，如图 3.1.7 和图 3.1.8 所示，通过如图 3.1.9 所示“部件导航器”右键快捷菜单选择“时间戳记顺序”命令来切换两种模式。

图 3.1.5　参照模型

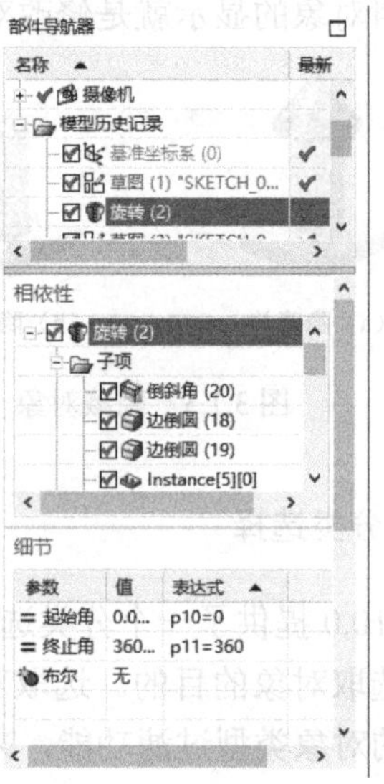

图 3.1.6　“部件导航器”界面

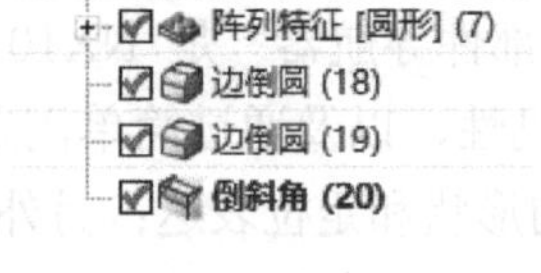

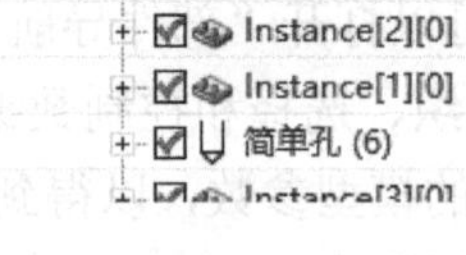

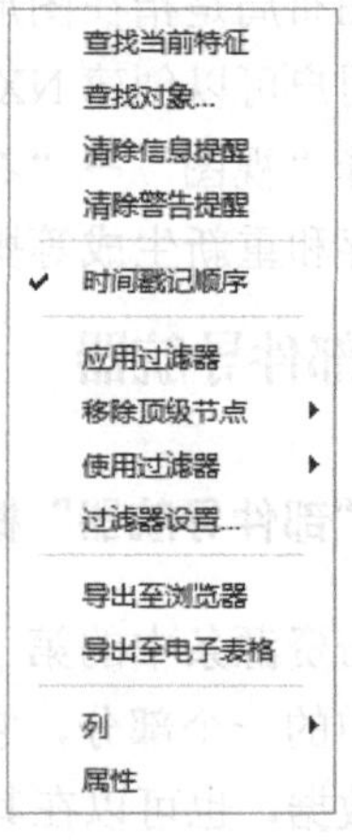

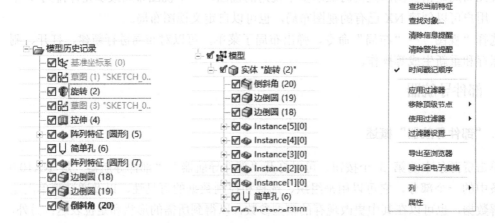

图 3.1.7　“时间戳记顺序”模式　图 3.1.8　“设计视图”模式　图 3.1.9　“部件导航器”的快捷菜单

3. “部件导航器”的作用

（1）“部件导航器”可以用来抑制或释放特征和改变它们的参数或定位尺寸等。

（2）在“部件导航器”中使用时间戳记顺序，可以按时间顺序排列建模所用到的每个步骤，并且可以对其进行参数编辑、定位编辑、显示设置等各种操作。

(3)“部件导航器”中提供了正等测、前、后、右等 8 个模型视图，用于选择当前视图的方向，以方便从各个视角观察模型。

4. “部件导航器”的显示操作

“部件导航器”对识别模型特征是非常有用的。在“部件导航器”窗口中选择一个特征，该特征将在图形区高亮显示，并在“部件导航器”窗口中高亮显示其父特征和子特征。反之，在图形区中选择某个特征，该特征和它的父/子层级也会在“部件导航器”窗口中高亮显示。

5. 在“部件导航器”中编辑特征

在“部件导航器”中，有多种方法可以选择和编辑特征，在此列举两种。

方法一：双击树形列表中的特征，打开其编辑对话框，用与创建时相同的对话框编辑其特征。

方法二：在树列表中选择一个特征，右击，选择弹出菜单中的“编辑参数”命令，打开其编辑对话框，用与创建时相同的对话框编辑其特征。

6. 显示表达式

在“部件导航器”中会显示“主面板表达式”文件夹内定义的表达式，且其名称前会显示表达式的类型（距离、长度或角度等）。

7. 抑制与取消抑制

通过抑制（Suppressed）功能可使已显示的特征临时从图形区中移去，如图 3.1.10 和图 3.1.11 所示。

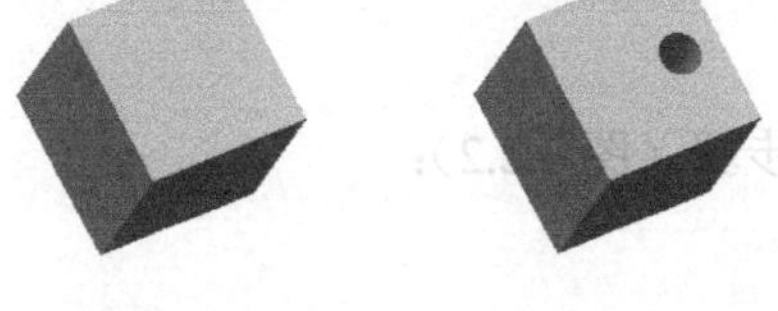

（a）抑制状态　　（b）取消抑制状态

图 3.1.10　特征的抑制（模型）

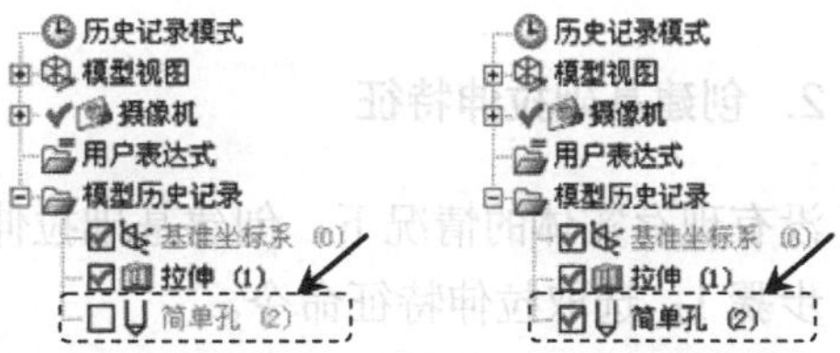

（a）抑制状态　　（b）取消抑制状态

图 3.1.11　特征的抑制（模型树）

8. 特征回放

选择“编辑”→“特征”→“回放”命令，可以一次显示一个特征，逐步表示模型的构造过程。

9. 信息获取

“信息”（Information）下拉菜单提供了获取有关模型信息的选项。

10. 细节

在模型树中选择某个特征后，在“细节”面板中会显示该特征的参数、值和表达式，右击某个表达式，在弹出的快捷菜单中选择命令，可以对表达式进行编辑，以便对模型进行修改。

3.2 设计特征

3.2.1 拉伸特征

1. 拉伸特征简述

拉伸特征是将截面沿着草图平面的垂直方向拉伸而成的特征，它是最常用的部件建模方法。下面以如图 3.2.1 所示的简单实体三维模型为例，说明拉伸特征的基本概念及其创建方法，同时介绍用 NX 创建部件三维模型的一般过程。

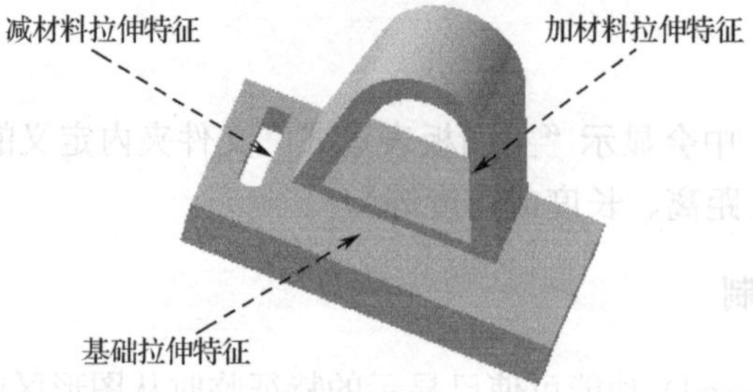

图 3.2.1 简单实体三维模型

2. 创建基础拉伸特征

没有现存实体的情况下，创建基础拉伸特征的步骤（图 3.2.2）：
步骤 1：选取拉伸特征命令。
步骤 2：定义拉伸特征的截面草图。
步骤 3：定义拉伸类型。
步骤 4：定义拉伸深度属性。

图 3.2.2 基础拉伸特征

3. 在已有特征上添加拉伸特征

已有现存实体之上，添加拉伸特征：
情况 1：添加加材料拉伸特征，如图 3.2.3 所示。
情况 2：添加减材料拉伸特征，如图 3.2.4 所示。
情况 3：添加拉伸特征，和已有实体进行求交操作。

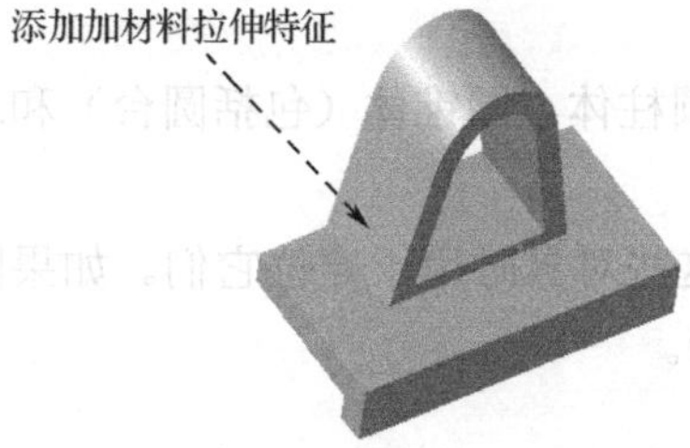

图 3.2.3　添加加材料拉伸特征

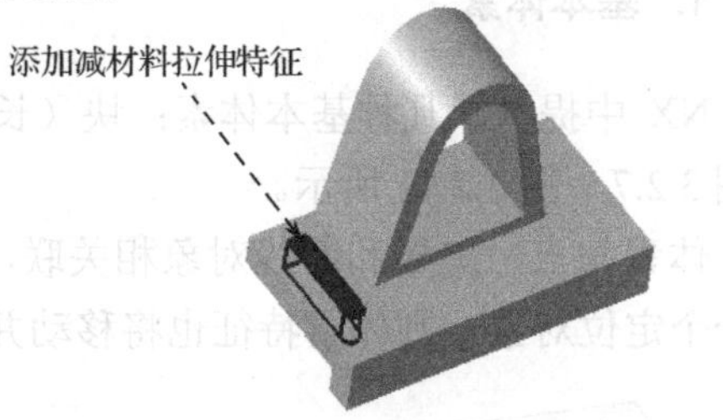

图 3.2.4　添加减材料拉伸特征

3.2.2　回转特征

1. 回转特征简述

回转特征是将截面绕着一条中心轴线旋转而形成的特征，如图 3.2.5 所示。选择“插入”→“设计特征”→“回转”命令，即可创建回转特征。

2. 矢量

在建模的过程中，矢量构造器的应用十分广泛，如对定义对象的高度方向、投影方向和回转中心轴等进行设置。下面将对如图 3.2.6 所示“矢量”对话框的使用进行详细的介绍。

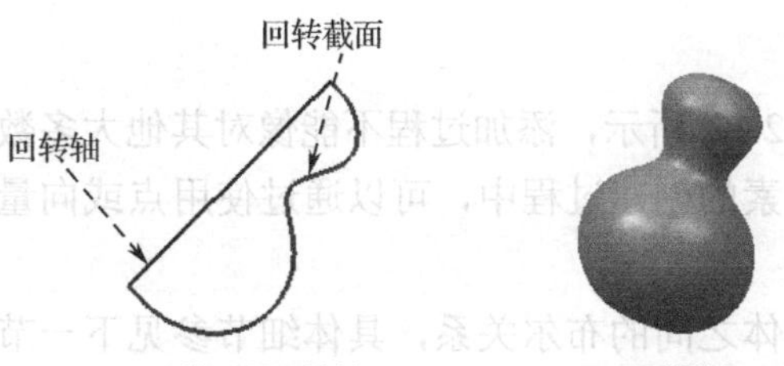

（a）截面和回转轴　（b）回转特征

图 3.2.5　回转操作

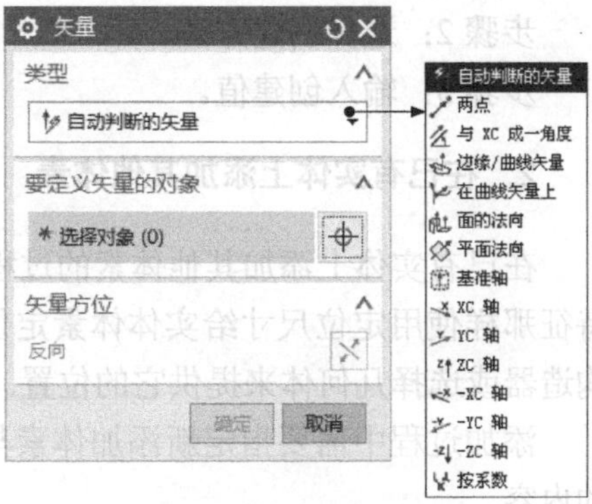

图 3.2.6　“矢量”对话框

3. 创建回转特征的一般步骤

步骤 1：选择命令。

步骤 2：定义回转截面。

步骤 3：定义回转轴。

步骤 4：确定回转角度的“起始值”和“结束值”。

3.2.3 体素

1. 基本体素

NX 中提供了几种基本体素：块（长方体）、圆柱体、圆锥体（包括圆台）和球体，如图 3.2.7～图 3.2.11 所示。

体素与点、矢量和曲线对象相关联，在创建这些对象时用于定位它们。如果随后移动一个定位对象，则体素特征也将移动并相应更新。

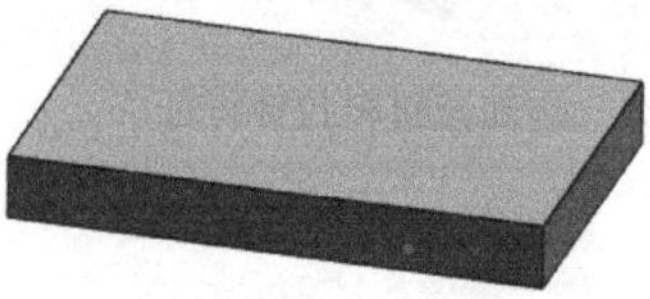

图 3.2.7 长方体特征

图 3.2.8 圆柱体特征

图 3.2.9 圆锥体特征

图 3.2.10 圆台特征

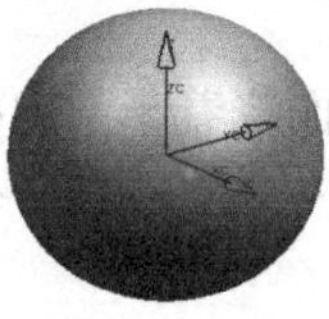

图 3.2.11 球体特征

创建体素特征的基本步骤：

步骤 1：选择希望创建的体素类型，可以是块、圆柱体、圆锥体或球体。

步骤 2：选择创建方法。

步骤 3：输入创建值。

2. 在已有实体上添加其他体素

在已有实体上添加其他体素的过程如图 3.2.12 所示，添加过程不能像对其他大多数特征那样使用定位尺寸给实体体素定位。在体素的创建过程中，可以通过使用点或向量构造器或选择几何体来提供它的位置。

添加过程中需要指定新添加体素与已有实体之间的布尔关系，具体细节参见下一节的内容。

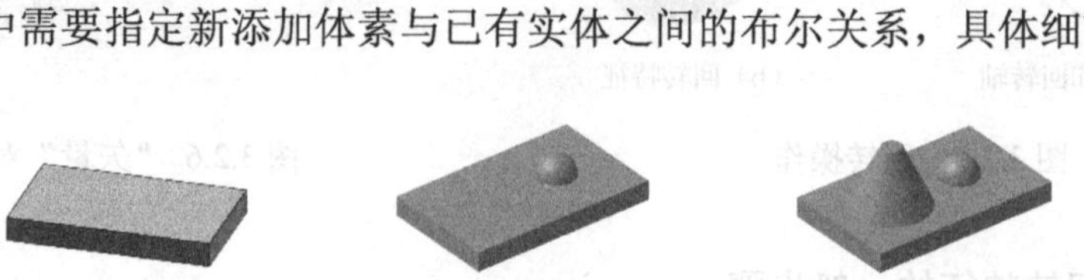

（a）长方体特征 （b）添加球体特征 （c）添加圆锥体特征

图 3.2.12 添加过程

3.2.4 孔

在 NX10.0 中，可以创建以下三种类型的孔特征（Hole）。

（1）简单孔：具有圆形截面的切口，开始于放置曲面并延伸到指定的终止曲面或用户定义的深度，创建时要指定“直径”“深度”和“尖端尖角”。

（2）埋头孔：该选项允许用户创建指定“孔直径”“孔深度”“尖角”“埋头直径”和“埋头深度”的埋头孔。

（3）沉头孔：该选项允许用户创建指定“孔直径”“孔深度”“尖角”“沉头直径”和“沉头深度”的沉头孔。

3.2.5 螺纹

在 NX10.0 中，可以创建两种类型的螺纹。

（1）符号螺纹：以虚线圆的形式显示在要攻螺纹的一个或几个面上。符号螺纹可使用外部螺纹表文件（可以根据特殊螺纹要求来定制这些文件），以确定其参数。

（2）详细螺纹：比符号螺纹看起来更真实，但由于其几何形状的复杂性，创建和更新都需要较长的时间。详细螺纹是完全关联的，如果特征被修改，则螺纹也相应更新。可以选择生成部分关联的符号螺纹，或指定固定的长度。部分关联是指如果螺纹被修改，则特征也将更新（但反过来则不行）。如图 3.2.13 所示是添加螺纹特征的示意图。

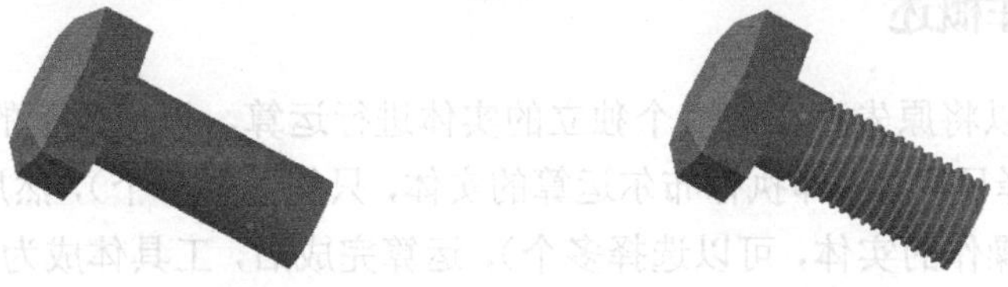

（a）添加螺纹前　（b）添加螺纹后

图 3.2.13　添加螺纹特征

3.2.6 扫掠特征

扫掠特征是用规定的方法沿一条空间的路径移动一条曲线而产生的体，如图 3.2.14 所示。移动曲线称为截面线串，其路径称为引导线串。

用户可以通过选择“菜单”→“插入”→“扫掠”命令创建扫掠特征。

（a）创建前　（b）创建后

图 3.2.14　创建扫掠特征

3.2.7 三角形加强筋

用户可以使用“三角形加强筋”命令沿着两个面集的交叉曲线来添加三角形加强筋（肋）特征，如图 3.2.15 所示。要创建三角形加强筋特征，首先必须指定两个相交的面集，面集可以是单个面，也可以是多个面；其次要指定三角形加强筋的基本定位点，可以是沿着交叉曲线的点，也可以是交叉曲线和平面相交处的点。

用户可以通过选择“菜单”→“插入”→“设计特征”→“三角形加强筋”命令创建三角形加强筋。

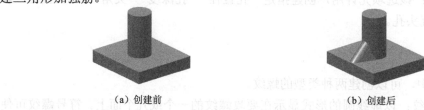

（a）创建前　　（b）创建后

图 3.2.15　创建三角形加强筋特征

3.3 组合操作

3.3.1 组合操作概述

组合操作可以将原先存在的多个独立的实体进行运算，以产生新的实体。进行布尔运算时，首先选择目标体（即执行布尔运算的实体，只能选择一个），然后选择工具体（即在目标体上执行操作的实体，可以选择多个），运算完成后，工具体成为目标体的一部分，而且如果目标体和工具体具有不同的图层、颜色、线型等特性，产生的新实体则具有与目标体相同的特性。如果部件文件中已存有实体，当建立新特征时，新特征可以作为工具体，已存在的实体作为目标体。

3.3.2 布尔求和操作

布尔求和操作用于将工具体和目标体合并成一体，如图 3.3.1 所示。

选择“菜单”→“插入”→“组合体”→“求和”命令，弹出如图 3.3.2 所示的“合并”对话框，可以通过此对话框进行求和操作。

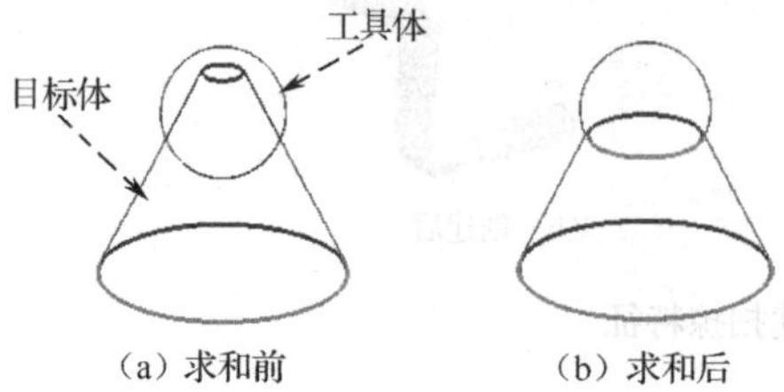

（a）求和前　　（b）求和后

图 3.3.1　布尔求和操作

图 3.3.2　“合并”对话框

3.3.3　布尔求差操作

布尔求差操作用于将工具体从目标体中移除，如图 3.3.3 所示。

选择“菜单”→“插入”→“组合体”→“求差”命令，弹出如图 3.3.4 所示的“求差”对话框，可以通过此对话框进行求差操作。

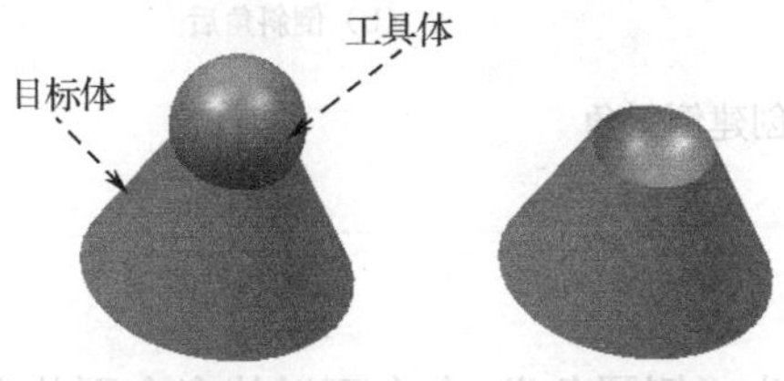

（a）求差前　　（b）求差后

图 3.3.3　布尔求差操作

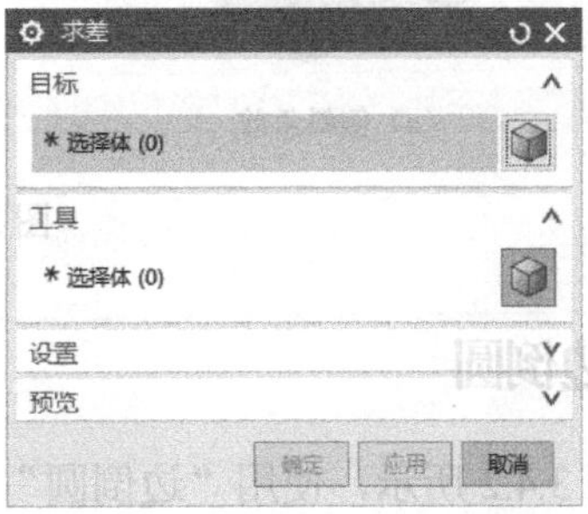

图 3.3.4　“求差”对话框

3.3.4　布尔求交操作

布尔求交操作用于创建包含两个不同实体的共有部分。进行布尔求交运算时，工具体与目标体必须相交，如图 3.3.5 所示。

选择“菜单”→“插入”→“组合体”→“求交”命令，弹出如图 3.3.6 所示的“求交”对话框。用户可以通过此对话框进行求交操作。

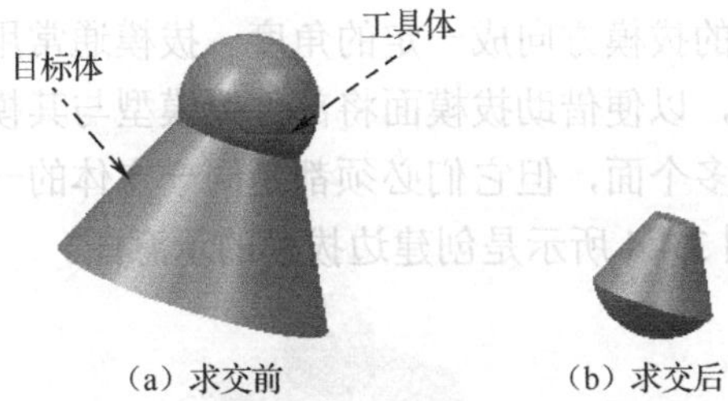

（a）求交前　　（b）求交后

图 3.3.5　布尔求交操作

图 3.3.6　“求交”对话框

3.4　细节特征

3.4.1　倒斜角

构建特征不能单独生成，而只能在其他特征上生成，孔特征、倒角特征和圆角特征等都是典型的构建特征。使用“倒斜角”命令可以在两个面之间创建用户需要的倒角，如图 3.4.1 所示。

（a）倒斜角前　　　　（b）倒斜角后

图 3.4.1　创建倒斜角

3.4.2　边倒圆

如图 3.4.2 所示，使用“边倒圆”（又称为“倒圆角”）命令可以使多个面共享的边缘变光滑。既可以创建圆角的边倒圆（对凸边缘则去除材料），也可以创建倒圆角的边倒圆（对凹边缘则添加材料）。

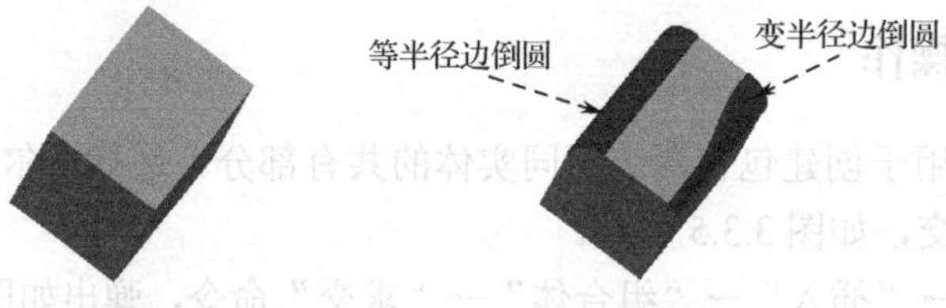

（a）倒圆角前　　　　（b）倒圆角后

图 3.4.2　创建边倒圆

3.4.3　拔模

使用“拔模”命令可以使面相对指定的拔模方向成一定的角度。拔模通常用于对模型、部件、模具或冲模的竖直面添加斜度，以便借助拔模面将部件或模型与其模具或冲模分开。用户可以为拔模操作选择一个或多个面，但它们必须都是同一实体的一部分。如图 3.4.3 所示是创建面拔模的示意图，图 3.4.4 所示是创建边拔模的示意图。

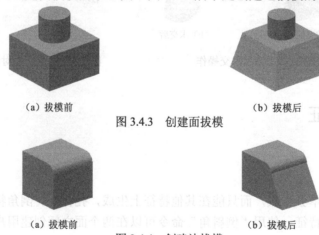

（a）拔模前　　　　（b）拔模后

图 3.4.3　创建面拔模

（a）拔模前　　　　（b）拔模后

图 3.4.4　创建边拔模

3.5　基准特征

3.5.1　基准平面

基准平面可作为创建其他特征（如圆柱、圆锥、球及回转的实体等）的辅助工具，如图 3.5.1 所示是创建基准平面的示意图。

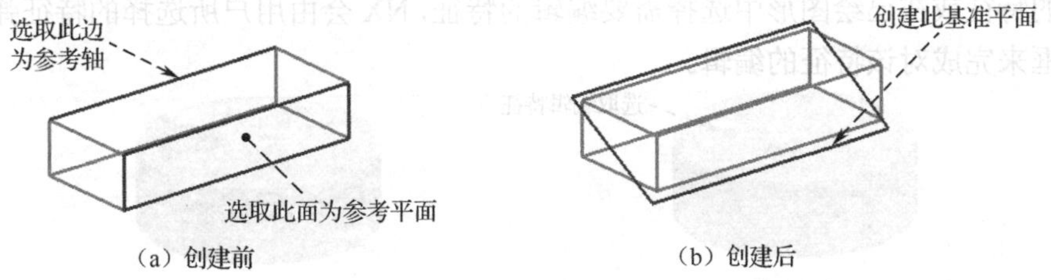

图 3.5.1　创建基准平面

3.5.2　基准轴

基准轴既可以是相对的，也可以是固定的。以创建的基准轴为参考对象，可以创建其他对象，如基准平面、回转特征和拉伸体等。如图 3.5.2 所示是创建基准轴的示意图。

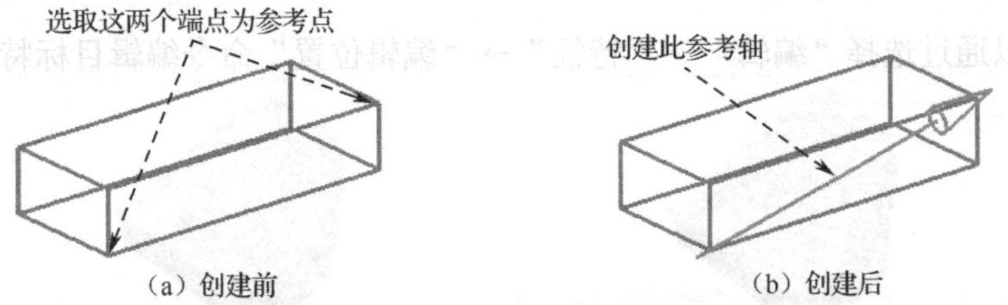

图 3.5.2　创建基准轴

3.5.3　基准坐标系

基准坐标系由 3 个基准平面、3 个基准轴和原点组成，在基准坐标系中可以选择单个基准平面、基准轴或原点。基准坐标系可用来创建其他特征、约束草图和定位在一个装配中的组件等。如图 3.5.3 所示是创建基准坐标系的示意图。

图 3.5.3　创建基准坐标系

3.6 特征的编辑

3.6.1 编辑参数

编辑参数用于在创建特征时使用的方式和参数值的基础上编辑特征，如图 3.6.1 所示。选择“编辑”→“特征”→“编辑参数”命令，在弹出的“编辑参数”对话框中选取需要编辑的特征或在已绘图形中选择需要编辑的特征，NX 会由用户所选择的特征弹出不同的对话框来完成对该特征的编辑。

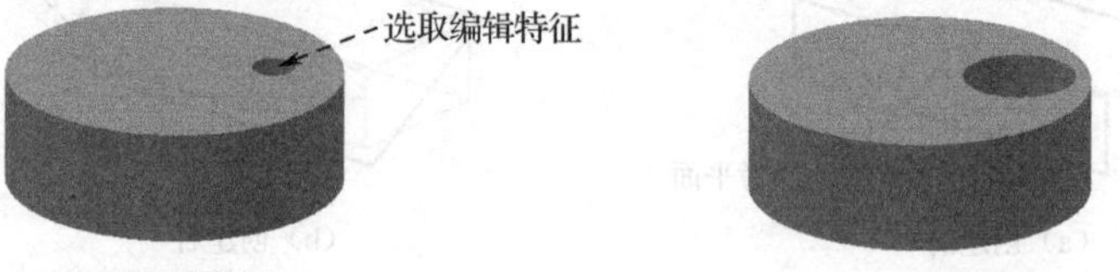

（a）编辑参数前　　（b）编辑参数后

图 3.6.1　编辑参数

3.6.2 编辑定位

编辑定位用于对目标特征重新定义位置，包括修改、添加和删除定位尺寸，如图 3.6.2 所示。

用户可以通过选择“编辑”→“特征”→“编辑位置”命令编辑目标特征的定位。

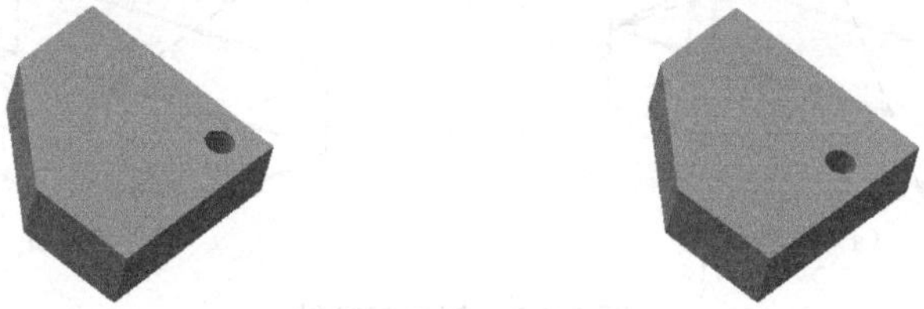

（a）编辑定位前　　（b）编辑定位后

图 3.6.2　编辑位置

3.6.3 特征移动

特征移动用于把无关联的特征移到需要的位置，如图 3.6.3 所示。

用户可以通过选择“编辑”→“特征”→“移动”命令编辑目标特征的移动。

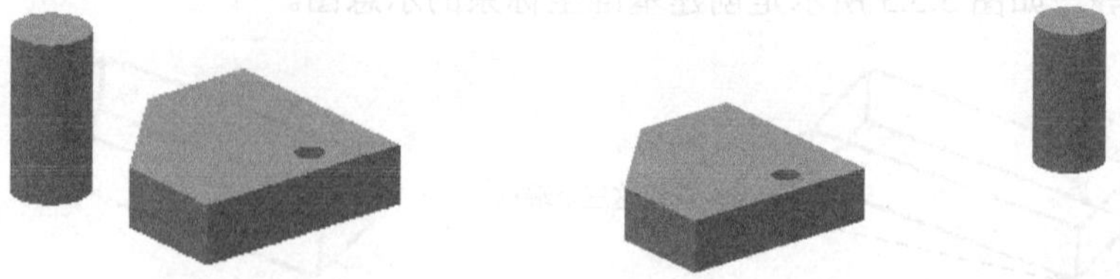

（a）特征移动前　　（b）特征移动后

图 3.6.3　特征移动

3.6.4　特征的变换

1. 用直线做镜像

用直线做镜像是将所选特征相对于选定的一条直线（镜像中心线）做镜像，如图 3.6.4 所示。

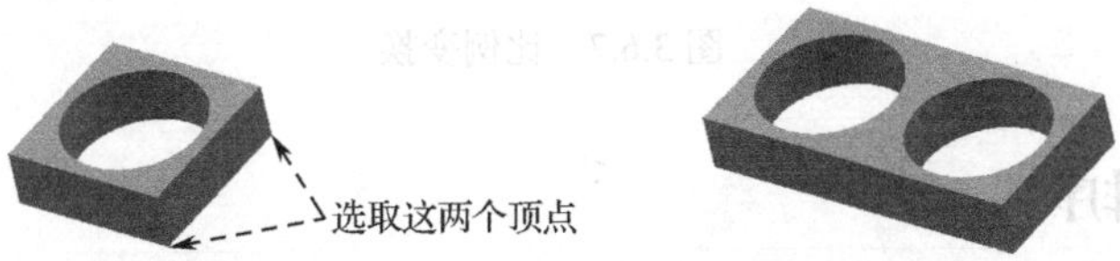

（a）用直线做镜像前　　（b）用直线做镜像后

图 3.6.4　用直线做镜像

2. 变换命令中的矩形阵列

矩形阵列主要用于将选中的对象从指定的原点开始，沿所给方向生成一个等间距的矩形阵列，如图 3.6.5 所示。

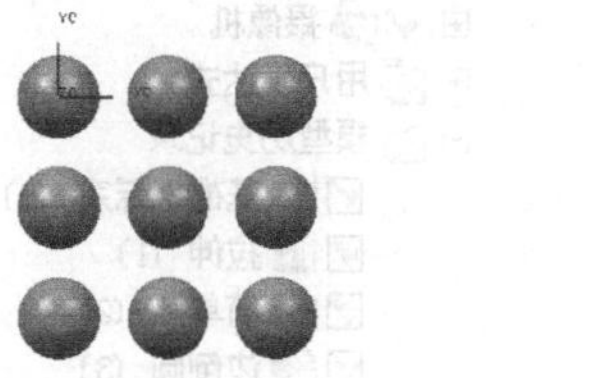

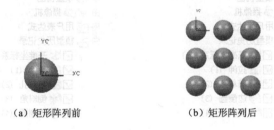

（a）矩形阵列前　　（b）矩形阵列后

图 3.6.5　矩形阵列

3. 变换命令中的圆形阵列

圆形阵列用于将选中的对象从指定的原点开始，绕阵列的中心生成一个等角度间距的环形阵列，如图 3.6.6 所示。

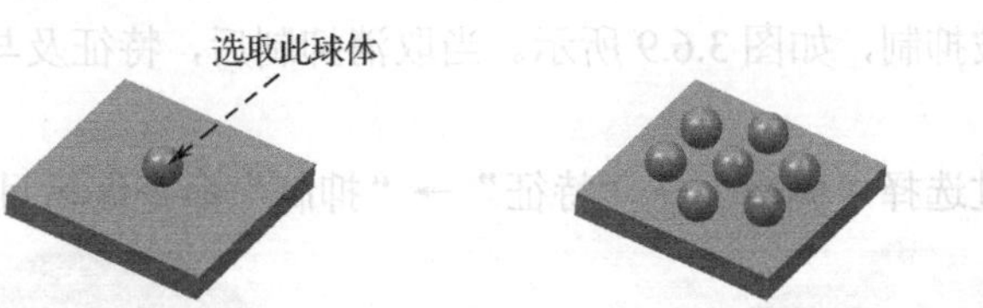

（a）圆形阵列前　　（b）圆形阵列后

图 3.6.6　圆形阵列

3.6.5　比例变换

比例变换用于对所选对象进行成比例的放大或缩小，如图 3.6.7 所示。

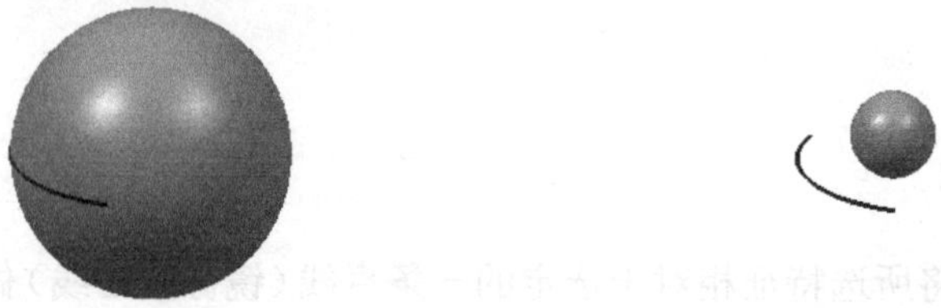

（a）比例变换前　　　　（b）比例变换后

图 3.6.7　比例变换

3.6.6　特征重排序

特征重排序可以改变特征应用于模型的次序，即将重定位特征移至选定的参考特征之前或之后。对具有关联性的特征重排序以后，与其关联特征也被重排序，如图 3.6.8 所示。

用户可以通过选择“编辑”→“特征”→“重排序”命令编辑目标特征的重排序。

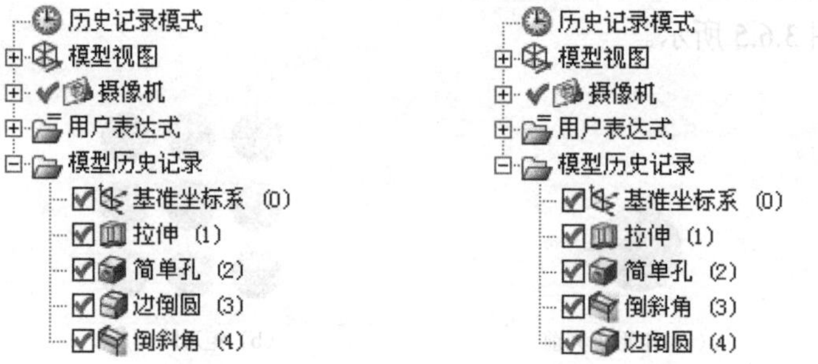

（a）特征重排序前　　　　（b）特征重排序后

图 3.6.8　模型树中的特征重排序

3.6.7　特征的抑制与取消抑制

特征的抑制操作可以从目标特征中移除一个或多个特征，当抑制相互关联的特征时，关联的特征也将被抑制，如图 3.6.9 所示。当取消抑制后，特征及与之关联的特征将显示在图形区。

用户可以通过选择“编辑”→“特征”→“抑制”命令编辑目标特征的抑制。

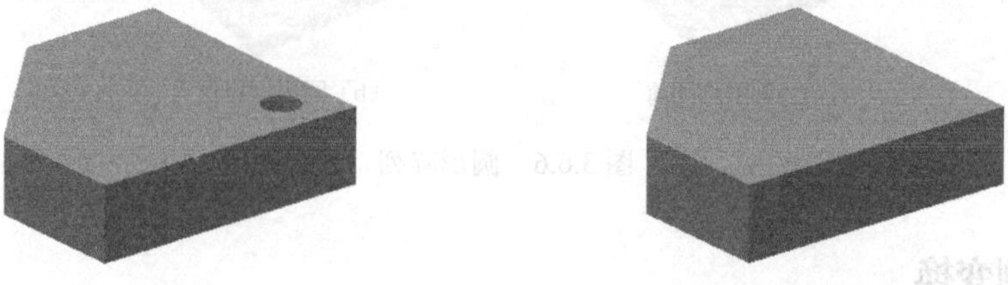

（a）抑制特征前　　　　（b）抑制特征后

图 3.6.9　抑制特征

3.7　偏置/缩放操作

3.7.1　缩放

使用“缩放”命令可以在“工作坐标系”（WCS）中按比例缩放实体和片体，如图 3.7.1 所示。可以使用均匀比例，也可以在 *XC*、*YC* 和 *ZC* 方向上独立地调整比例。比例类型有均匀、轴对称和通用比例。

用户可以通过选择“菜单”→“插入”→“偏置/比例”→“缩放”命令来对目标实体或片体进行缩放。

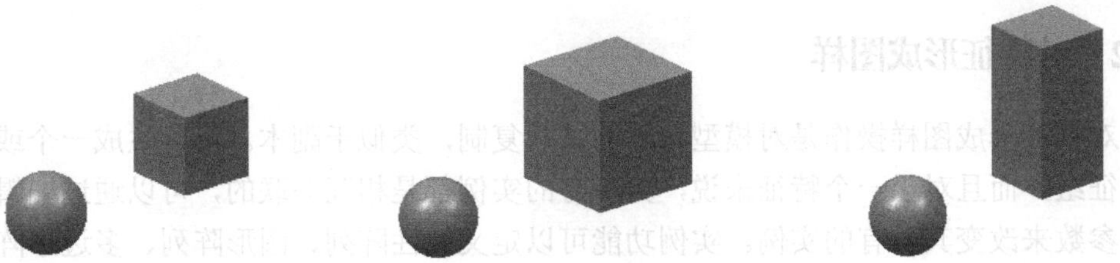

（a）比例操作前　（b）均匀比例操作后　（c）轴对称比例操作后

图 3.7.1　缩放操作

3.7.2　抽壳

使用“抽壳”命令可以利用指定的壁厚值来抽空某个实体，或绕实体建立一个壳体。可以指定不同表面的厚度，也可以移除单个面。图 3.7.2 所示为长方体底面抽壳和体抽壳后的模型。

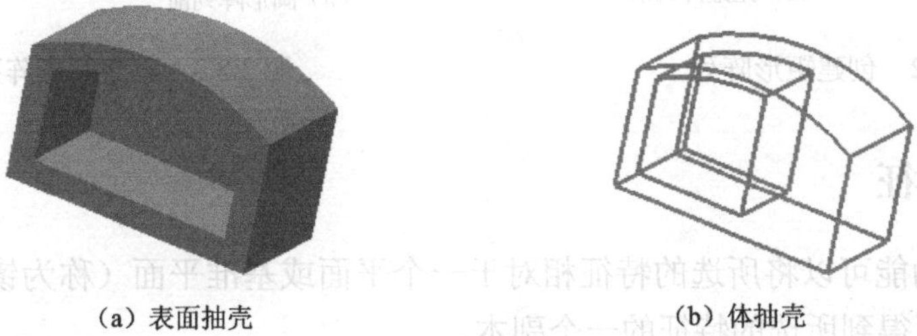

（a）表面抽壳　（b）体抽壳

图 3.7.2　抽壳

3.8　模型的关联复制

3.8.1　抽取

抽取是用来创建所选取特征的关联副本的操作。抽取操作的对象包括面、面区域和体。如果抽取一条曲线，则创建的是曲线特征；如果抽取一个面或一个区域，则创建一个片体；如果抽取一个体，则新体的类型将与原先的体相同（实体或片体）。如图 3.8.1 所示是抽取面特征操作的示意图。

用户可以通过选择“菜单”→“插入”→“关联复制”→“抽取体”命令来进行抽取。

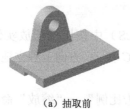

（a）抽取前　　（b）抽取后

图 3.8.1　抽取面特征

3.8.2　对特征形成图样

对特征形成图样操作是对模型特征的关联复制，类似于副本。可以生成一个或者多个特征组，而且对于一个特征来说，其所有的实例都是相互关联的，可以通过编辑原特征的参数来改变其所有的实例。实例功能可以定义线性阵列、圆形阵列、多边形阵列、螺旋式阵列、常规阵列和参考阵列等。如图 3.8.2 所示是创建矩形阵列的示意图，图 3.8.3 所示是创建圆形阵列的示意图。

用户可以通过选择“菜单”→“插入”→“关联复制”→“对特征形成图样”命令来创建。

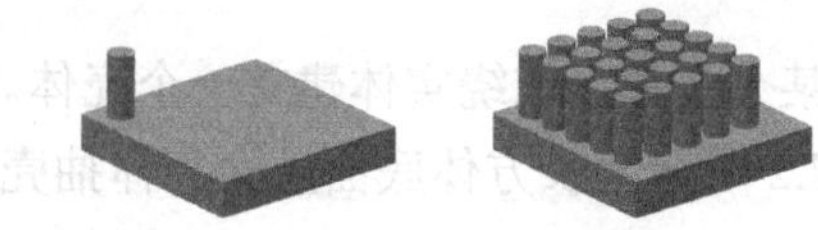

（a）矩形阵列前　　（b）矩形阵列后

图 3.8.2　创建矩形阵列

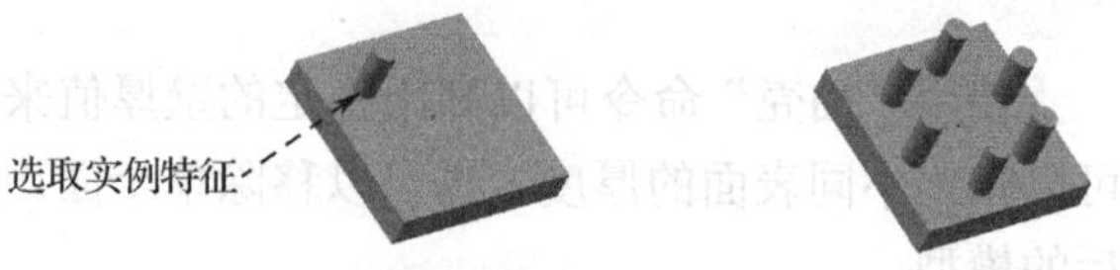

（a）圆形阵列前　　（b）圆形阵列后

图 3.8.3　创建圆形阵列

3.8.3　镜像特征

镜像特征功能可以将所选的特征相对于一个平面或基准平面（称为镜像中心平面）进行镜像，从而得到所选的特征的一个副本。

用户可以通过选择“菜单”→“插入”→“关联复制”→“镜像特征”命令来创建。

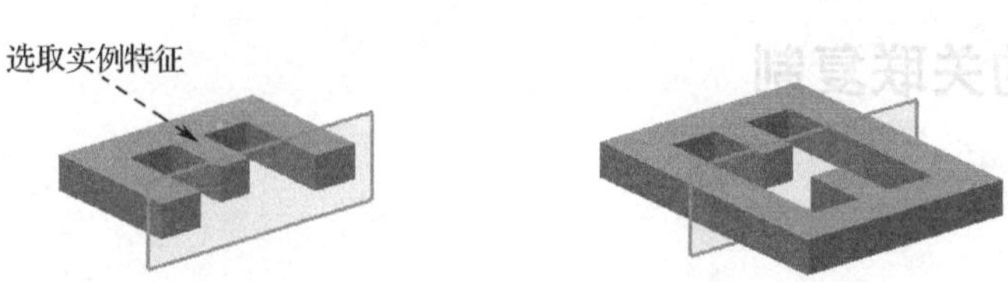

（a）镜像特征前　　（b）镜像特征后

图 3.8.4　镜像特征

3.9　模型的测量

3.9.1　测量距离

用户可以选择“分析”→“测量距离”命令，弹出如图 3.9.1 所示的“测量距离”对话框，通过此对话框来测量距离。如图 3.9.2 所示是测量面与面距离的操作的示意图。

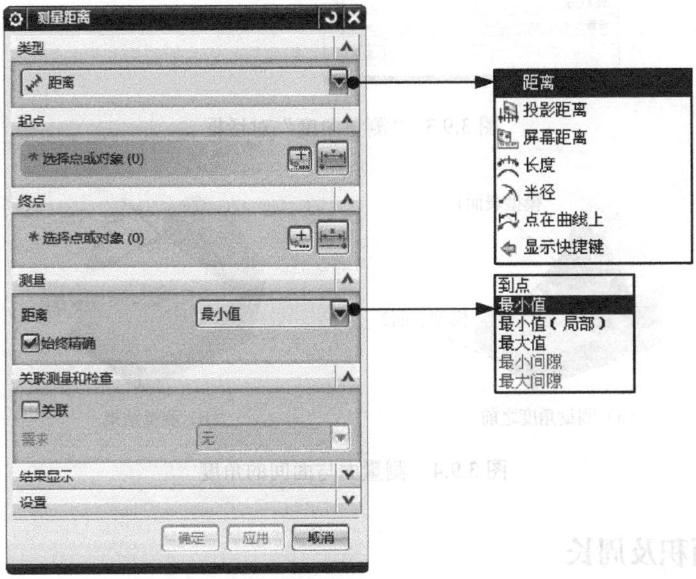

图 3.9.1 “测量距离”对话框

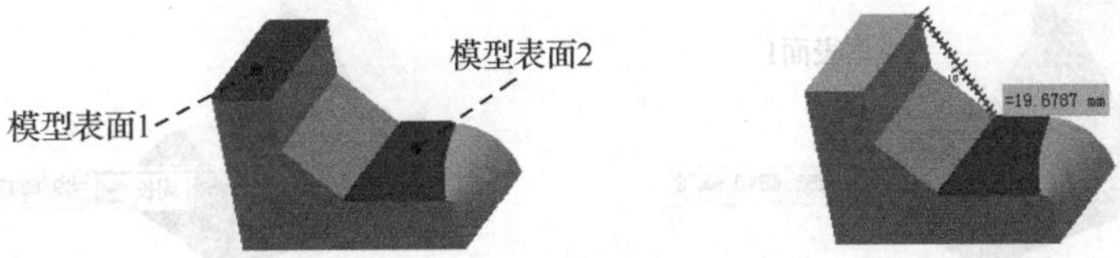

（a）测量前　　（b）测量结果

图 3.9.2　测量面与面的距离

3.9.2　测量角度

用户可以选择“分析”→“测量角度”命令，弹出图 3.9.3 所示的“测量角度”对话框，通过此对话框来测量角度。如图 3.9.2 所示是测量面与面角度的操作的示意图。

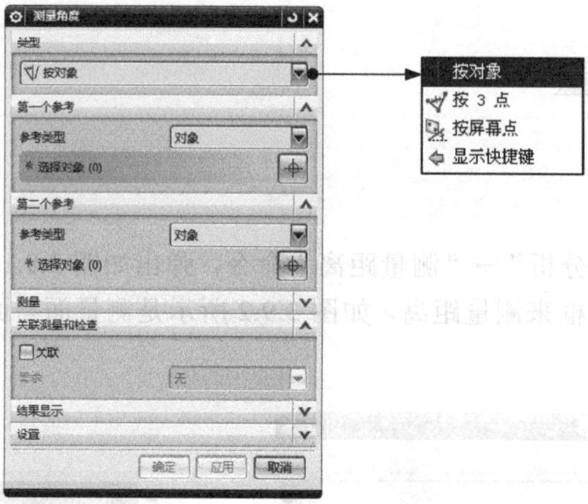

图 3.9.3 “测量角度”对话框

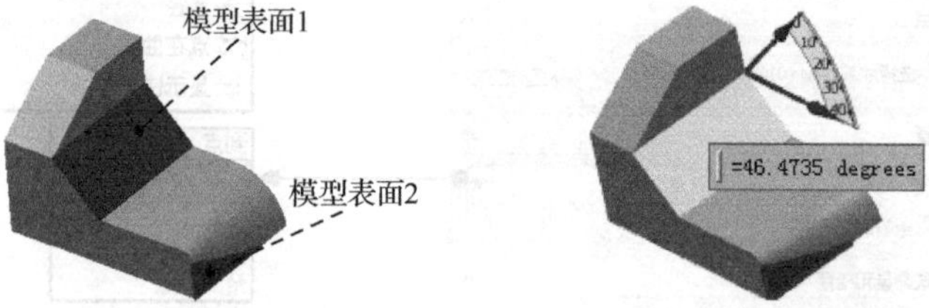

（a）测量角度之前　　（b）测量结果

图 3.9.4 测量面与面间的角度

3.9.3 测量面积及周长

用户可以通过选择“分析”→“测量面”命令来测量面积及周长，如图 3.9.5 所示。

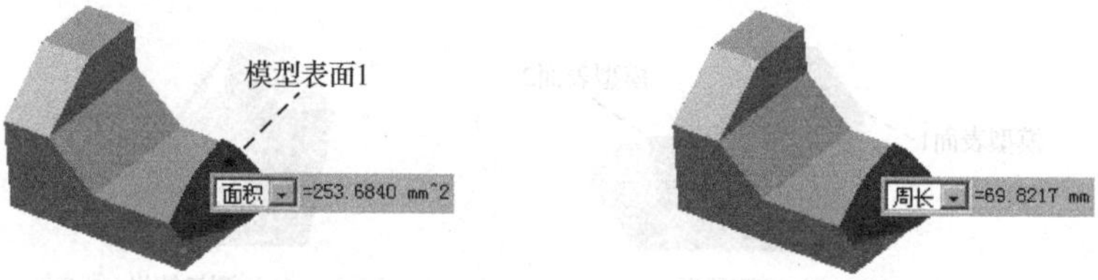

（a）测量面积　　（b）测量周长

图 3.9.5 测量面积与测量周长

3.9.4 测量最小半径

用户可以通过选择“分析”→“最小半径”命令，然后选取被测模型表面，来测量指定区域的最小半径，如图 3.9.6 所示。测量结果显示在如图 3.9.7 所示“信息”窗口中。

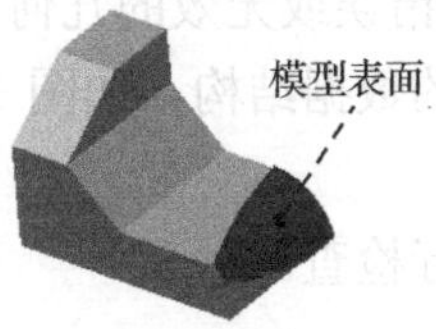

图 3.9.6　选取模型表面

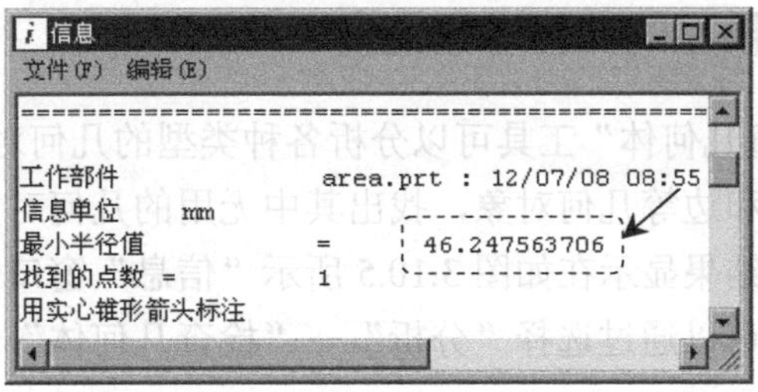

图 3.9.7 “信息”窗口

3.10　模型的基本分析

3.10.1　模型的质量属性分析

通过模型质量属性分析，可以获得模型的体积、曲面区域、质量、回转半径和重量等数据，如图 3.10.1 所示。

用户可以通过选择“分析”→“测量体”命令来进行测量。

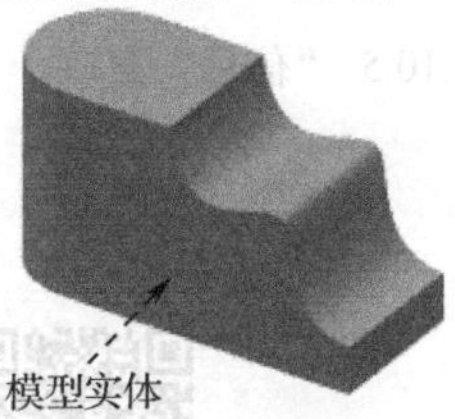

（a）分析前

（b）分析结果

图 3.10.1　体积分析

3.10.2　模型的偏差分析

通过对模型的偏差分析，可以检查所选的对象是否相接、相切，以及边界是否对齐等，并得到所选对象的距离偏移值和角度偏移值，如图 3.10.2 所示。测量结果显示在如图 3.10.3 所示“信息”窗口中。

用户可以通过选择“分析”→“偏差”→“检查”命令来进行分析。

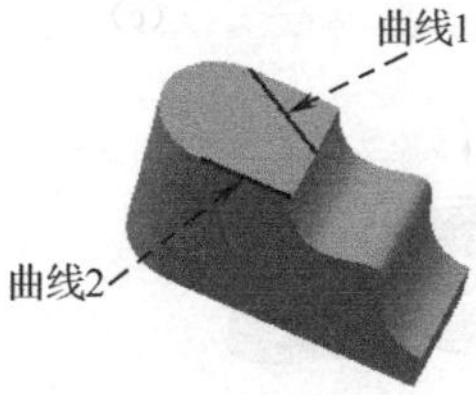

图 3.10.2　选择对象

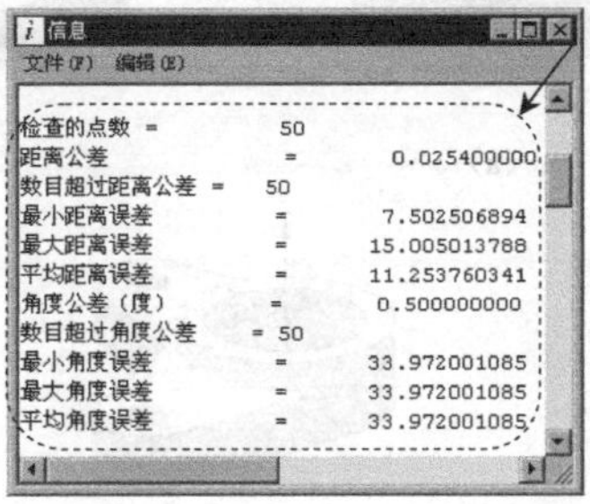

图 3.10.3 “信息”窗口

3.10.3 模型的几何对象检查

“检查几何体”工具可以分析各种类型的几何对象，找出错误或无效的几何体；也可以分析面和边等几何对象，找出其中无用的几何对象和错误的数据结构，如图 3.10.4 所示。测量结果显示在如图 3.10.5 所示“信息”窗口中。

用户可以通过选择“分析”→“检查几何体”命令来进行检查。

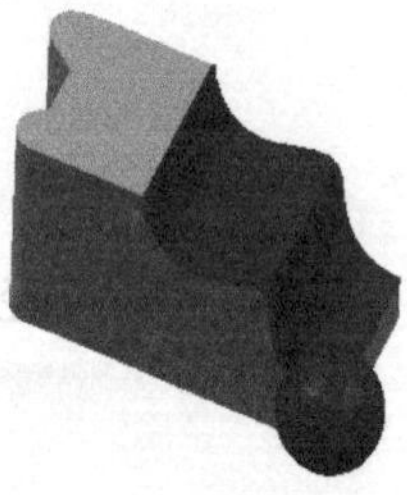

图 3.10.4 选择对象

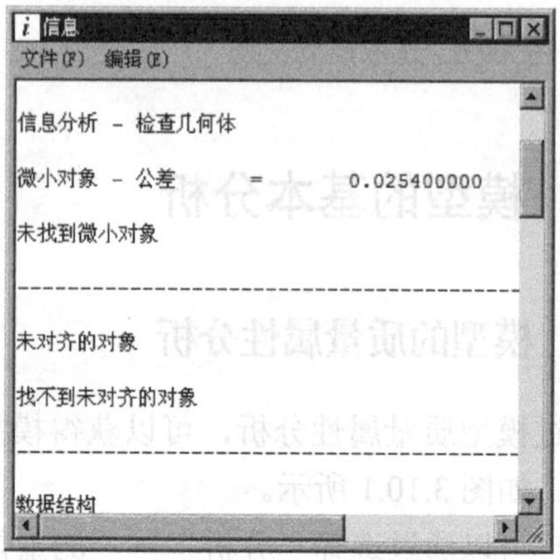

图 3.10.5 “信息”窗口

3.11 典型应用案例

3.11.1 设计摇杆

摇杆建模

1. 案例介绍

本案例介绍了一个摇杆的建模过程。此案例使用了拉伸、阵列、孔、边倒圆等特征命令，部件建模过程如图 3.11.1 所示。

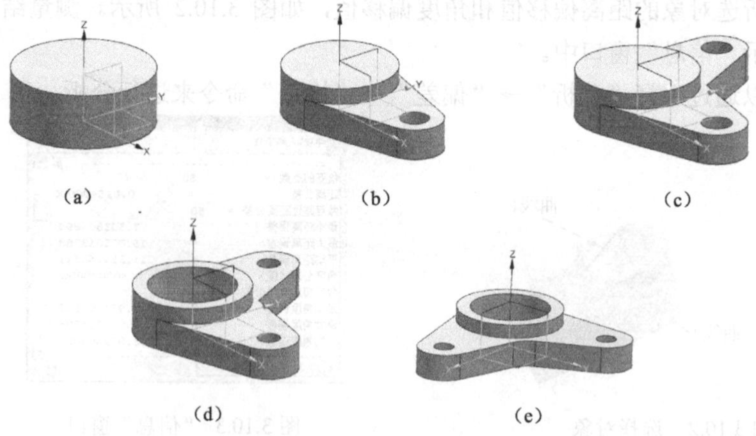

图 3.11.1 摇杆部件建模过程

2. 新建部件文件并进入建模环境

选择“菜单”→“文件”→“新建”命令，弹出“新建”对话框，其具体设置如图3.11.2所示，在“模型”选项卡→“模板”组中选取“模型”选项，“单位”选择“毫米”，在“名称”文本框中输入文件名称“摇杆”，单击“确定”按钮，进入建模环境。

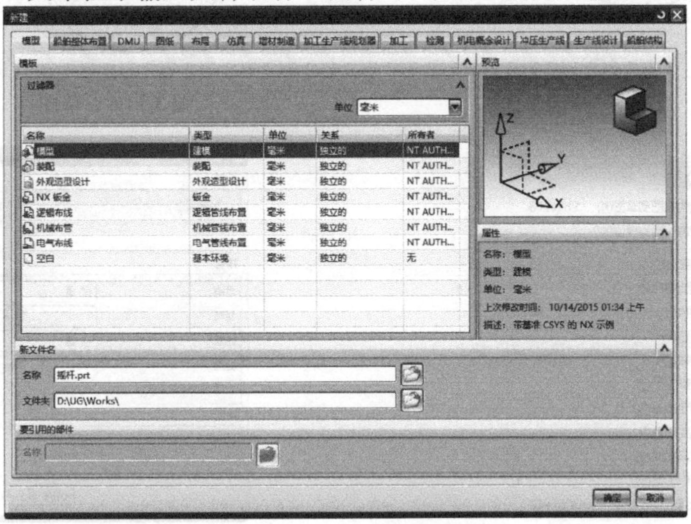

图3.11.2 “新建”对话框

3. 使用拉伸操作创建基体

选择“主页”选项卡→“特征”组→“设计特征”下拉菜单→“拉伸”命令，弹出“拉伸”对话框。单击“拉伸”对话框中如图3.11.3所示的“绘制截面”按钮，弹出“创建草图”对话框，如图3.11.4所示。选择*XY*基准平面作为草图平面，如图3.11.5所示，单击“确定”按钮，进入草图环境。绘制如图3.11.6所示的草图，然后在图3.11.7图形区域空白背景处右击，在弹出的菜单中选择“完成草图”命令，退出草图环境，返回“拉伸”对话框。“拉伸”对话框具体设置如图3.11.8所示，单击“确定”按钮生成如图3.11.9所示拉伸特征。

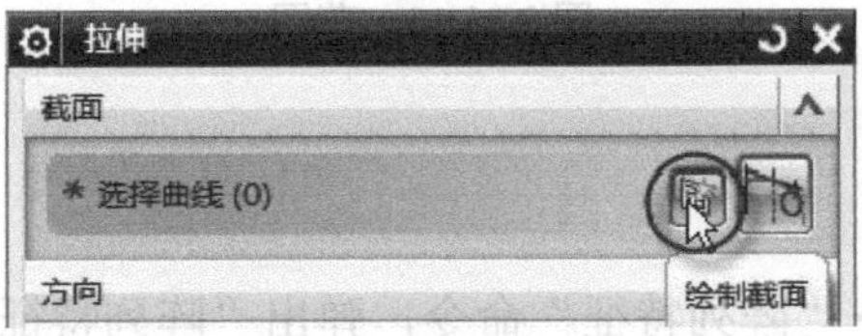

图3.11.3 “绘制截面”按钮

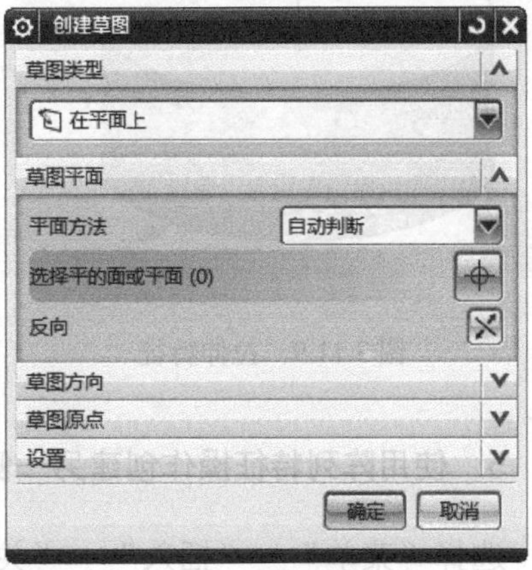

图3.11.4 “创建草图”对话框

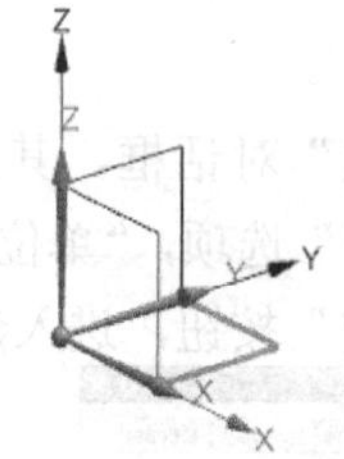

图 3.11.5　选择 *XY* 基准平面

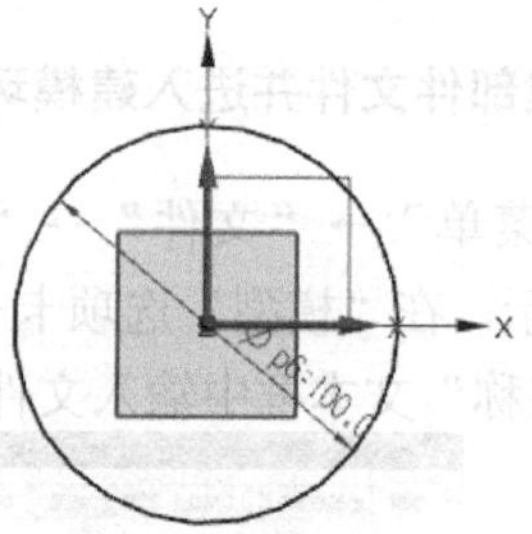

图 3.11.6　草图

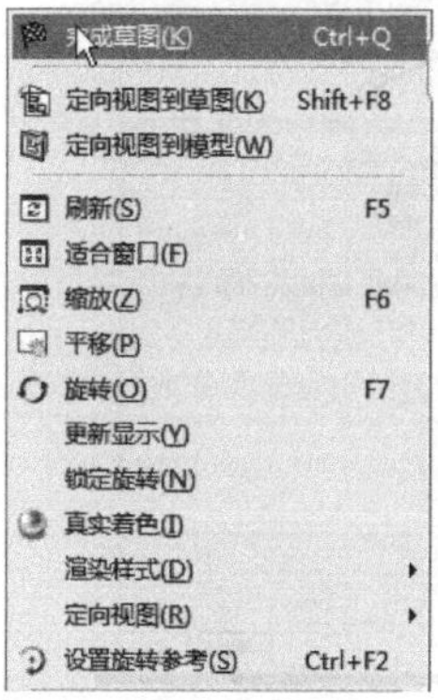

图 3.11.7　退出草图

图 3.11.8　“拉伸”对话框

4. 使用拉伸操作创建一侧连杆

选择“主页”选项卡→“特征”组→“设计特征”下拉菜单→“拉伸”命令，弹出“拉伸”对话框。按第 2 步的操作选择 *XY* 基准平面作为草图平面，进入草图环境，绘制图 3.11.10 所示的草图，然后退出草图环境，返回“拉伸”对话框。“拉伸”对话框具体设置如图 3.11.11 所示，单击“确定”按钮生成如图 3.11.12 所示拉伸特征。

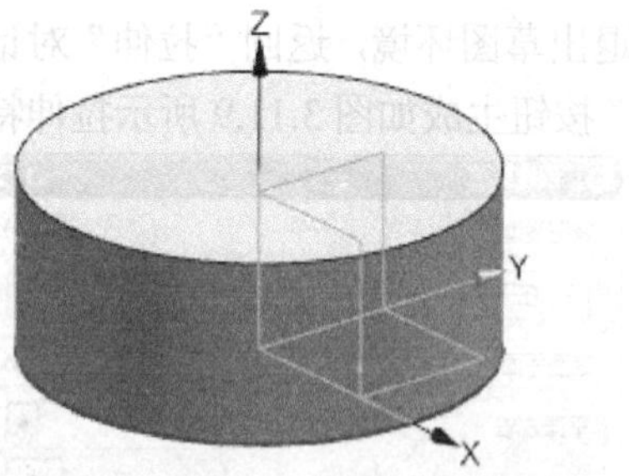

图 3.11.9　拉伸特征

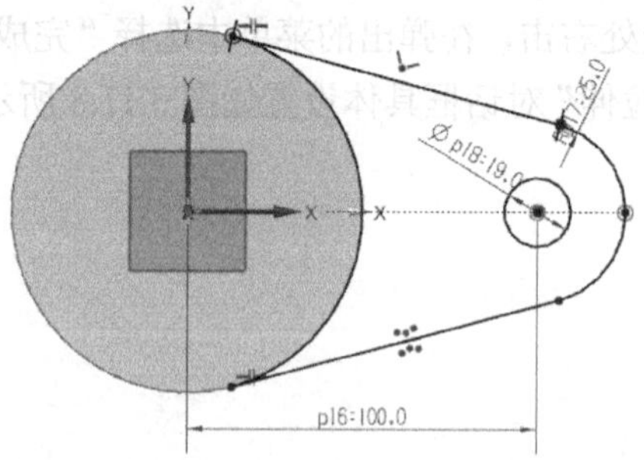

图 3.11.10　草图

5. 使用阵列特征操作创建另一侧连杆

选择“菜单”→“插入”→“关联复制”→“阵列特征”命令，弹出“阵列特征”对话框。“阵列特征”对话框具体设置如图 3.11.13 所示，选择第 3 步生成的拉伸特征作为“要形成阵列的特征”，如图 3.11.14 所示，“布局”选择“圆形”，在“旋转轴”组中，选择第 2 步生成的拉伸特征的圆柱面，以其轴线作为“旋转轴”，如图 3.11.15 所示，“间距”选择“数量和节距”，“数量”设置为 2，“节距角”设置为 102°。单击“确定”按钮，完成阵列特征的创建，如图 3.11.16 所示。

图 3.11.11　“拉伸”对话框

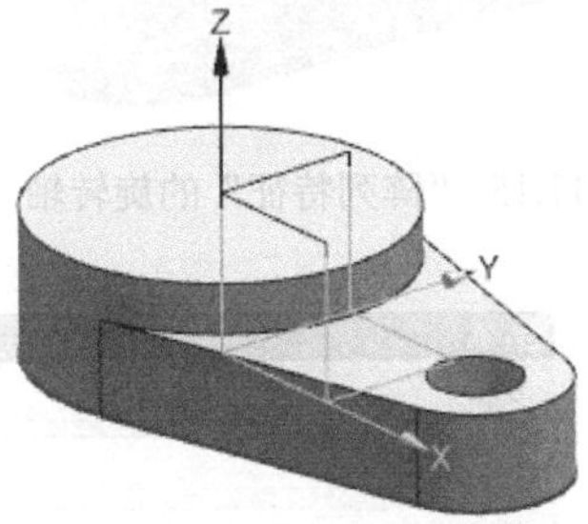

图 3.11.12　拉伸特征

图 3.11.13　“阵列特征”对话框

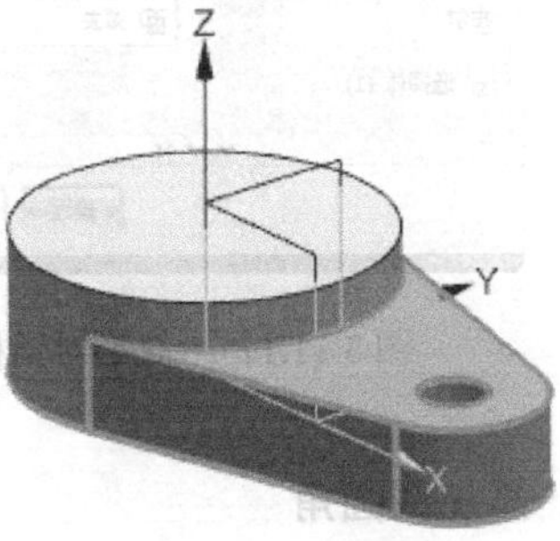

图 3.11.14　被阵列的特征

6. 使用打孔操作创建中心孔

选择“主页”选项卡→“特征”组→“孔”命令，弹出“孔”对话框。选择第 2 步生成的拉伸特征的上端面的圆心作为“位置”，对话框具体设置如图 3.11.17 所示。选择如图 3.11.18 所示“孔”的位置，“形状”选择“简单孔”，在“直径”输入框中输入 75，“深度限制”选择“贯通体”。单击“确定”按钮，完成简单孔的创建，如图 3.11.19 所示。

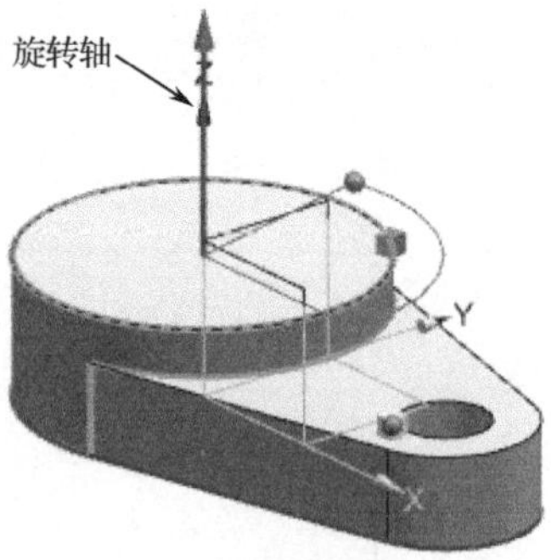

图 3.11.15 “阵列特征”的旋转轴

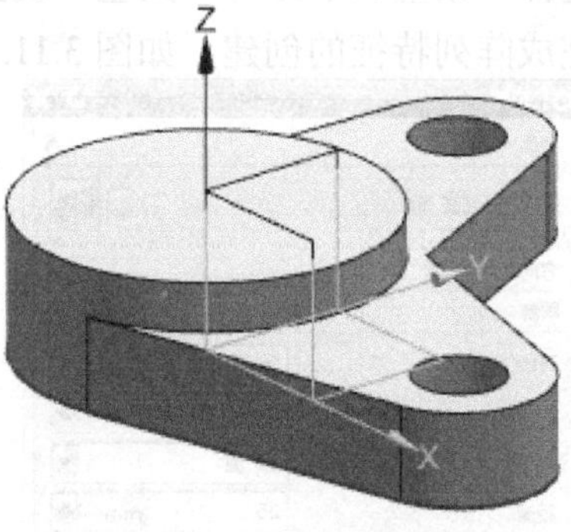

图 3.11.16 阵列特征

图 3.11.17 “孔”对话框

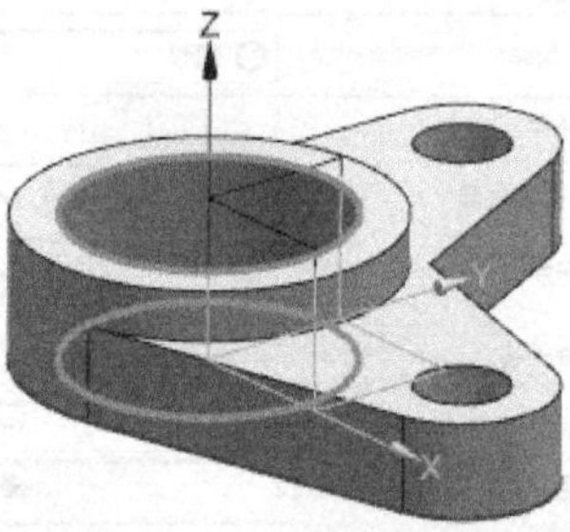

图 3.11.18 孔的“位置”

7. 添加倒圆角

选择“主页”选项卡→“特征”组→“倒圆”下拉菜单→“边倒圆”命令，“边倒圆”对话框的具体设置如图 3.11.20 所示，选择如图 3.11.21 所示的边线作为“要倒圆的边”，其圆角半径值为 25。完成的边倒圆如图 3.11.22 所示。

8. 保存部件文件

按下快捷键 Ctrl+S 保存部件模型。

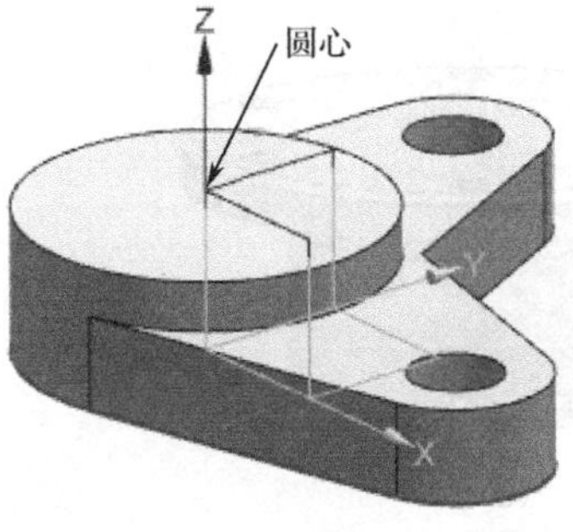

图 3.11.19 简单孔

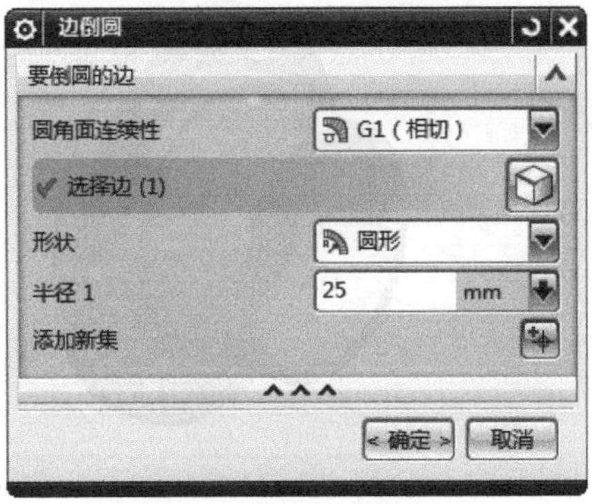

图 3.11.20 “边倒圆”对话框

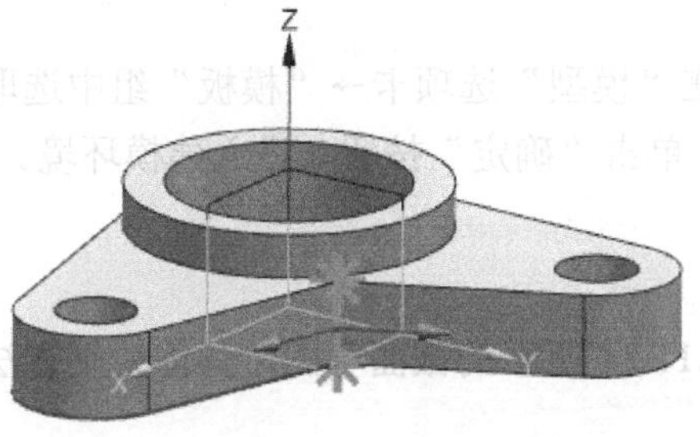

图 3.11.21 要倒圆的边

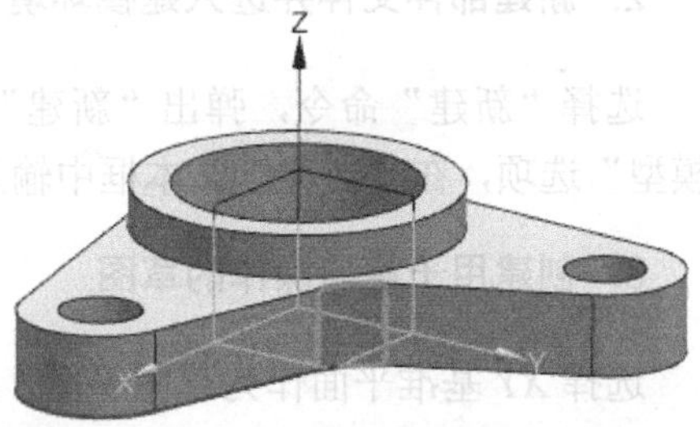

图 3.11.22 边倒圆

3.11.2 设计减速器端盖

设计减速器端盖

1. 案例介绍

本案例介绍了一个减速器端盖的建模过程。此案例使用了旋转、拉伸、阵列、孔、边倒圆、倒斜角等特征命令，部件建模过程如图 3.11.23 所示。

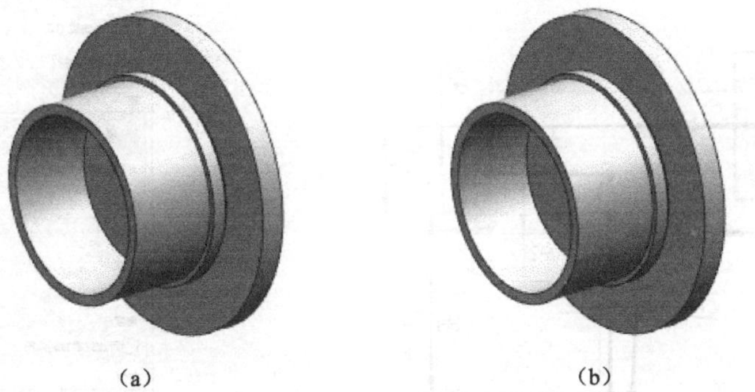

(a) (b)

图 3.11.23 减速器端盖部件建模过程

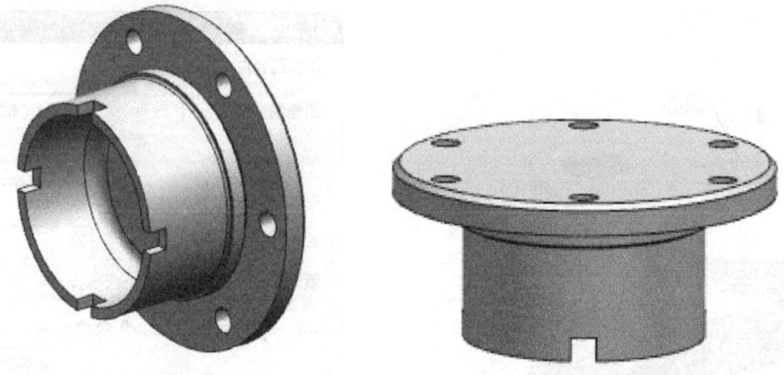

（c）　　　　　　　　　　（d）

图 3.11.23　减速器端盖部件建模过程（续）

2. 新建部件文件并进入建模环境

选择“新建”命令，弹出“新建”对话框。在“模型”选项卡→“模板”组中选取“模型”选项，在“名称”文本框中输入“端盖”，单击“确定”按钮，进入建模环境。

3. 创建用于旋转操作的草图

选择 *XY* 基准平面作为草图平面，绘制如图 3.11.24 所示的截面草图，具体绘制方法参照第 2 章中的案例。

4. 使用旋转操作创建基体

选择“主页”选项卡→“特征”组→“设计特征”下拉菜单→“旋转”命令，弹出“旋转”对话框，如图 3.11.25 所示。选择上一步的草图作为截面。单击对话框中“自动判断矢量”按钮右边的箭头，在弹出的菜单条中选取 *Y* 轴为旋转轴，然后选择与 *Y* 轴重合的直线上一点，如图 3.11.26 所示。在“限制”组中，将开始角度值设置为 0，结束角度值设置为 360°。单击“确定”按钮生成图 3.11.27 所示旋转体。

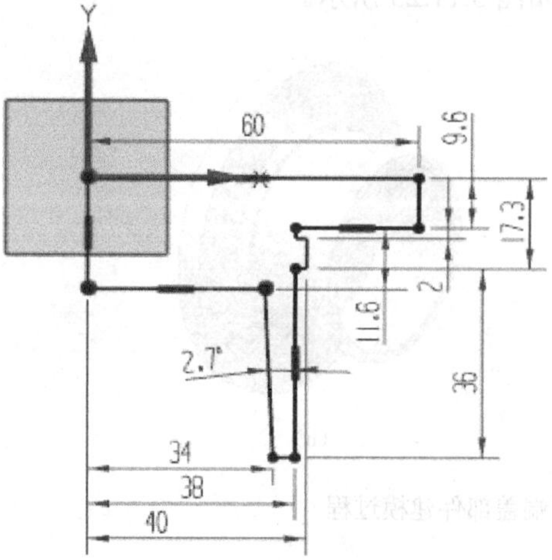

图 3.11.24　用于旋转操作的草图

图 3.11.25　“旋转”对话框

5. 创建用于拉伸操作的草图

选择“菜单”→“插入”→“在任务环境中绘制草图”命令，弹出“创建草图”对话框，选择 *XY* 基准平面作为草图平面，单击“确定”按钮，进入草图环境。

在草图环境中绘制如图 3.11.28 所示的截面草图。选择“主页”选项卡→“曲线”组→“矩形”命令，弹出“矩形”对话框，如图 3.11.29 所示，绘制一个矩形，然后按图 3.11.28 所示的尺寸要求标注尺寸。最后，右击图形区域空白处，选择“完成草图”命令，退出草图环境。

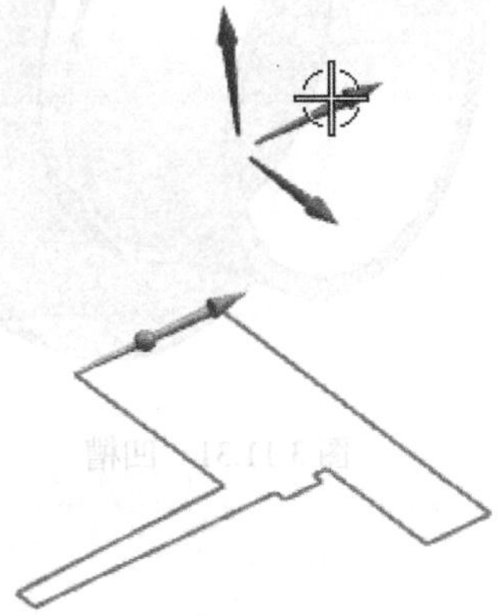

图 3.11.26 旋转轴线

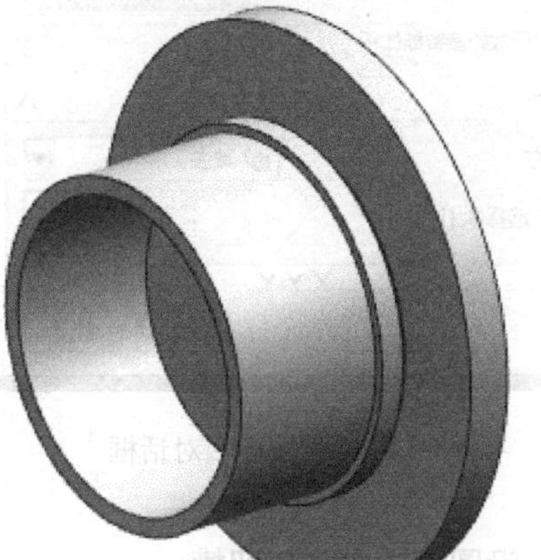

图 3.11.27 操作结果

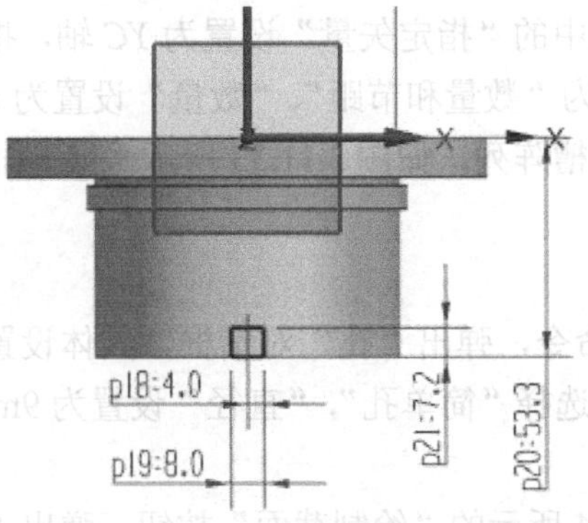

图 3.11.28 凹槽的截面草图

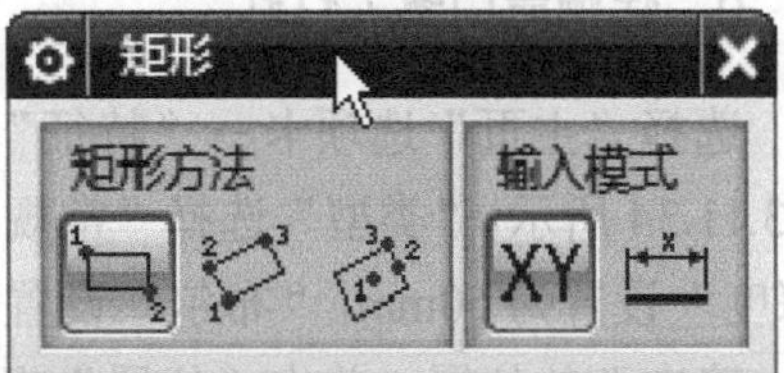

图 3.11.29 “矩形”对话框

6. 使用拉伸操作创建一个凹槽

选择“主页”选项卡→“特征”组→“设计特征”下拉菜单→“拉伸”命令，弹出“拉伸”对话框。具体设置如图 3.11.30 所示，选择上一步的草图作为截面；在“限制”组的“结束”下拉列表中选择“贯穿”选项。在“布尔”组中布尔选项设为“减去”。单击“确定”按钮生成图 3.11.31 所示凹槽。

图 3.11.30 “拉伸”对话框

图 3.11.31 凹槽

7. 沿圆周方向阵列凹槽

选择“菜单”→“插入”→“关联复制”→“阵列特征”命令，弹出“阵列特征”对话框。具体设置如图 3.11.32 所示，选择上一步创建的拉伸特征作为阵列特征。在“阵列定义”组“布局”中选择“圆形”，“旋转轴”组中的“指定矢量”设置为 *YC* 轴，指定点为坐标原点，“角度方向”组中的“间距”设置为“数量和节距”、“数量”设置为 4、“节距角”设置为 90°。单击“确定”按钮产生凹槽阵列，如图 3.11.33 所示。

8. 在端盖凸缘上打孔

选择“主页”选项卡→“特征”组→“孔”命令，弹出“孔”对话框，具体设置如图 3.11.34 所示。“类型”选择“常规孔”，“形状”选择“简单孔”，“直径”设置为 9mm，“深度”设置为 50mm，“布尔”设置为“减去”。

确定孔的位置。单击“位置”组中如图 3.11.34 所示的“绘制截面”按钮，弹出“创建草图”对话框，选择顶部平面，如图 3.11.35 所示，单击“确定”按钮，进入草图绘制环境，弹出“草图点”对话框，如图 3.11.36 所示，单击“指定点”按钮，弹出“点”对话框。在对话框中输入点坐标为（50，0，0），如图 3.11.37 所示。单击“确定”按钮，返回“草图点”对话框，关闭该对话框，在端盖顶部创建用于定位孔的点。右击图形区域空白处，选择“完成草图”命令，退出草图环境，返回“孔”对话框。单击“孔”对话框中的“确定”按钮，完成孔的创建，如图 3.11.38 所示。

图 3.11.32　“阵列特征”对话框

图 3.11.33　操作结果

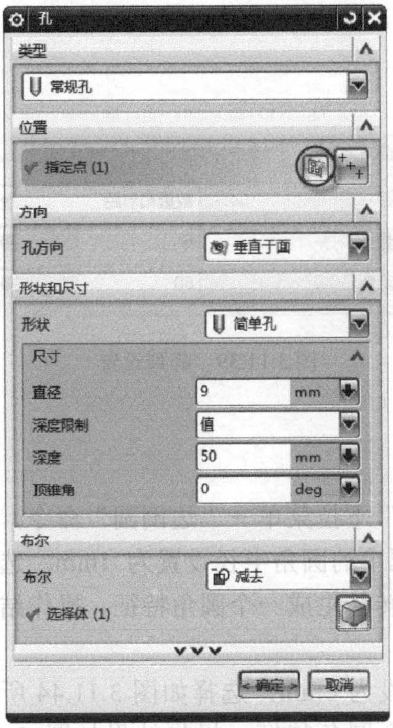

图 3.11.34　“孔”对话框

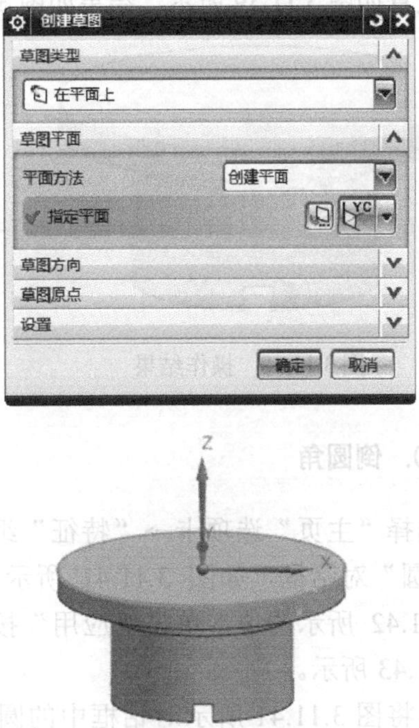

图 3.11.35　孔放置平面

图 3.11.36 “草图点”对话框

图 3.11.37 “点”对话框

9. 阵列孔

按照阵列凹槽的方法，生成简单孔的环形阵列，其“数量”为 6，“节距角”为 60°，具体设置如图 3.11.39 所示，结果如图 3.11.40 所示。

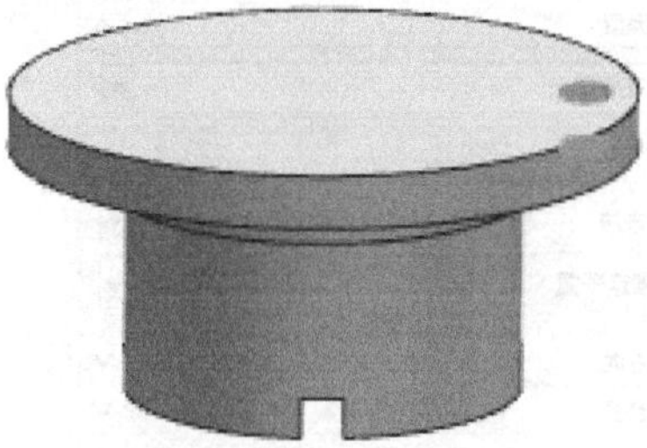

图 3.11.38 操作结果

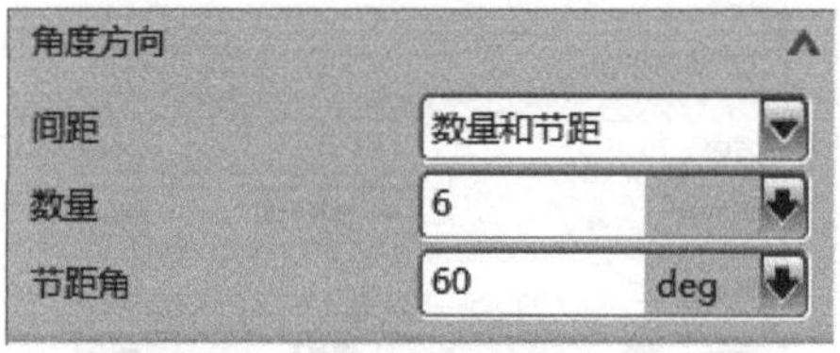

图 3.11.39 阵列设置

10. 倒圆角

选择“主页”选项卡→“特征”组→“倒圆”下拉菜单→“边倒圆”命令，弹出“边倒圆”对话框，如图 3.11.41 所示。将对话框中的圆角半径设置为 1mm，选择如图 3.11.42 所示的边，单击“应用”按钮，为旋转体生成一个圆角特征，操作结果如图 3.11.43 所示。

再将图 3.11.41 所示对话框中的圆角半径改设为 6mm，选择如图 3.11.44 所示的边，单击“确定”按钮，为旋转体内侧生成一个圆角特征，操作结果如图 3.11.45 所示。

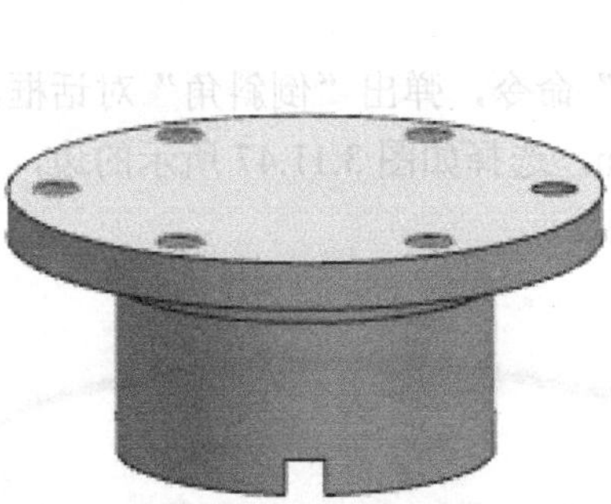

图 3.11.40　操作结果

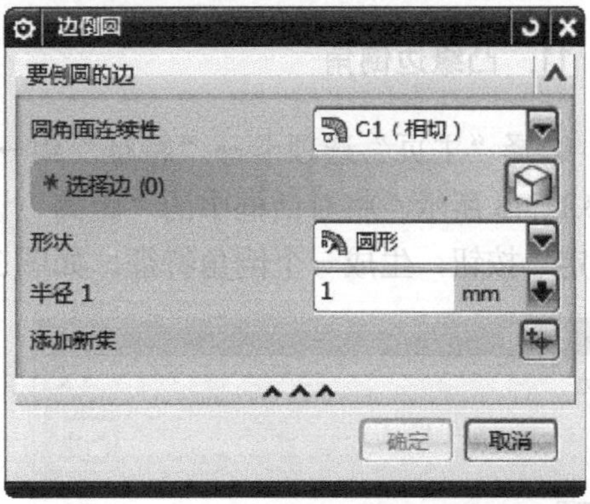

图 3.11.41 “边倒圆”对话框

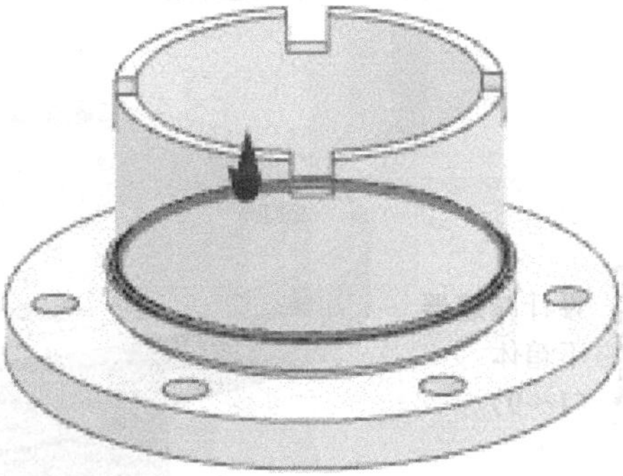

图 3.11.42　选择边

图 3.11.43　操作结果

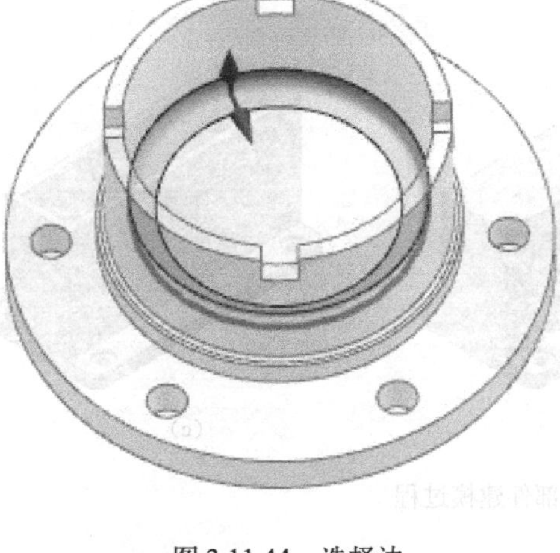

图 3.11.44　选择边

图 3.11.45　操作结果

11. 凸缘边倒角

选择“主页”选项卡→“特征”组→“倒斜角”命令，弹出“倒斜角”对话框，如图 3.11.46 所示。将对话框中的“距离”设置为 2mm，选择如图 3.11.47 所示的边，单击“确定”按钮，生成一个倒角特征，如图 3.11.48 所示。

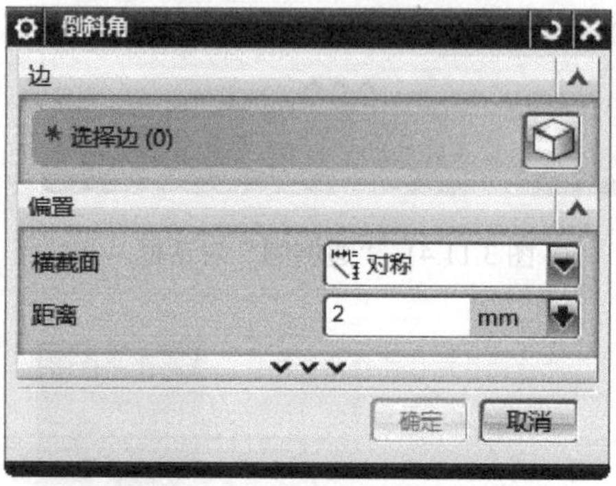

图 3.11.46 “倒斜角”对话框

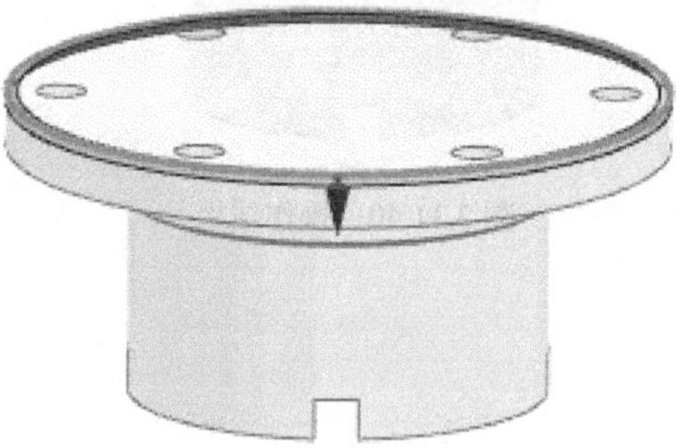

图 3.11.47　选择边

12. 保存部件文件

按下快捷键 Ctrl+S 保存部件文件。

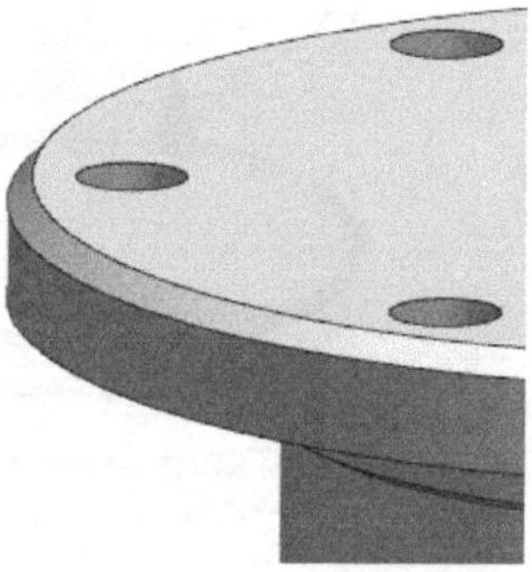

图 3.11.48　边倒角

3.11.3　设计减速器下箱体

设计减速器下箱体（1～9）

1. 案例介绍

本案例介绍了一个减速器下箱体的设计过程。此案例使用拉伸、基准面、阵列、镜像特征、孔、边倒圆、倒斜角等特征命令，部件建模过程如图 3.11.49 所示。

(a)　(b)　(c)

图 3.11.49　下箱体部件建模过程

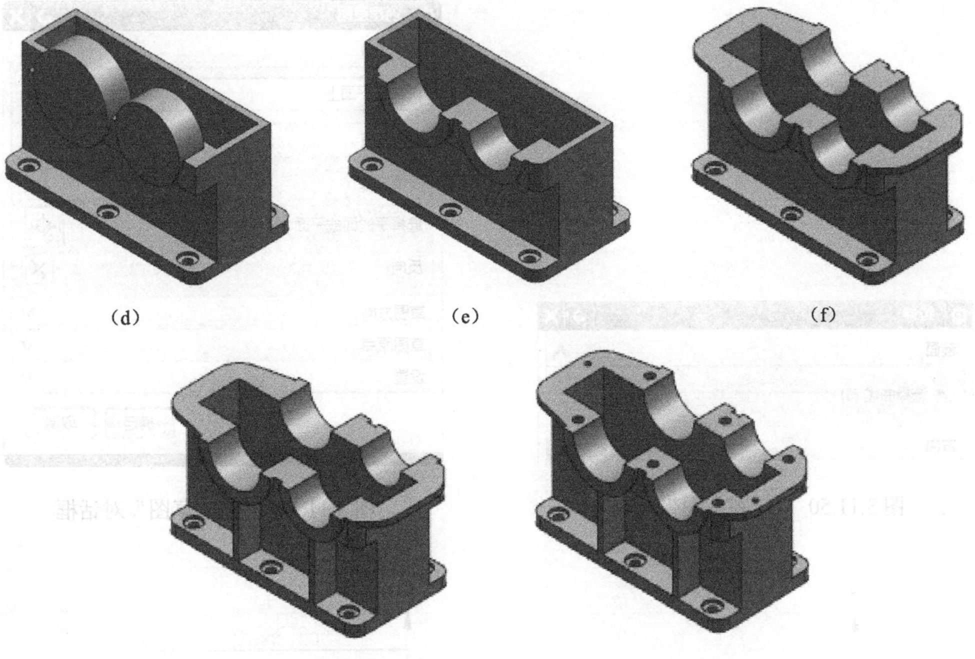

(d) (e) (f)

(g) (h)

图 3.11.49 下箱体部件建模过程（续）

2. 新建部件文件并进入建模环境

选择“新建”命令，弹出“新建”对话框。在“模型”选项卡→“模板”组中选取“模型”选项，在“名称”文本框中输入 “下箱体”，单击“确定”按钮，进入建模环境。

3. 使用拉伸操作创建底座

选择“主页”选项卡→“特征”组→“设计特征”下拉菜单→“拉伸”命令，弹出“拉伸”对话框。单击“拉伸”对话框中如图 3.11.50 所示的“绘制截面”按钮，弹出“创建草图”对话框，如图 3.11.51 所示。选择 *XY* 基准平面作为草图平面，如图 3.11.52 所示，单击“确定”按钮，进入草图环境，绘制如图 3.11.53 所示的草图，然后在图形区域空白背景处右击，在弹出的图 3.11.54 所示菜单中选择“完成草图”命令，退出草图环境，返回“拉伸”对话框。“拉伸”对话框具体设置如图 3.11.55 所示，单击“确定”按钮生成如图 3.11.56 所示拉伸特征。

4. 倒圆角

选择“主页”选项卡→“特征”组→“倒圆”下拉菜单→“边倒圆”命令，弹出“边倒圆”对话框，如图 3.11.57 所示。将对话框中的圆角半径设置为 20mm，选择如图 3.11.58 所示的长方体的 4 个棱边，单击“确定”按钮，为旋转体生成一个圆角特征，如图 3.11.59 所示。

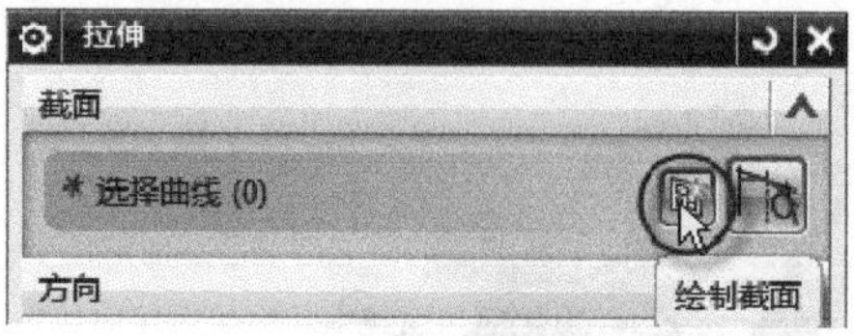

图 3.11.50 “绘制截面”按钮

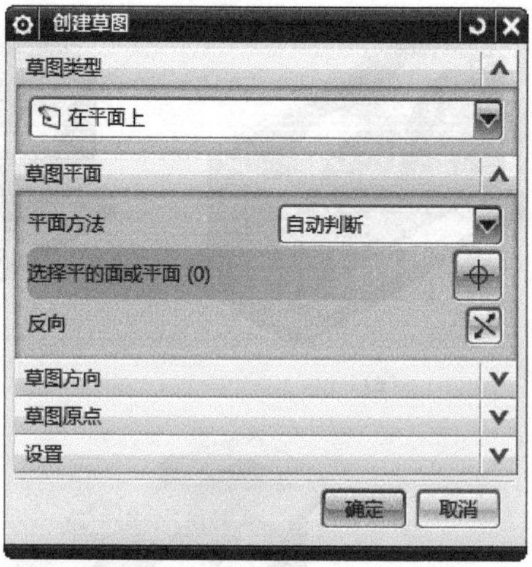

图 3.11.51 “创建草图”对话框

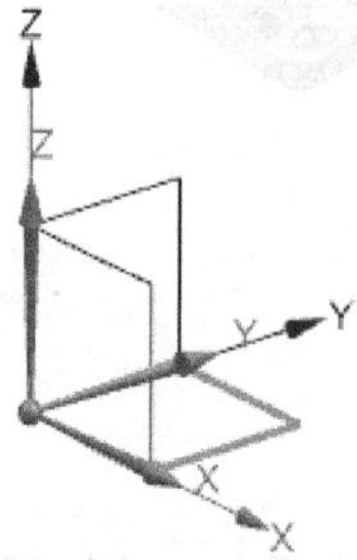

图 3.11.52 选择 *XY* 基准平面

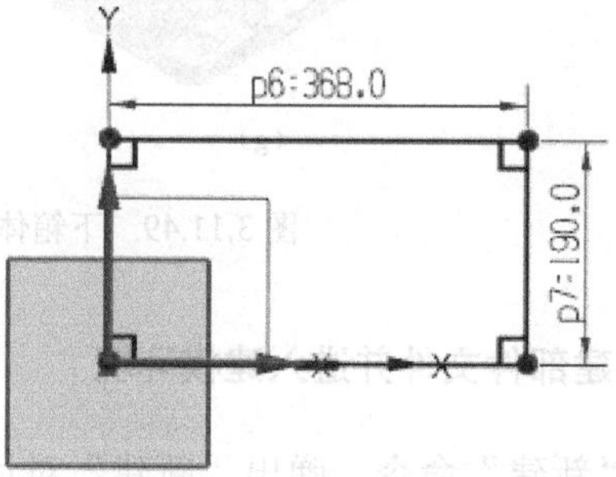

图 3.11.53 草图

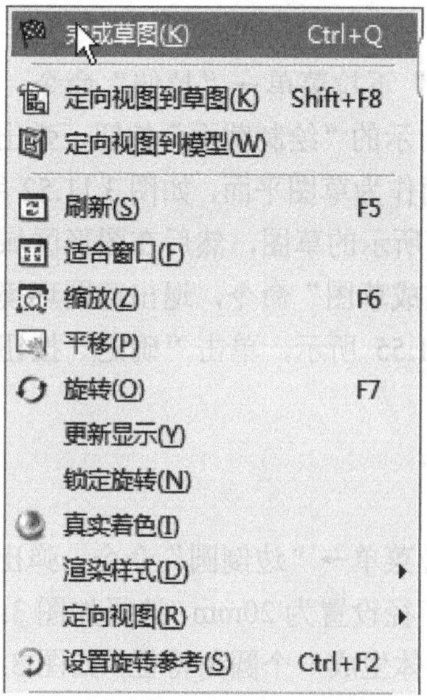

图 3.11.54 退出草图

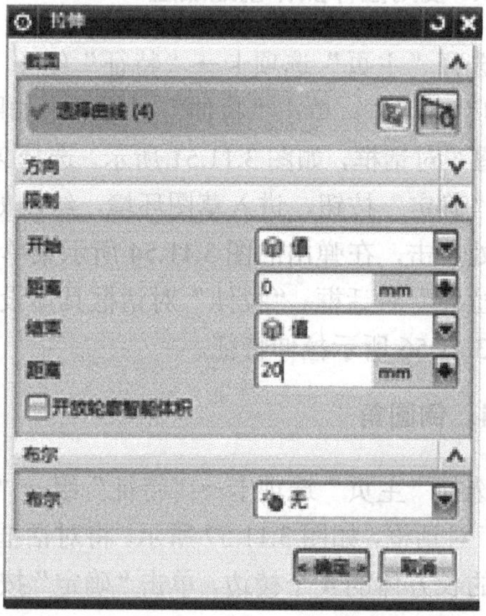

图 3.11.55 “拉伸”对话框

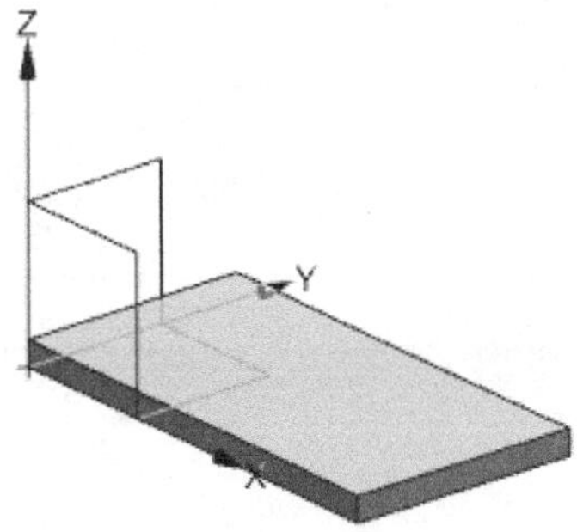

图 3.11.56　拉伸特征

图 3.11.57 “边倒圆”对话框

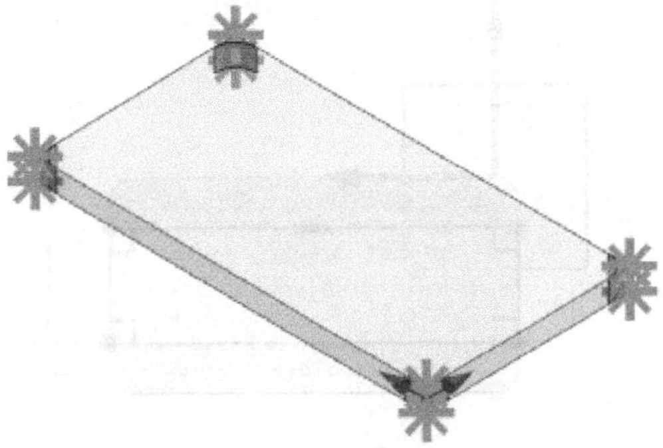

图 3.11.58　要倒圆角的边

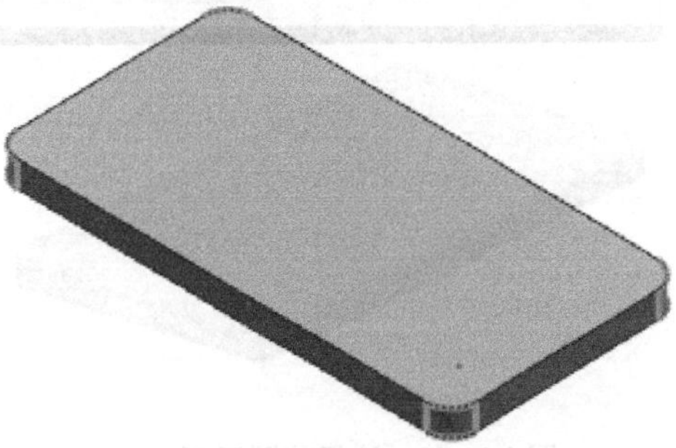

图 3.11.59　边倒圆特征

5. 使用拉伸操作创建箱体主体

选择“主页”选项卡→“特征”组→“设计特征”下拉菜单→“拉伸”命令，弹出“拉伸”对话框。按第 2 步的步骤选择第 2 步的拉伸特征顶部为草图平面，如图 3.11.60 所示，进入草图环境。绘制如图 3.11.61 所示的草图，然后退出草图环境，返回“拉伸”对话框。“拉伸”对话框具体设置如图 3.11.62 所示，需要注意的是“布尔”设置为“合并”，单击“确定”按钮生成如图 3.11.63 所示的两个长方体的组合体。

6. 创建镜像操作用的基准平面

选择“主页”选项卡→“特征”组→“基准/点”下拉菜单→“基准平面”命令，弹出“基准平面”对话框。“基准平面”对话框具体设置如图 3.11.64 所示，其中“类型”为“二等分”，“第一平面”和“第二平面”分别选择之前生成的组合体左右两个平面，如图 3.11.65 所示。单击“确定”按钮生成如图 3.11.66 所示的基准平面。

这里还需要再创建一个基准平面，其中“类型”为“二等分”，“第一平面”和“第二平面”分别选择之前生成的组合体前后两个平面，如图 3.11.67 所示。单击“确定”按钮生成如图 3.11.68 所示的基准平面。

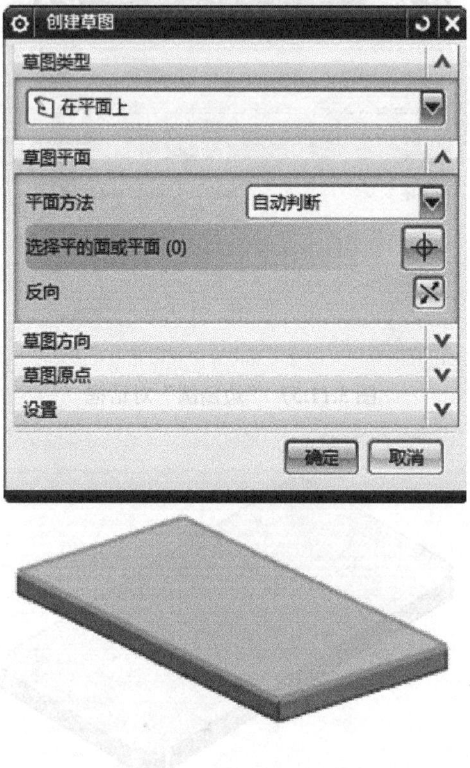

图 3.11.60　选择草图平面

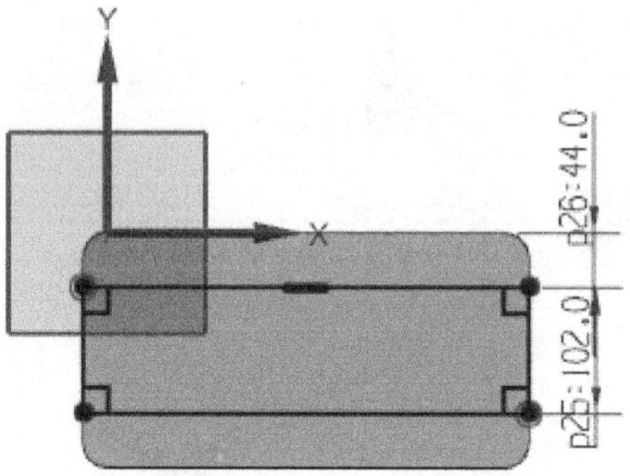

图 3.11.61　草图

图 3.11.62　“拉伸”对话框

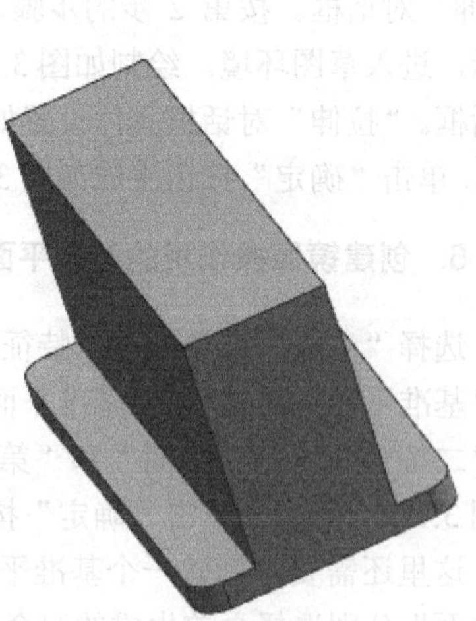

图 3.11.63　组合体

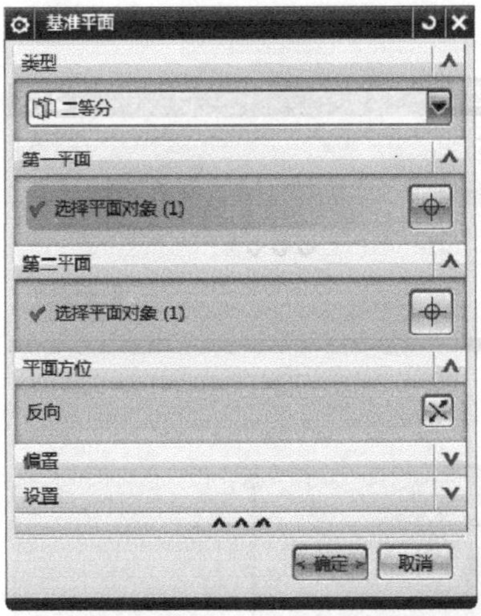

图 3.11.64 “基准平面”对话框

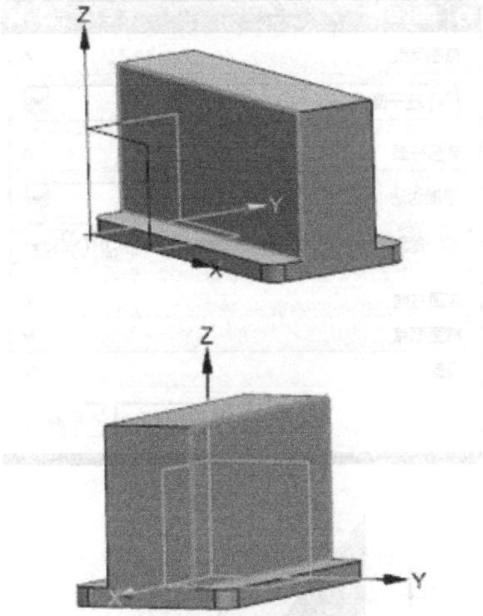

图 3.11.65 组合体的左右两面

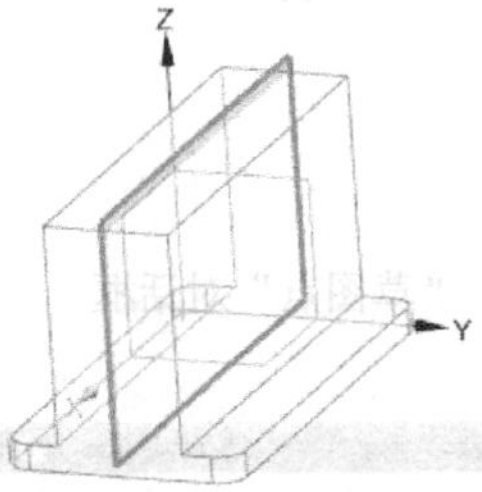

图 3.11.66 基准平面 1

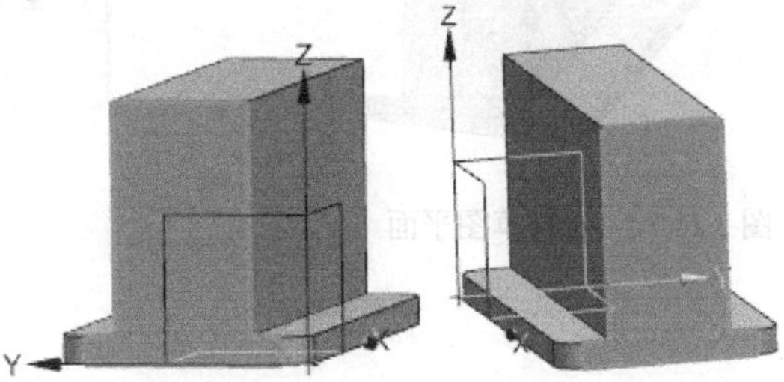

图 3.11.67 组合体的前后两面

7. 在底座边缘上打孔

选择“主页”选项卡→“特征”组→“孔”命令，弹出“孔”对话框。单击“位置”组中如图 3.11.69 所示的“绘制截面”按钮，弹出“创建草图”对话框，选择基座顶部平面，如图 3.11.70 所示。单击“确定”按钮，进入草图绘制环境，弹出“草图点”对话框，如图 3.11.71 所示，在草图平面上创建三个点，关闭“草图点”对话框，添加辅助线和约束，如图 3.11.72 所示，注意草图上的镜像约束关系，退出草图环境，返回“孔”对话框。“孔”对话框具体设置如图 3.11.73 所示。单击“确定”按钮，完成沉头孔的创建，如图 3.11.74 所示。

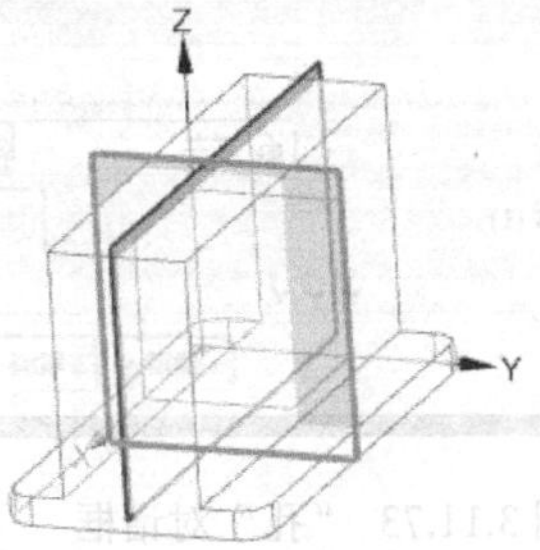

图 3.11.68 基准平面 2

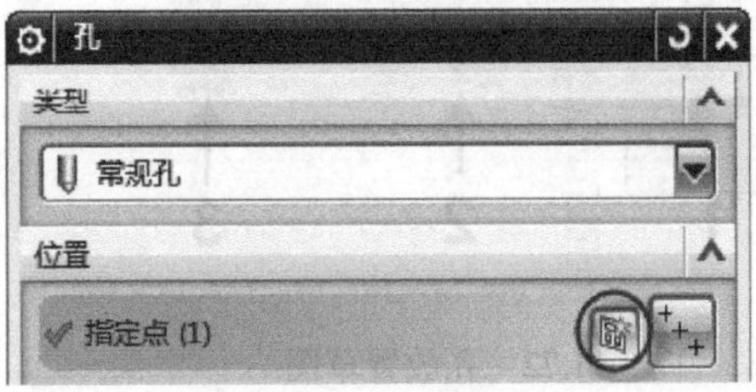

图 3.11.69 “绘制截面”按钮

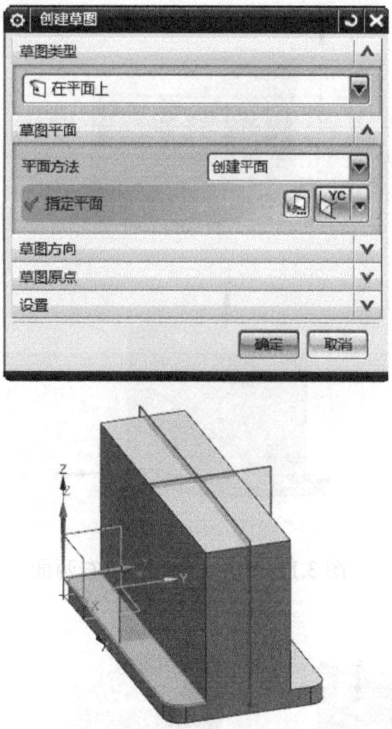

图 3.11.70　选择草图平面

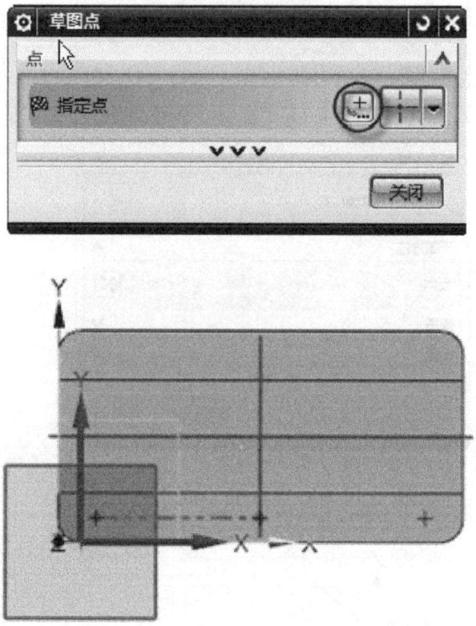

图 3.11.71　“草图点”对话框

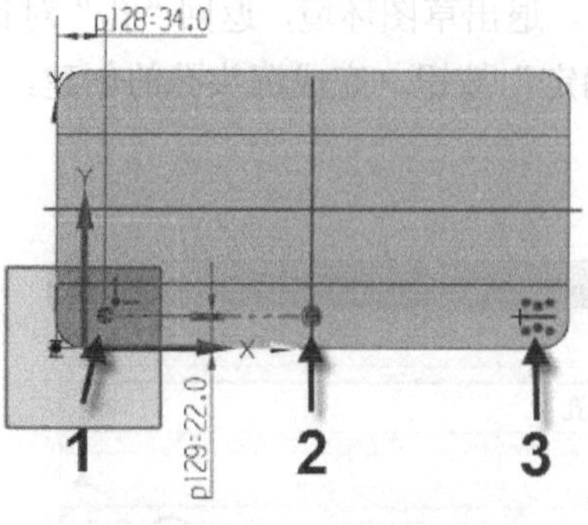

图 3.11.72　孔放置草图

图 3.11.73　“孔”对话框

8. 镜像孔

选择“菜单”→“插入”→“关联复制”→“镜像特征”命令，弹出“镜像特征”对话框，如图 3.11.75 所示。“要镜像的特征”选择上一步创建的孔特征，“镜像平面”选择第 5 步创建的基准平面，如图 3.11.76 所示。单击“确定”按钮，完成沉头孔特征的镜像，如图 3.11.77 所示。

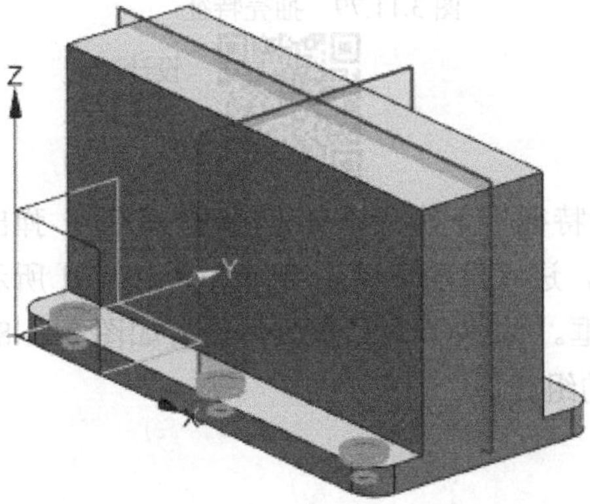

图 3.11.74　沉头孔

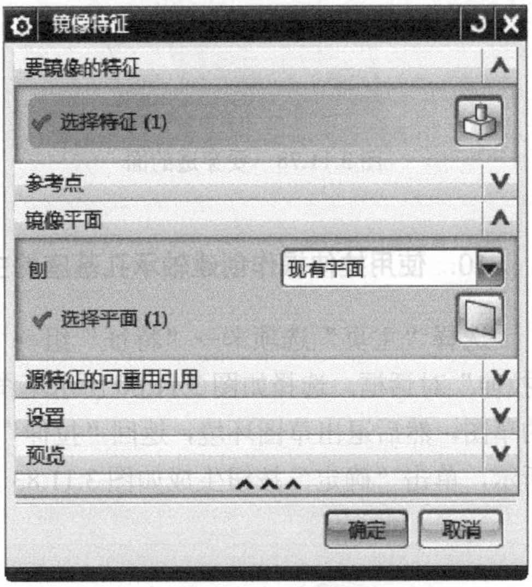

图 3.11.75　“镜像特征”对话框

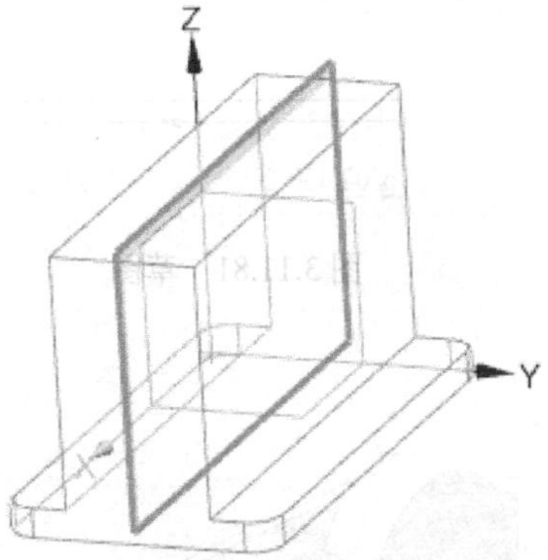

图 3.11.76　镜像平面

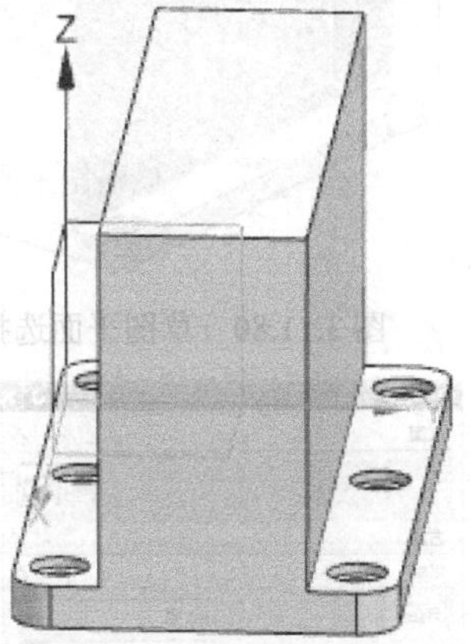

图 3.11.77　镜像沉头孔特征

9. 使用抽壳操作创建箱体内腔

选择“主页”选项卡→“特征”组→“抽壳”命令，弹出“抽壳”对话框。“要穿透的面”选择图形区实体的顶部，如图 3.11.78 所示，“厚度”设置为 11mm，单击“确定”按钮，完成抽壳特征，如图 3.11.79 所示。

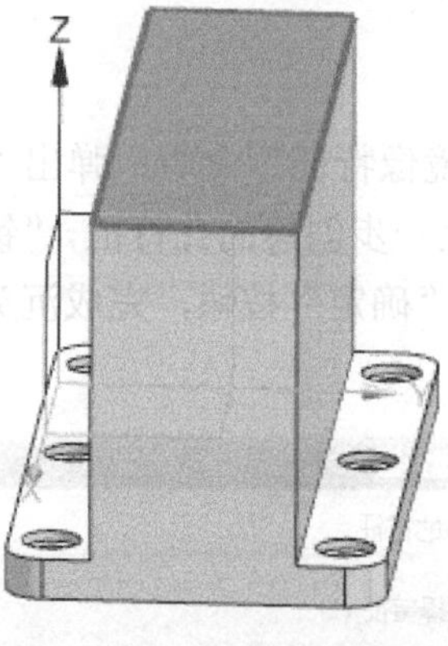

图 3.11.78　要穿透的面

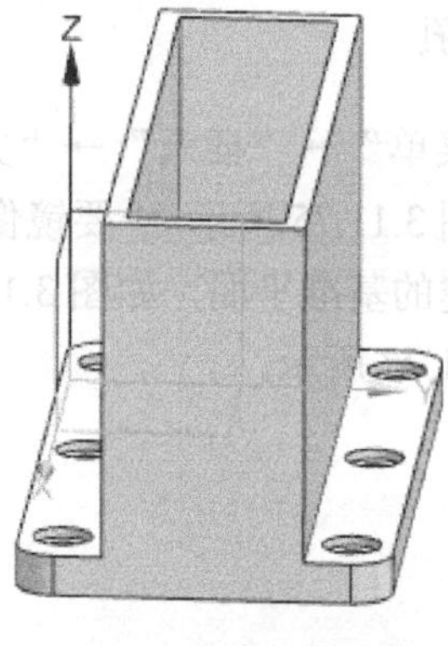

图 3.11.79　抽壳特征

设计减速器下箱体（10～14）

10. 使用拉伸操作创建轴承孔基座的主体

选择“主页”选项卡→“特征”组→“设计特征”下拉菜单→“拉伸”命令，弹出“拉伸”对话框。选择如图 3.11.80 所示草图平面，进入草图环境。绘制如图 3.11.81 所示的草图，然后退出草图环境，返回“拉伸”对话框。“拉伸”对话框具体设置如图 3.11.82 所示，单击“确定”按钮生成如图 3.11.83 所示的组合体。

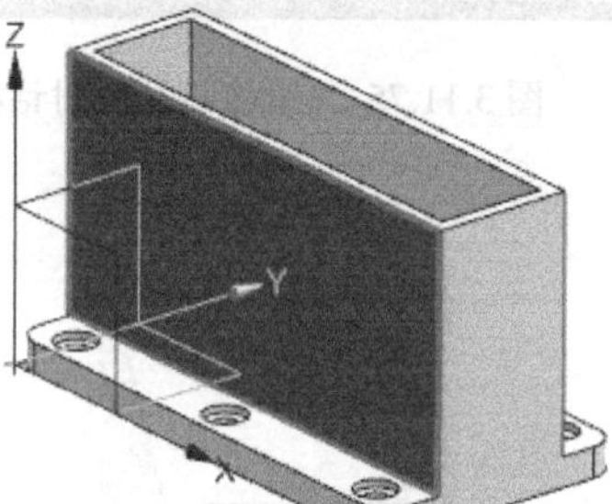

图 3.11.80　草图平面选择

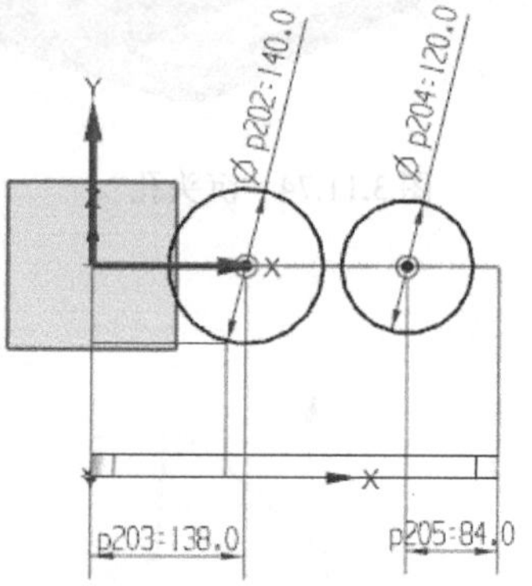

图 3.11.81　草图

图 3.11.82　“拉伸”对话框

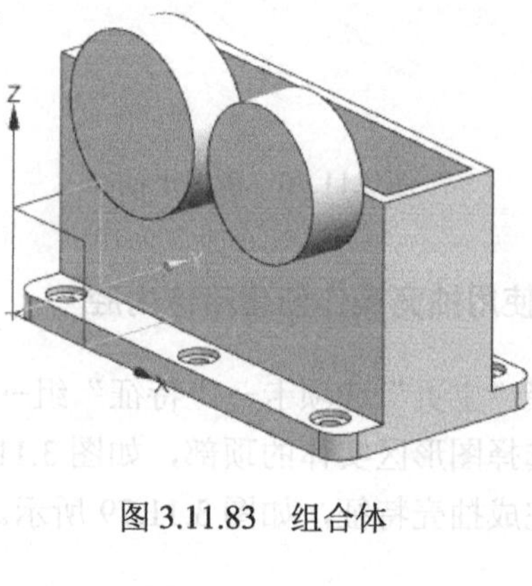

图 3.11.83　组合体

11. 使用拉伸操作创建螺栓孔座（小凸台）

选择“主页”选项卡→“特征”组→“设计特征”下拉菜单→“拉伸”命令，弹出“拉伸”对话框。选择如图 3.11.84 所示草图平面，进入草图环境。绘制如图 3.11.85 所示的草图，然后退出草图环境，返回“拉伸”对话框。“拉伸”对话框具体设置如图 3.11.86 所示，单击“确定”按钮生成如图 3.11.87 所示的组合体。

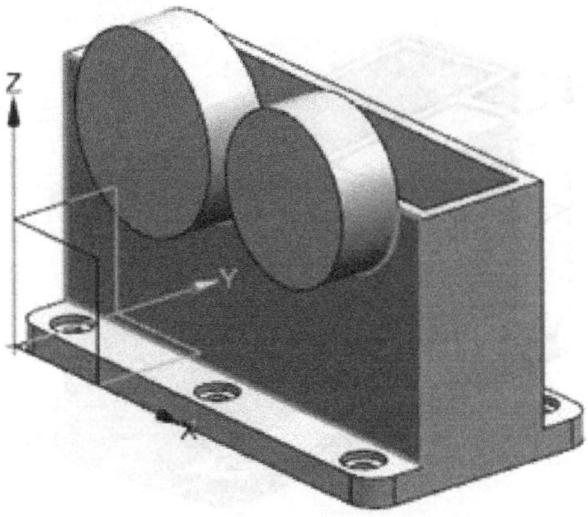

图 3.11.84　草图平面选择

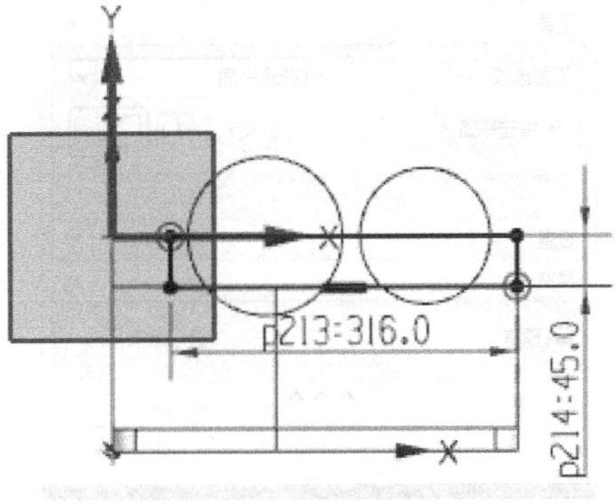

图 3.11.85　草图

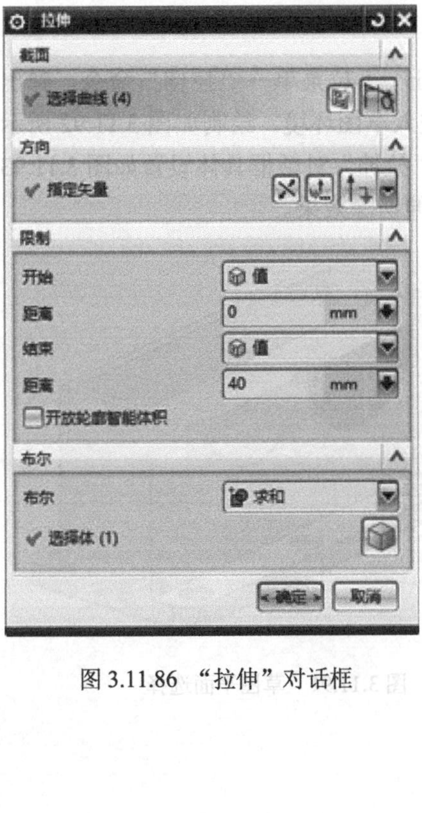

图 3.11.86 “拉伸”对话框

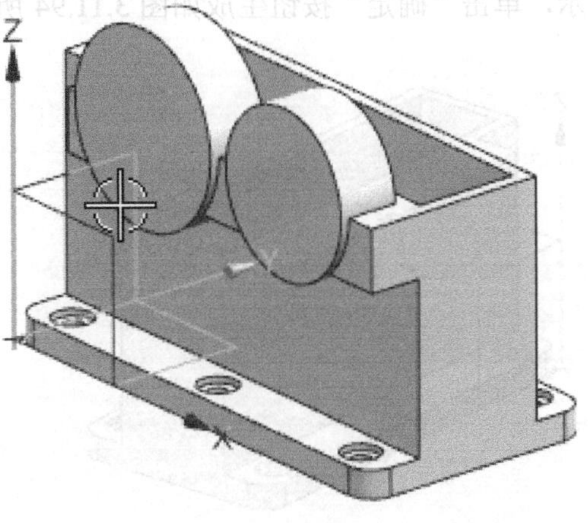

图 3.11.87　组合体

12. 修剪轴承孔基座的主体

选择“主页”选项卡→“特征”组→“修剪体”命令，弹出“修剪体”对话框，如图 3.11.88 所示。“目标”选择上一步生成的组合体，“工具”选择如图 3.11.89 所示的平面。单击“确定”按钮得到如图 3.11.90 所示的结果。

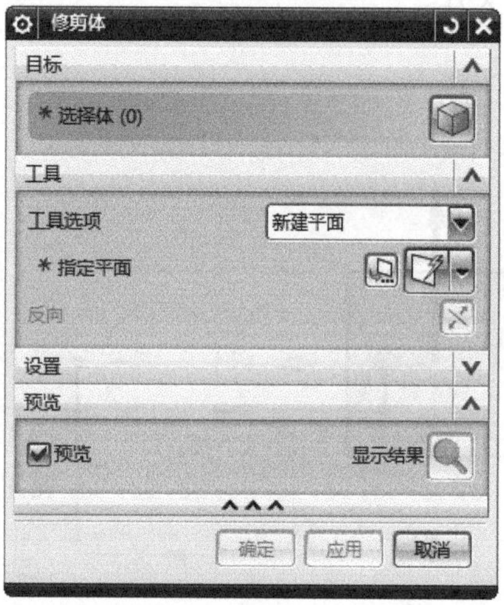

图 3.11.88 “修剪体”对话框

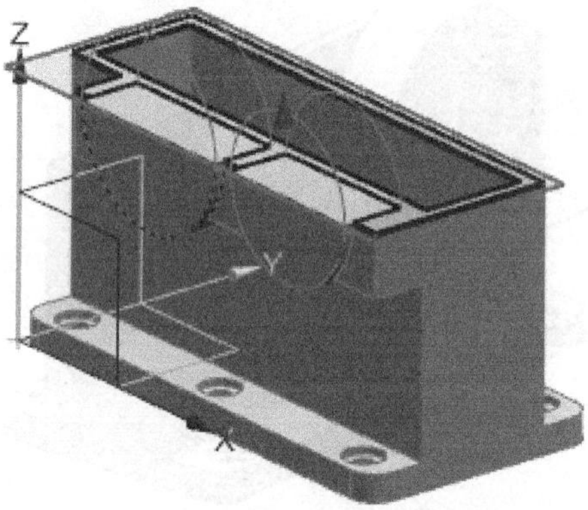

图 3.11.89 工具平面

13. 使用拉伸切除操作创建轴承孔

选择“主页”选项卡→“特征”组→“设计特征”下拉菜单→“拉伸”命令，弹出“拉伸”对话框。选择如图 3.11.91 所示草图平面，进入草图环境。绘制如图 3.11.92 所示的草图，然后退出草图环境，返回“拉伸”对话框。“拉伸”对话框具体设置如图 3.11.93 所示，单击“确定”按钮生成如图 3.11.94 所示的拉伸切除效果。

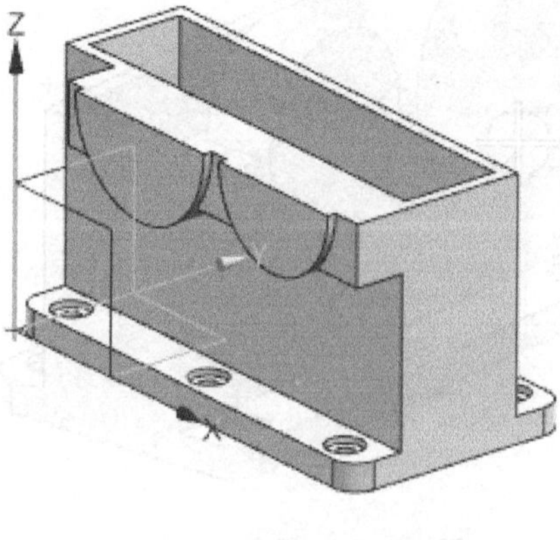

图 3.11.90 “修剪体”操作结果

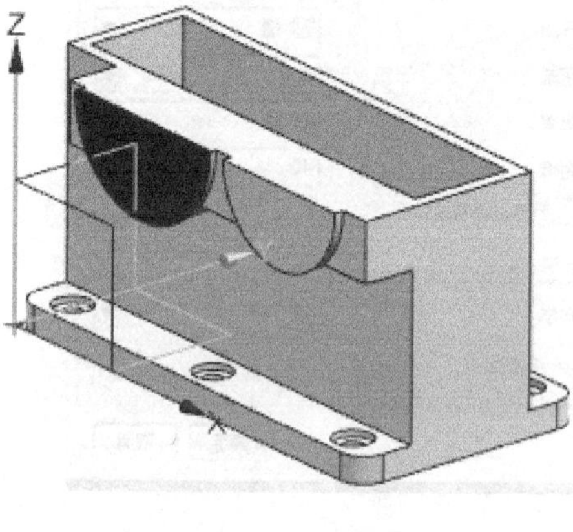

图 3.11.91 草图平面选择

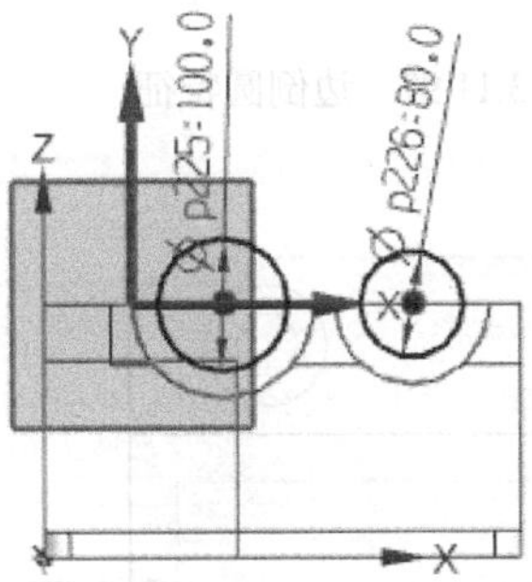

图 3.11.92　草图

图 3.11.93　“拉伸”对话框

14. 对螺栓孔座（小凸台）边倒圆

选择“主页”选项卡→“特征”组→“倒圆”下拉菜单→“边倒圆”命令，弹出“边倒圆”对话框，如图 3.11.95 所示。将对话框中的圆角半径设置为 20mm，选择如图 3.11.96 所示的棱边，单击“确定”按钮，生成圆角特征，如图 3.11.97 所示。

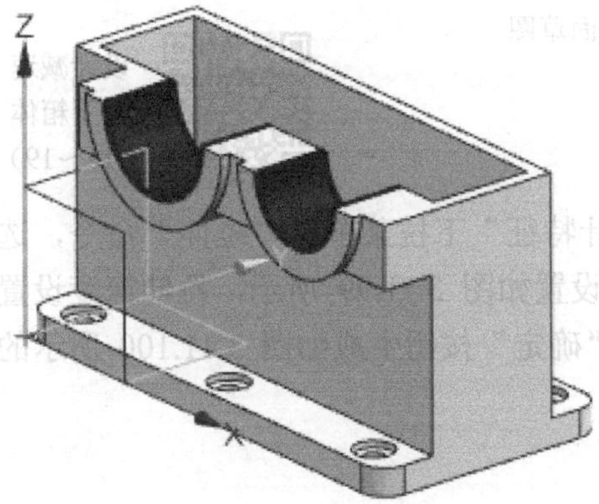

图 3.11.94　拉伸切除效果

图 3.11.95　“边倒圆”对话框

设计减速器下箱体（15）

15. 绘制箱体凸缘的截面草图

选择“菜单”→“插入”→“在任务环境中绘制草图”命令，进入草图绘制环境，选择箱体的上表面作为草图平面，绘制如图 3.11.98 所示的截面草图。

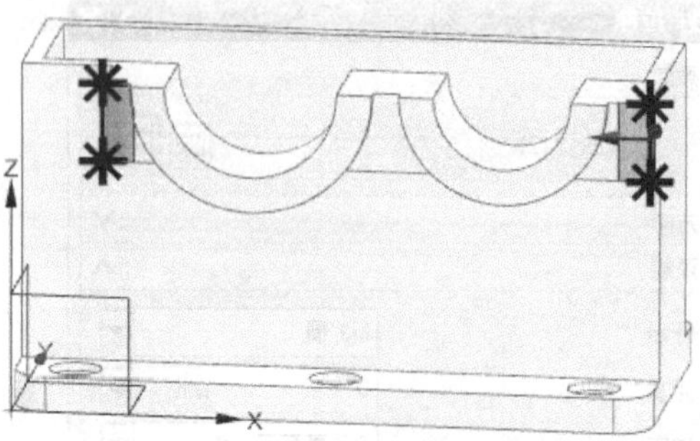

图 3.11.96　要倒圆角的边

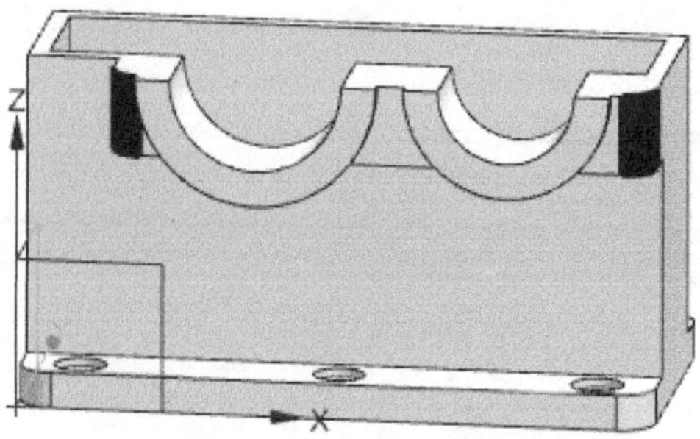

图 3.11.97　边倒圆特征

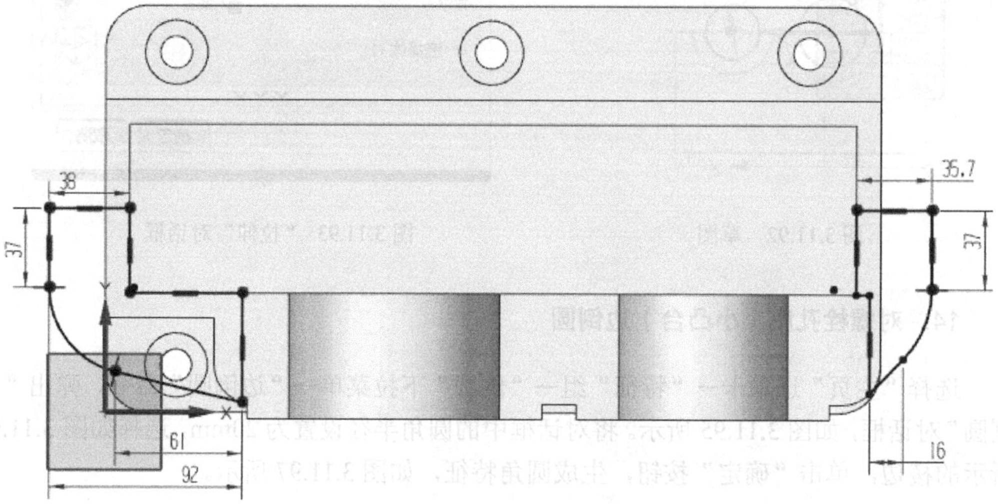

图 3.11.98　截面草图

设计减速器下箱体（16～19）

16. 使用拉伸操作创建箱体凸缘

选择“主页”选项卡→“特征”组→“设计特征”下拉菜单→“拉伸”命令，选择第 15 步绘制的草图截面。“拉伸”对话框具体设置如图 3.11.99 所示，拉伸深度设置为 10mm，在“布尔”列表中选择“求和”，单击“确定”按钮生成如图 3.11.100 所示的组合体。

17. 镜像另一侧的箱体凸缘

选择“菜单”→“插入”→“关联复制”→“镜像特征”命令，弹出“镜像特征”对话框，如图 3.11.101 所示。“要镜像的特征”选择从第 10 步～第 16 步创建的特征，“镜像平面”选择第 6 步创建的沿箱体长度方向基准平面，操作结果如图 3.11.102 所示。

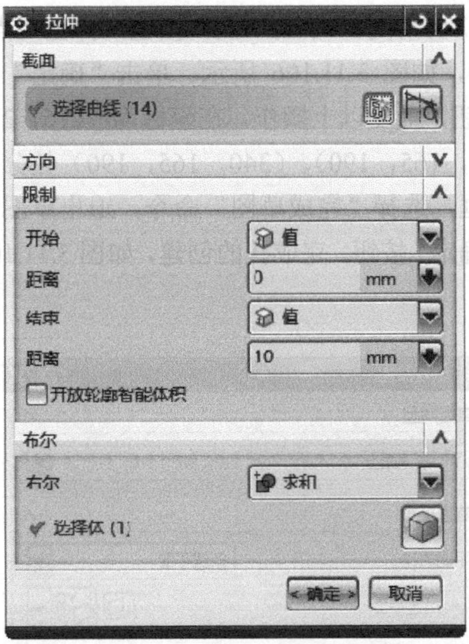

图 3.11.99 “拉伸”对话框

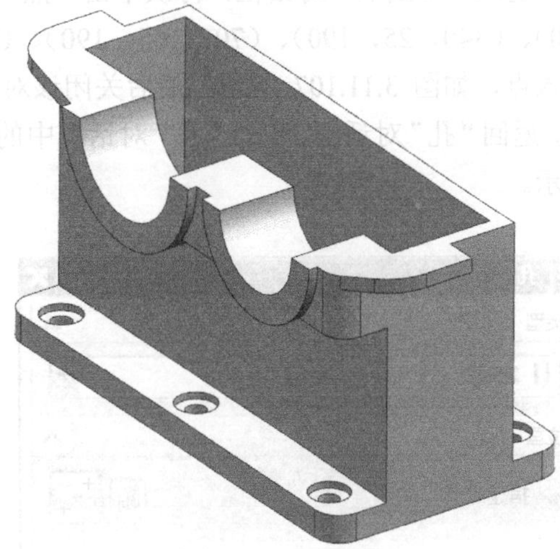

图 3.11.100 操作结果

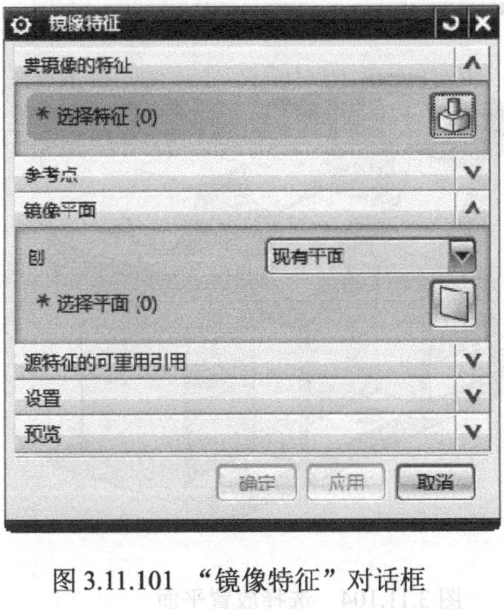

图 3.11.101 “镜像特征”对话框

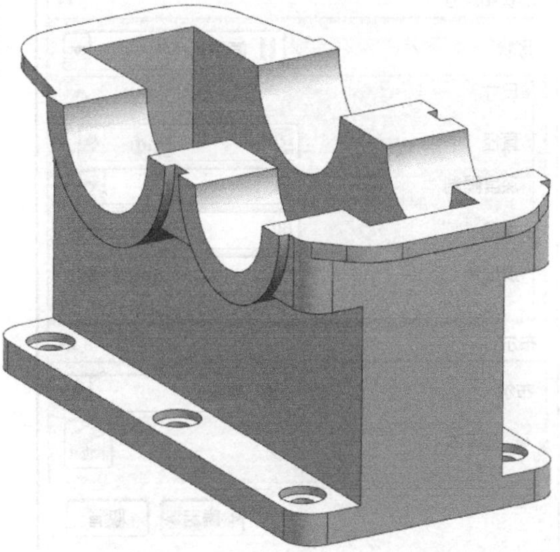

图 3.11.102 操作结果

18. 创建连接螺栓孔

选择“主页”选项卡→“特征”组→“孔”命令，弹出“孔”对话框。“类型”选择“常规孔”，“形状”选择“简单孔”，“直径”设置为 16mm，“深度”设置为 60mm，“布尔”设置为“减去”，具体设置如图 3.11.103 所示。

确定孔的位置。单击“位置”组中如图 3.11.103 所示的“绘制截面”按钮，弹出“创建草图”对话框，选择基座顶部平面，如图 3.11.104 所示，单击“确定”按钮，进入草图绘制环境，弹出“草图点”对话框，如图 3.11.105 所示，单击“点”按钮，弹出“点”对话框。在对话框中输入坐标为（70，25，190），如图 3.11.106 所示。单击“确定”按钮，返回“草图点”对话框，再次单击“点”按钮，重复以上操作，在坐标为（215，25，190）、（340，25，190）、（70，165，190）、（215，165，190）、（340，165，190）处分别插入点，如图 3.11.107 所示。最后关闭该对话框，选择“完成草图”命令，退出草图环境，返回“孔”对话框。单击“孔”对话框中的“确定”按钮，完成孔的创建，如图 3.11.108 所示。

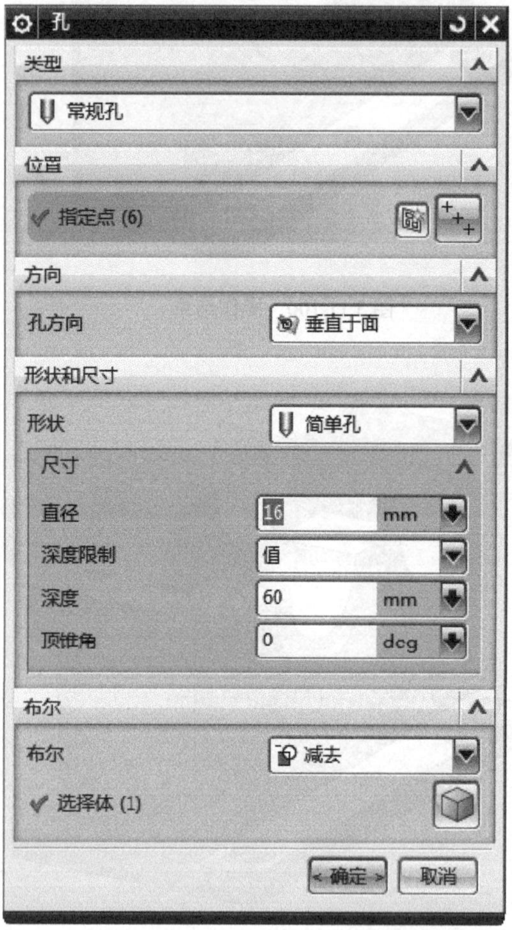

图 3.11.103 “孔”对话框

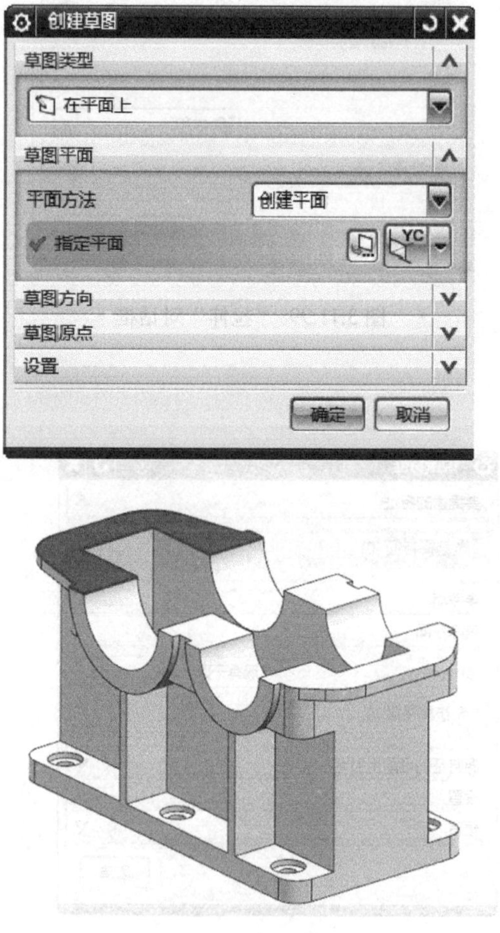

图 3.11.104 选择放置平面

19. 添加销孔

重复上一步的操作，在同一平面上坐标为（-10，125，190）和（375，65，190）的位置各添加一个简单孔，深度为 60mm，直径为 10mm。结果如图 3.11.109 所示。

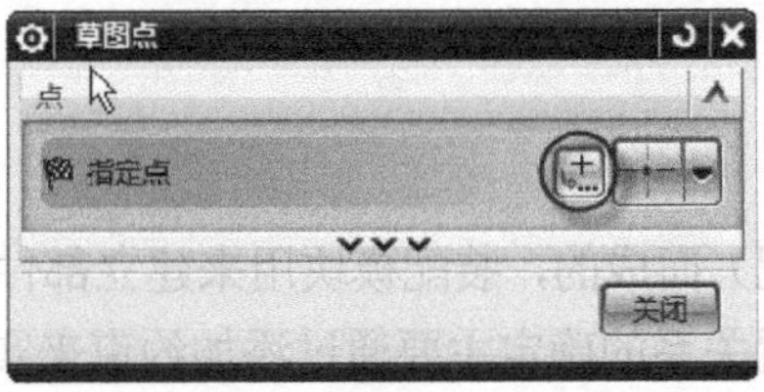

图 3.11.105 “草图点”对话框

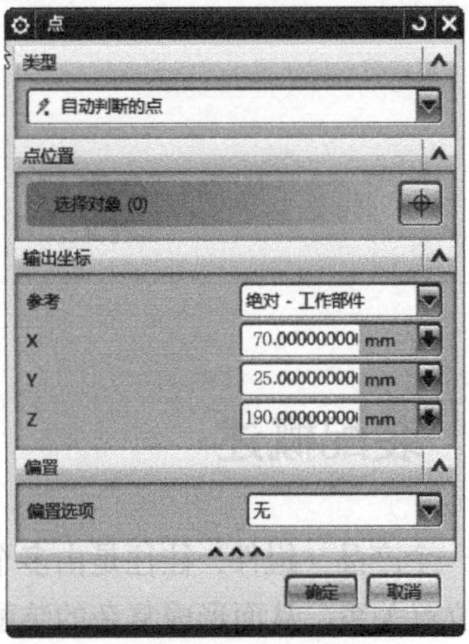

图 3.11.106 “点”对话框

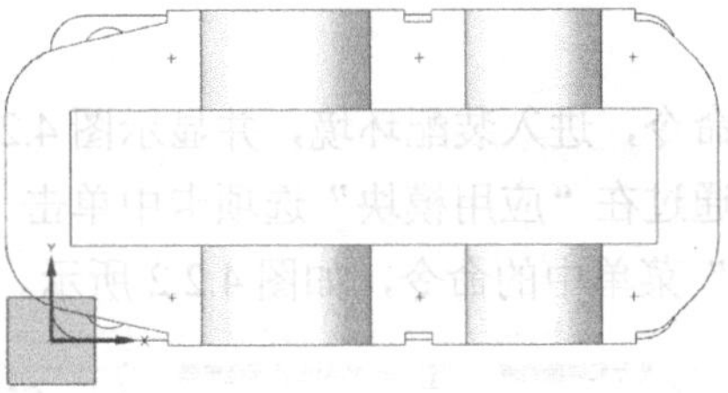

图 3.11.107 孔位置

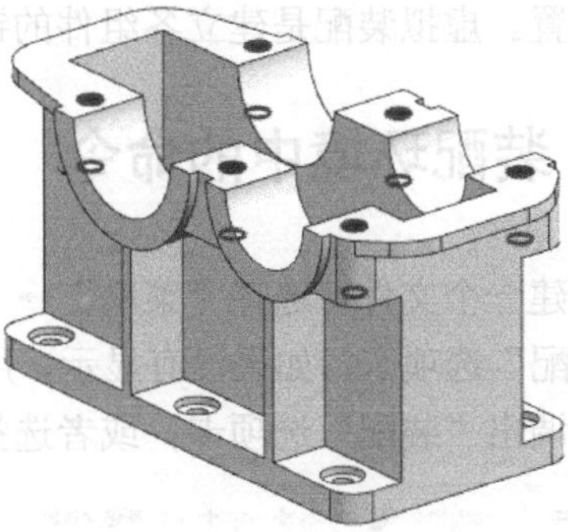

图 3.11.108 孔特征

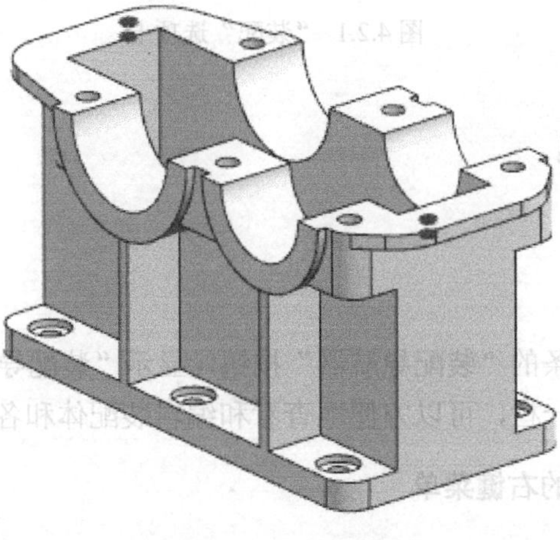

图 3.11.109 添加销孔

20. 保存部件文件

按下快捷键 Ctrl+S 保存部件文件。

第4章 装 配

4.1 装配概述

一个产品（组件）往往是由多个部件组合（装配）而成的，装配模块用来建立部件间的相对位置关系，从而形成复杂的装配体。部件间位置关系的确定主要通过添加约束来实现。

一般的 CAD/CAM 软件包括两种装配模式：多组件装配和虚拟装配。多组件装配是一种简单的装配，其原理是将每个组件的信息复制到装配体中，然后将每个组件放到对应的位置。虚拟装配是建立各组件的链接，装配体与组件是引用关系。

4.2 装配环境中的命令

新建一个文件，选择“菜单”→“装配”命令，进入装配环境，并显示图 4.2.1 所示的“装配”选项卡，如果没有显示，用户可以通过在“应用模块”选项卡中单击“装配”按钮，调出“装配”选项卡；或者选择“装配”菜单中的命令，如图 4.2.2 所示。

图 4.2.1 “装配”选项卡

4.3 装配导航器

4.3.1 功能概述

单击用户界面资源条的“装配导航器”按钮，显示“装配导航器”，如图 4.3.1 所示。在“装配导航器”的第一栏，可以方便地查看和编辑装配体和各组件的信息。

1. “装配导航器”的右键菜单

“装配导航器”的模型树中各部件名称前后有很多图标，不同的图标表示不同的信息。

2. “装配导航器”的操作

“装配导航器”的操作主要通过右键菜单中的命令来实现，如图 4.3.2 所示。

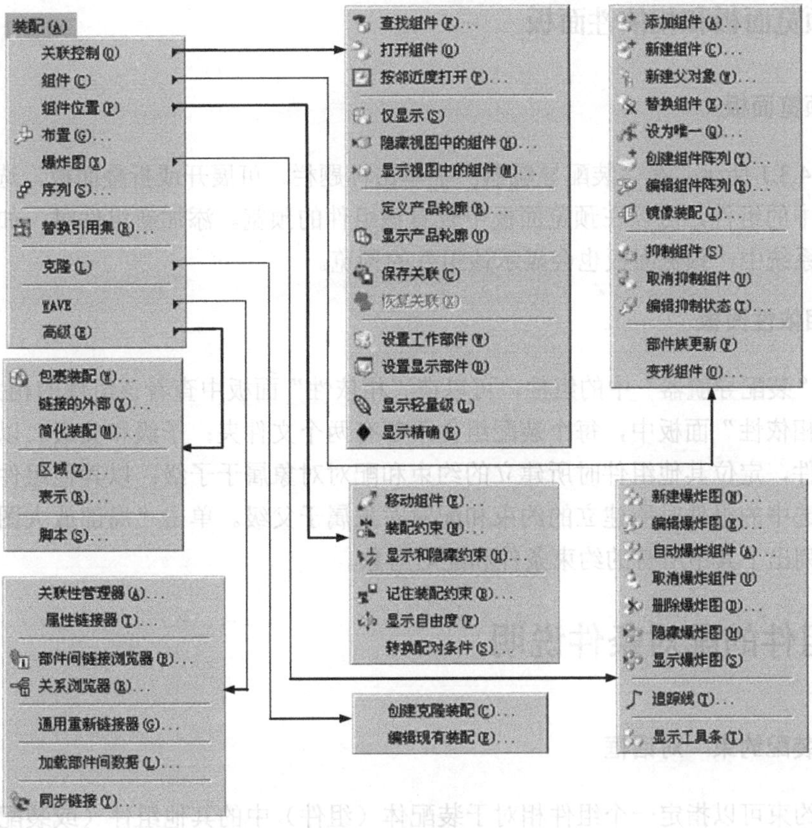

图 4.2.2 “装配”菜单

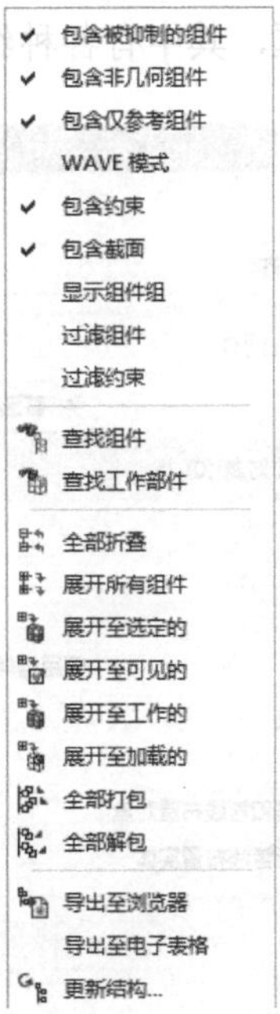

图 4.3.1 “装配导航器” 图 4.3.2 “装配导航器”的右键菜单

4.3.2 预览面板和相依性面板

1. 预览面板

如图 4.3.1 所示，在“装配导航器”中单击标题栏，可展开或折叠面板。选择“装配导航器”中的组件，可以在预览面板中查看该组件的预览。添加新组件时，如果该组件已加载到系统中，预览面板也会显示该组件的预览。

2. 相依性面板

选择“装配导航器”中的组件，可以在“相依性”面板中查看该组件的相关性关系。

在“相依性”面板中，每个装配组件下都有两个文件夹：子级和父级。以选中组件为基础组件，定位其他组件时所建立的约束和配对对象属于子级；以其他组件为基础组件，定位选中的组件时所建立的约束和配对对象属于父级。单击“局部放大图”按钮，系统详细列出了其中所有的约束条件和配对对象。

4.4 组件的配对条件说明

1. “装配约束”对话框

装配约束可以指定一个组件相对于装配体（组件）中的其他组件（或装配体中基准特征）的放置方式和位置。

选择“装配”→“组件位置”→“装配约束”命令，系统弹出图 4.4.1 所示的“装配约束”对话框，其中有各种约束类型。

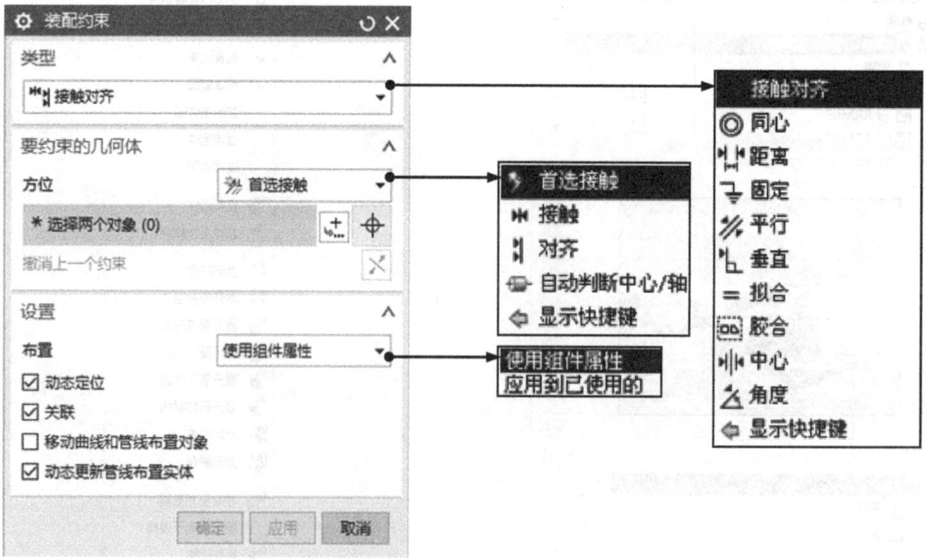

图 4.4.1 “装配约束”对话框

2. “接触对齐”约束

“接触对齐”约束可使两个装配部件中的两个平面重合并且朝向相反，如图 4.4.2 所示。也可以使其他对象配对，如直线与直线配对，如图 4.4.3 所示。

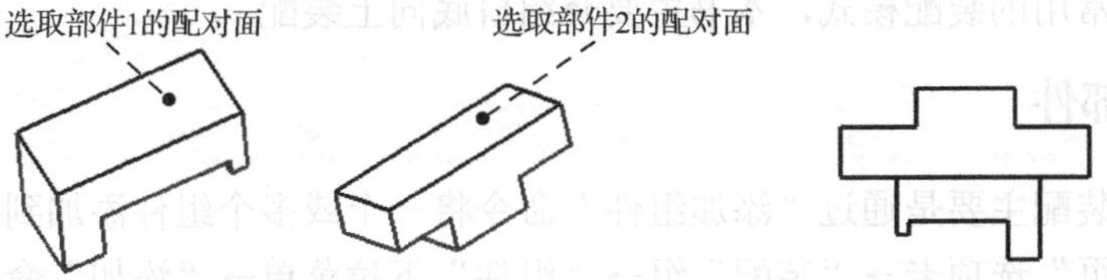

（a）配对前　（b）配对后

图 4.4.2　面与面配对

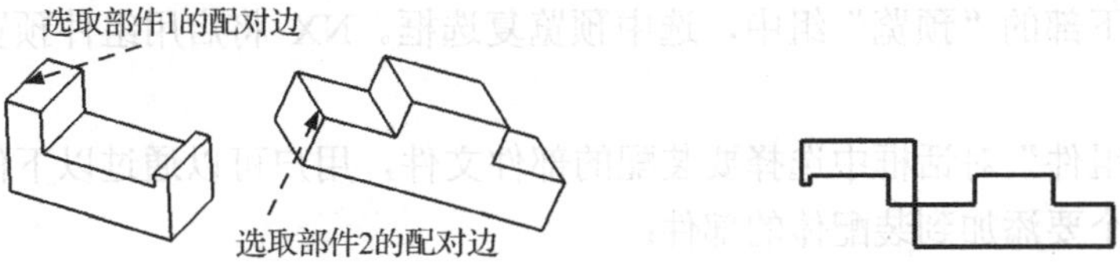

（a）配对前　（b）配对后

图 4.4.3　直线与直线配对

3. “距离”约束

“距离”约束可使两个装配部件中的两个平面保持一定的距离，可以直接输入距离值，如图 4.4.4 所示。

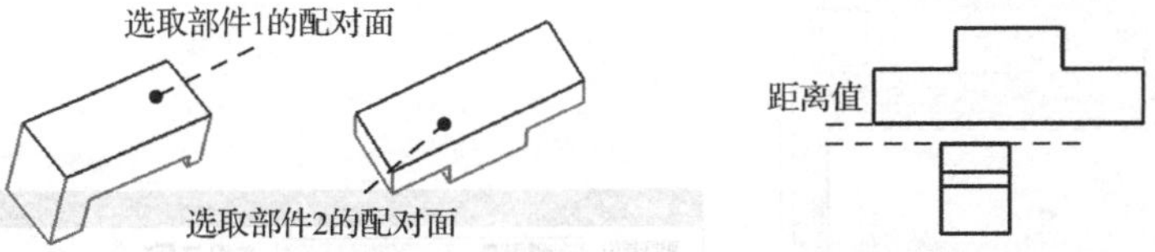

（a）采用“距离”约束前　（b）采用“距离”约束后

图 4.4.4 “距离”约束

4. “固定”约束

“固定”约束是将部件固定在图形窗口的当前位置，向装配环境中引入第一个部件时，常常对该部件添加“固定”约束。

4.5　装配的一般过程

4.5.1　概述

部件的装配一般有两种基本方式：自底向上装配和自顶向下装配。如果首先设计完成全部部件，然后将部件作为组件添加到装配体中，则称为自底向上装配；如果首先设计好装配体模型，然后在装配体中创建组件模型，最后生成部件模型，则称为自顶向下装配。

NX10.0 提供了自底向上和自顶向下装配功能，并且两种方法可以混合使用。自底向上装配是一种常用的装配模式，本书主要介绍自底向上装配。

4.5.2 添加部件

自底向上装配主要是通过“添加组件”命令将一个或多个组件添加到工作部件的。

选择“主页”选项卡→“装配”组→“组件”下拉菜单→“添加”命令，或者选择“装配”选项卡→“组件”组→“添加”命令，弹出如图 4.5.1 所示的“添加组件”对话框。

在对话框下部的“预览”组中，选中预览复选框。NX 将启用组件预览窗口显示要添加的组件。

在“添加组件”对话框中选择要装配的部件文件，用户可以通过以下任何一种方法选择一个或多个要添加到装配体的部件：

（1）在图形窗口或装配导航器中选择组件。

（2）从“部件”组→“已加载的部件”列表框或“最近访问的部件”列表框中选择部件。

（3）在“部件”组中，单击“打开”按钮并使用如图 4.5.2 所示“部件名”对话框来选择部件。

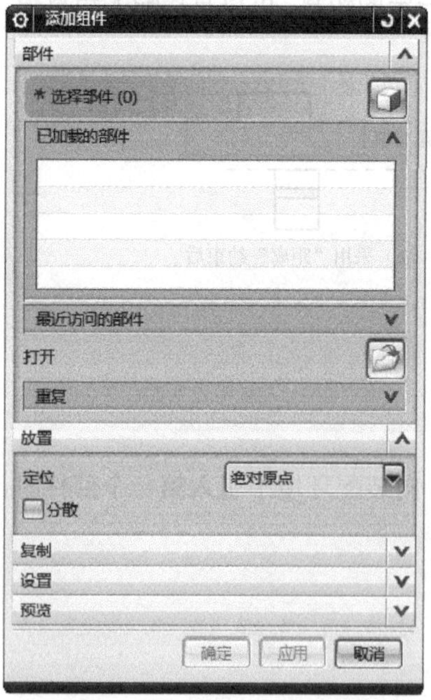

图 4.5.1 “添加组件”对话框

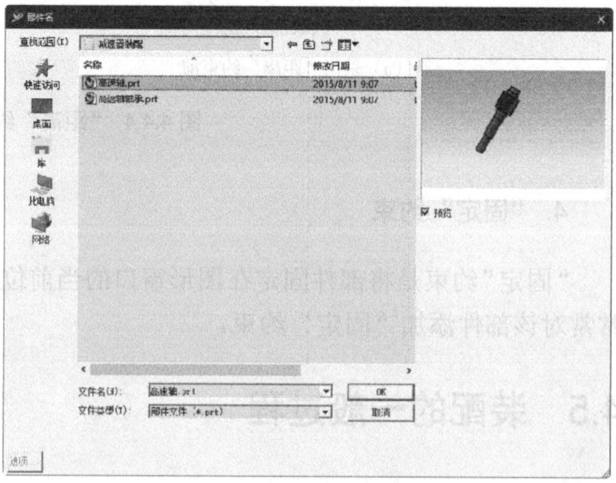

图 4.5.2 “部件名”对话框

在“重复”的数量框中，输入要添加的实例数，默认值为 1。

用户可以在一次操作中添加所选组件的一个或多个实例，同时添加多个组件时，要使用“放置”组→“分散”选项来防止将组件放置在同一位置。

在“放置”组的定位列表中，选择一个定位选项：“绝对原点”、“选择原点”、“通过约束”、“移动”。

单击“确定”或者“应用”按钮完成当前操作，如果定位选项选择的是“通过约束”，则 NX 会自动打开“装配约束”对话框进行设置。

4.5.3 装配约束

装配约束主要是利用限制部件之间的自由度来实现的。

选择“主页”选项卡→“装配”组→“装配约束”命令，弹出“装配约束”对话框，如图 4.5.3 所示。用户可以在该对话框中的“类型”下拉列表中选择约束类型，常见的约束类型参考 4.4 节。

图 4.5.3 “装配约束”对话框

4.5.4 引用集

在虚拟装配时，一般并不希望将每个组件的所有信息都引用到装配体中，通常只需要部件的实体图形，而很多部件还包含了基准平面、基准轴和草图等其他不需要的信息，这些信息会占用很大的内存空间，也会给装配带来不必要的麻烦。因此，NX 允许用户根据需要选取一部分几何对象作为该组件的代表参加装配，这就是引用集的作用。

在 4.5.2 小节中，用户创建的每个组件都包含了默认的引用集，默认的引用集有四种：“模型”、“轻量化”、“空”和“整个部件”。此外，用户可以修改和创建引用集，选择“格式”→“引用集”命令，弹出如图 4.5.4 所示的“引用集”对话框，其中提供了对引用集进行创建、删除和编辑的功能。

图 4.5.4 “引用集”对话框

4.6 部件的阵列

4.6.1 部件的“从实例特征”参照阵列

如图 4.6.1 所示，部件的“从实例特征”阵列是以装配体中某一部件中的特征阵列为参照进行部件阵列的。该图中的 8 个螺钉阵列，是参照装配体中部件 1 上的 8 个阵列孔来进行创建的。所以在创建“从实例特征”阵列之前，应提前在装配体的某个部件中创建某一特征的阵列，该特征阵列将作为部件阵列的参照。

（a）装配前　　（b）装配后　　（c）“从实例特征”阵列

图 4.6.1 部件装配及“从实例特征”阵列

4.6.2 部件的“线性”阵列

部件的“线性”阵列是将要阵列的部件沿某一方向进行线性排列，也可以将部件沿两个方向进行矩形或棱形排列，如图 4.6.2 所示。

图 4.6.2 部件装配及“线性”阵列

4.6.3 部件的“圆周”阵列

部件的“圆形”阵列是将要阵列的部件沿参考轴线进行圆周排列，如图 4.6.3 所示。

图 4.6.3 部件装配及“圆周”阵列

4.7 装配干涉检查

在实际的产品设计中，当产品中的各个零部件组装完成后，设计人员往往比较关心产品中各个部件间的干涉情况：有无干涉，哪些部件间有干涉，干涉量多大。

用户可以通过选择“分析”→“简单干涉”命令对装配体部件间的干涉进行检查，以高亮显示干涉面，如图 4.7.1 所示。

图 4.7.1 干涉检查

4.8 编辑装配体中的部件

装配体被完成以后，可以对该装配体中的任何部件（包括部件和子装配件）进行特征建模、修改尺寸等编辑操作，如图 4.8.1 所示。

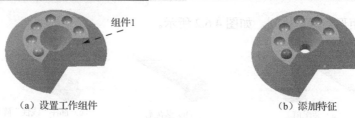

（a）设置工作组件　　（b）添加特征

图 4.8.1　设置工作组件并添加特征

4.9　爆炸图

4.9.1　爆炸图工具条

选择“装配”→“爆炸图”→“显示工具条”命令，系统显示“爆炸图”工具条，如图 4.9.1 所示。

图 4.9.1　“爆炸图”工具条

4.9.2　爆炸图的建立和删除

用户可以通过选择“装配”→“爆炸图”→“新建爆炸图”命令来建立爆炸图，可以通过选择下拉菜单“装配”→“爆炸图”→“删除爆炸图”命令来删除爆炸图。

4.9.3　编辑爆炸图

爆炸图的创建结果是产生了一个待编辑的爆炸图，主对话框中的图形并没有发生变化，爆炸图编辑工具被激活，进行编辑。

1. 自动爆炸

自动爆炸只需要用户输入很少的内容，就能快速生成爆炸图，如图 4.9.2 所示。

用户可以通过选择“装配”→“爆炸图”→“自动爆炸组建”命令来自动建立爆炸图。

（a）自动爆炸前　　（b）自动爆炸后

图 4.9.2　自动爆炸

2. 手动编辑爆炸图

自动爆炸并不能总是得到满意的效果，因此系统提供了编辑爆炸功能，可以对系统自动创建的爆炸图进行编辑，其过程如图 4.9.3 所示。

（a）编辑前　　（b）编辑后

图 4.9.3　编辑爆炸图

3. 隐藏和显示爆炸图

如果当前视图为爆炸图，选择“装配”→“爆炸图”→“隐藏爆炸图”命令，则视图切换到无爆炸图。

要显示隐藏的爆炸图，可以选择“装配”→“爆炸图”→“显示爆炸图”命令，则视图切换到爆炸图。

4. 隐藏和显示组件

要隐藏组件，可以选择“装配”→“关联控制”→“隐藏视图中的组件”命令，弹出“隐藏视图中的组件”工具条，选择要隐藏的组件后单击“确定”按钮，选中组件被隐藏。

要显示被隐藏的组件，可以选择“装配”→“关联控制”→“显示视图中的组件”命令，系统会列出所有隐藏的组件供用户选择。

4.10 简化装配

4.10.1 简化装配概述

对于比较复杂的装配体，可以使用“简化装配”功能将其简化。被简化后，实体的内部细节被删除，但保留复杂的外部特征。当装配体只需要精确的外部表示时，可以将装配体进行简化，简化后可以减少所需的数据，从而缩短加载和刷新装配体的时间。

内部细节是指对该装配体的内部组件有意义，而对装配体与其他实体关联时没有意义的对象；外部细节则相反。简化装配就是区分内部细节和外部细节，然后省略掉内部细节的过程，在这个过程中，装配体被合并成一个实体。

4.10.2　简化装配操作

用户可以通过选择“装配”→“高级”→“简化装配”命令来进行简化装配操作，其过程如图 4.10.1 所示。

（a）简化前　　（b）简化后

图 4.10.1　简化装配

4.11　典型应用案例——减速器高速轴装配

减速器高速轴装配

1. 案例介绍

本案例介绍了减速器高速轴的装配过程。案例使用了一个高速轴和两个滚动轴承，添加了同轴约束和端面接触约束等。

2. 创建新文件并进入装配环境

选择“菜单”→“文件”→“新建”命令或选择“主页”选项卡→“标准”组→“新建”命令，打开“新建”对话框，如图 4.11.1 所示。在“模型”选项卡→“模板”组，输入名称“高速轴装配”。单击“确定”按钮，进入装配环境。

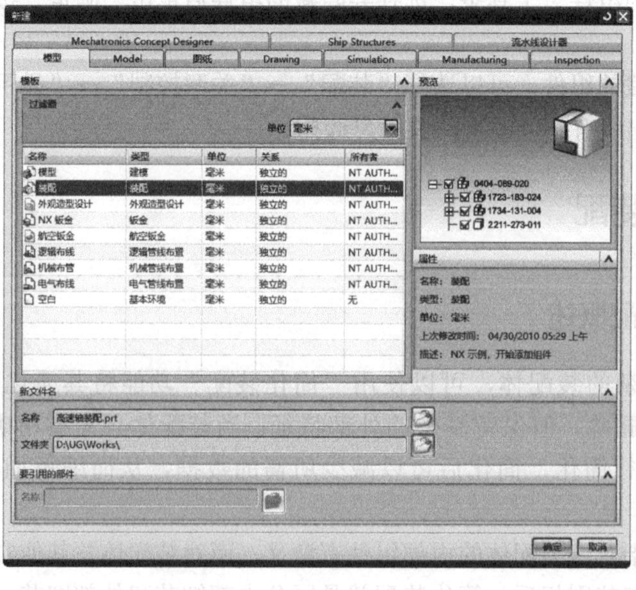

图 4.11.1　“新建”对话框

3. 添加高速轴部件

选择“主页”选项卡→“装配”组→“组件下拉菜单”→“添加”命令，弹出如图 4.11.2 所示的“添加组件”对话框。单击“打开”按钮，弹出“部件名”对话框，如图 4.11.3 所示，选择文件名为“高速轴”的轴部件，并查看对话框右侧的部件预览。

单击“OK”按钮，返回“添加组件”对话框，在该对话框中进行如图 4.11.4 所示的设置，“定位”下拉菜单选择“绝对原点”，组件名称保持默认的组件名称，“图层选项”下拉菜单选择“原始的”。设置完成后，部件的预览如图 4.11.5 所示。单击“应用”按钮，部件被导入装配体。

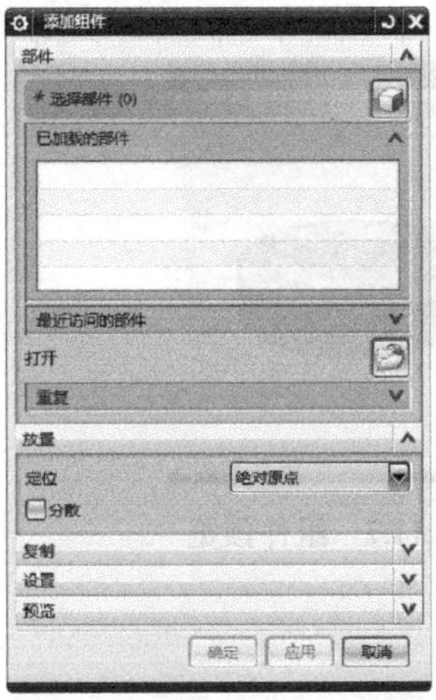

图 4.11.2 “添加组件”对话框

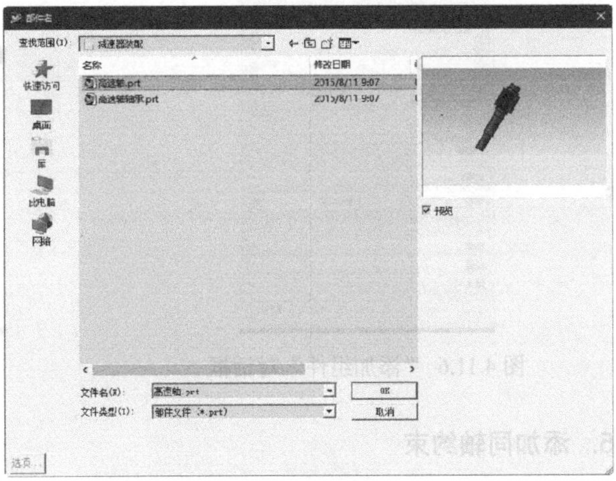

图 4.11.3 “部件名”对话框

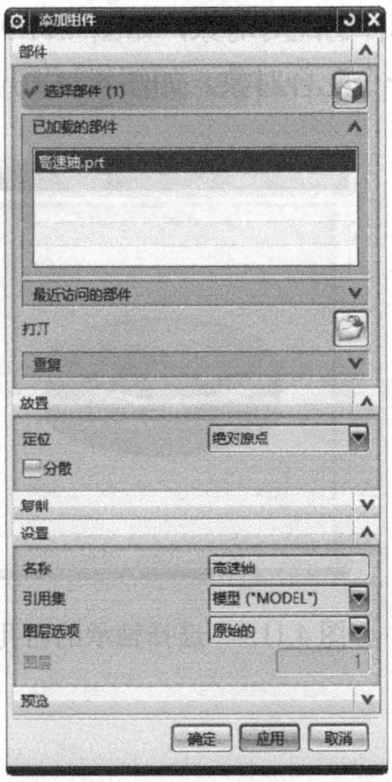

图 4.11.4 “添加组件”对话框

图 4.11.5 组件预览

4. 添加轴承部件

单击“添加组件”对话框的“打开”按钮，弹出“部件名”对话框，选择文件名为“高速轴轴承”的轴承部件，并查看对话框右侧的部件预览。

单击“OK”按钮，返回“添加组件”对话框，在该对话框中进行如图 4.11.6 所示的设置，“定位”下拉菜单选择“通过约束”，组件名称保持默认的组件名称，“设置”组→“图层选项”下拉菜单选择“原始的”。设置完成后，部件的预览如图 4.11.7 所示。

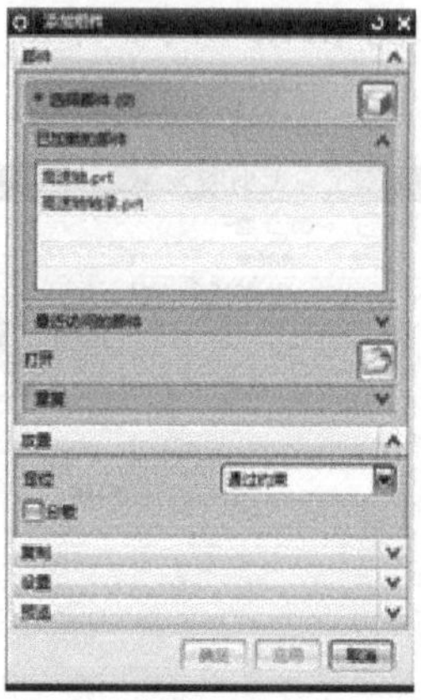

图 4.11.6 “添加组件”对话框

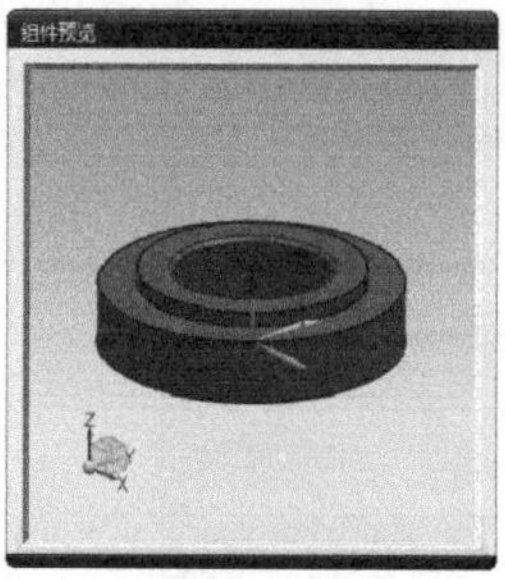

图 4.11.7 组件预览

5. 添加同轴约束

在“添加组件”对话框中单击“应用”按钮，弹出“装配约束”对话框，如图 4.11.8 所示。在“类型”中选择“接触对齐”，在“要约束的几何体”→“方位”中选择“自动判断中心/轴”。在“组件预览”窗口中选择轴承的内孔面作为相配合部件的配对对象，如图 4.11.9 所示；在图形区域选择高速轴上靠近齿轮一端的轴颈表面作为另一个配合对象，如图 4.11.10 所示。

图 4.11.8 “装配约束”对话框

图 4.11.9 选择轴承的内孔面

6. 添加端面接触约束

在“装配约束”对话框→“要约束的几何体”→“方位”中选择“接触”。在“组件预览”窗口中选择轴承的端面作为相配合部件的配对对象，如图 4.11.11 所示；在图形区域选择高速轴上靠近齿轮一端阶梯轴的轴肩表面作为另一个配合对象，如图 4.11.12 所示。单击“确定”按钮，完成高速轴和高速轴轴承之间的配合，其效果如图 4.11.13 所示。

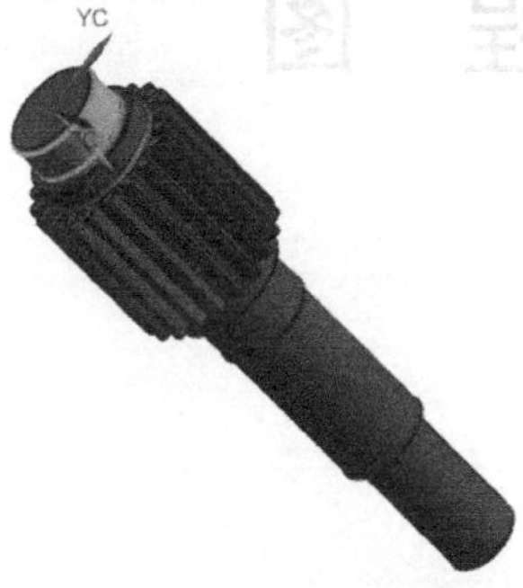

图 4.11.10　选择轴颈表面

图 4.11.11　选择轴承的端面

图 4.11.12　选择轴肩表面

图 4.11.13　完成效果图

7. 完成高速轴的另一端与轴承的配合

按照相同的原理和操作思路，装配高速轴的另一端与轴承的配合，轴承的端面和阶梯轴的轴肩端面使用“接触”配合，轴承的内孔和轴颈外圆柱面使用“自动判断中心/轴”配合，最终完成效果如图 4.11.14 所示。

图 4.11.14　最终完成效果图

8. 保存部件

按下快捷键 Ctrl+S 保存部件文件。

第5章　工　程　图

5.1　工程图概述

5.1.1　工程图的组成

工程图一般由如图 5.1.1 所示几部分组成。

视图：包括 6 个基本视图（主视图、俯视图、左视图、右视图、仰视图和后视图）、放大图、各种剖视图、断面图、辅助视图等。在制作工程图时，要根据实际部件的特点，选择不同的视图组合，以便简单清楚地表达各个设计参数。

尺寸、公差、注释说明及表面粗糙度：包括形状尺寸、位置尺寸、形状公差、位置公差、注释说明、技术要求及部件的表面粗糙度要求。

此外工程图还包括图框和标题栏等内容。

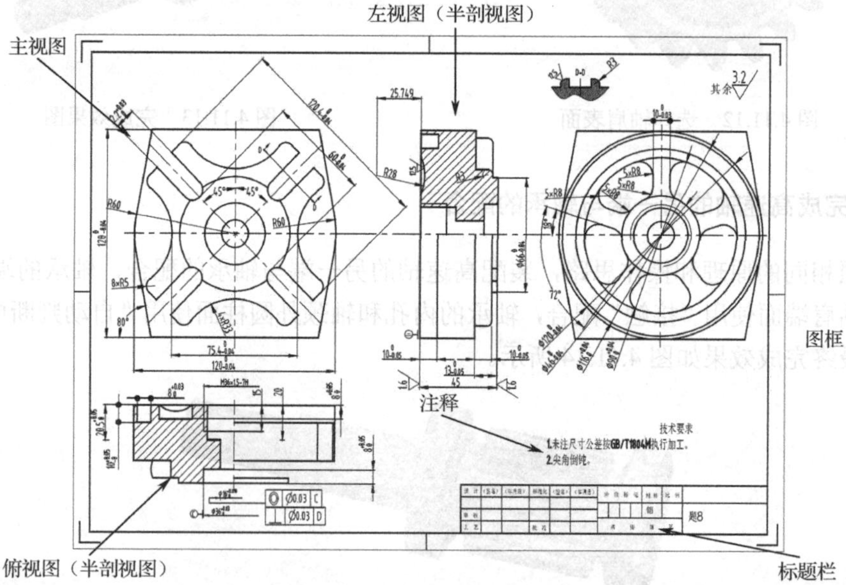

图 5.1.1　工程图的组成

5.1.2　工程图环境中的工具条

进入工程图环境以后，系统会自动增加许多与工程图操作相关的工具，如图 5.1.2～图 5.1.7 所示。下面对工程图环境中较为常用的工具组分别进行介绍。

图 5.1.2 “视图”组

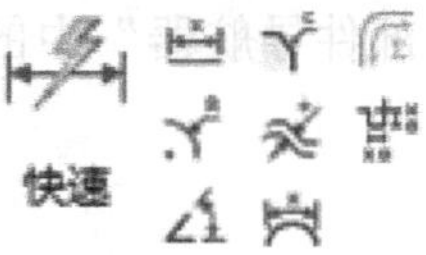

图 5.1.3 “尺寸”组

图 5.1.4 “注释”组

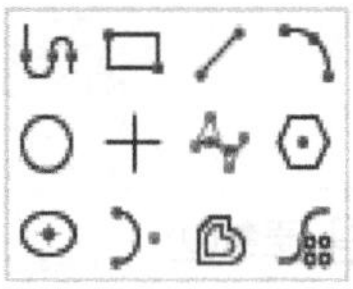

图 5.1.5 “草图”组

图 5.1.6 “表”组

图 5.1.7 “编辑设置”组

5.1.3 工程图环境下的“部件导航器”

在 NX10.0 中，工程图环境下“部件导航器”包括和工程制图相关的部分，如图 5.1.8 所示，可用于编辑、查询和删除图样（包括在当前部件中的成员视图），模型树形列表包括部件的图纸页、成员视图、剖面线和表格的相关条目。

在“部件导航器”中的“图纸”节点上右击，系统弹出图 5.1.9 所示的快捷菜单。

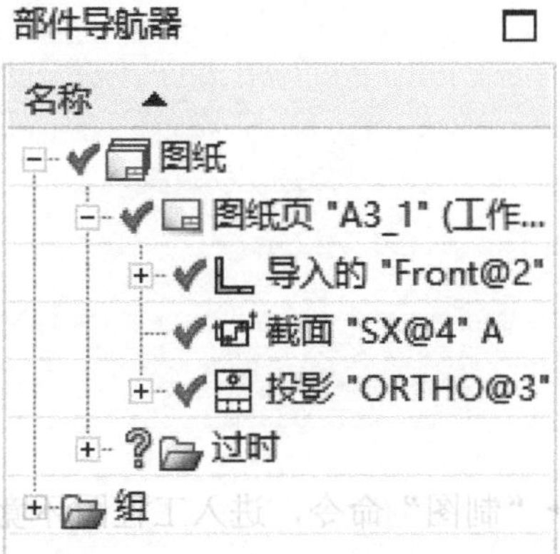

图 5.1.8 “部件导航器”

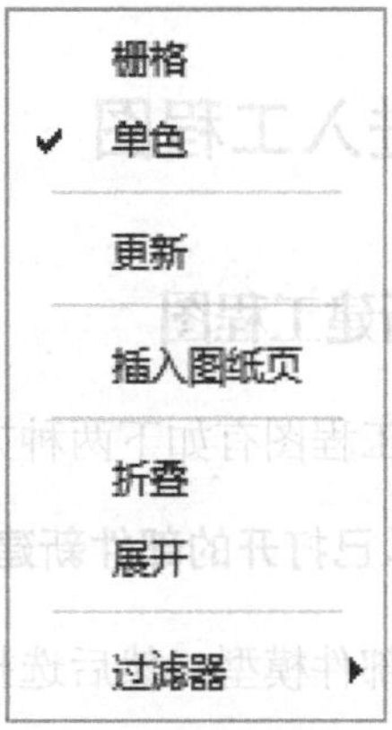

图 5.1.9 快捷菜单

在“部件导航器”中的“图纸页”节点上右击，系统弹出图 5.1.10 所示的快捷菜单。

在“部件导航器”中的“导入的”节点上右击，系统弹出如图 5.1.11 所示的快捷菜单。

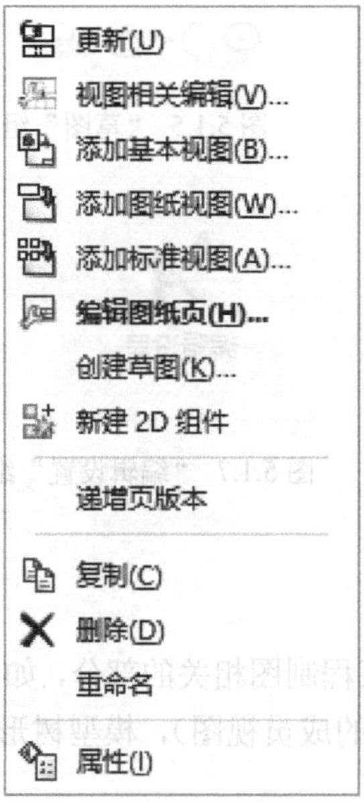

图 5.1.10　快捷菜单

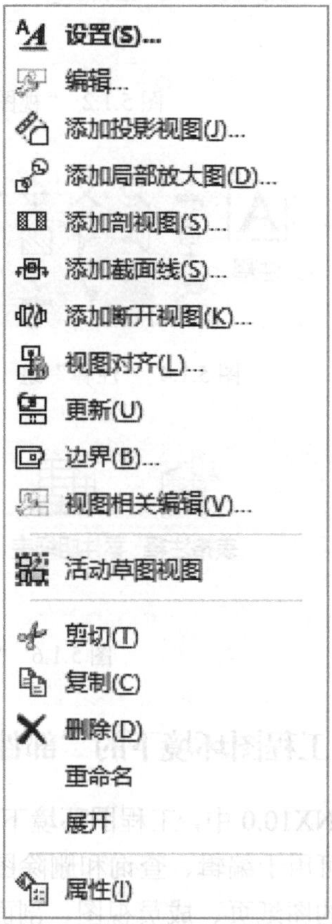

图 5.1.11　快捷菜单

5.2　进入工程图

5.2.1　新建工程图

新建工程图有如下两种方式：

1. 从已打开的部件新建

打开部件模型，然后选择“应用模块”→“制图”命令，进入工程图环境。

2. 使用“新建”命令

选择“菜单”→“文件”→“新建”命令，弹出“新建”对话框，如图 5.2.1 所示。

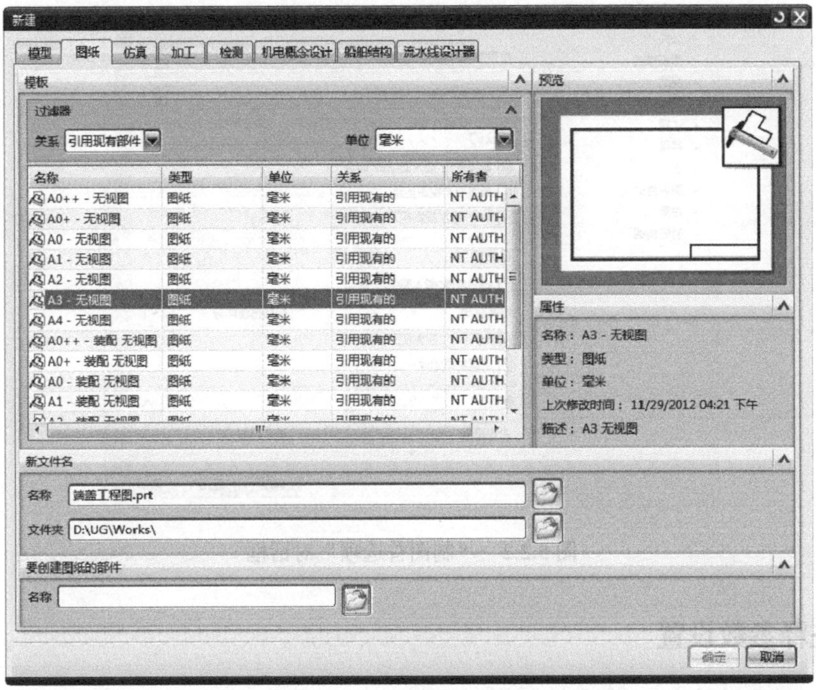

图 5.2.1 “新建”对话框

在“新建”对话框中选择“图纸”选项卡，并在列表中选择所需要的模板。输入文件名和文件夹路径，单击“确定”按钮，进入工程图环境。

注意：模板有“单位”和“关系”属性，“关系”分为“独立的”和“引用现有的”。如果是后者，用户还需要指定一个现有部件作为“要创建图纸的部件”。

5.2.2 工程图参数设置

选择“首选项”→“制图”命令，系统弹出如图 5.2.2 所示的“制图首选项”对话框，该对话框的功能如下：

（1）设置视图和注释的版本。

（2）设置成员视图的预览样式。

（3）设置图纸页的页号及编号。

（4）视图的更新和边界、显示抽取边缘的面及加载组件的设置。

（5）保留注释的显示设置。

（6）设置断开视图的断裂线。

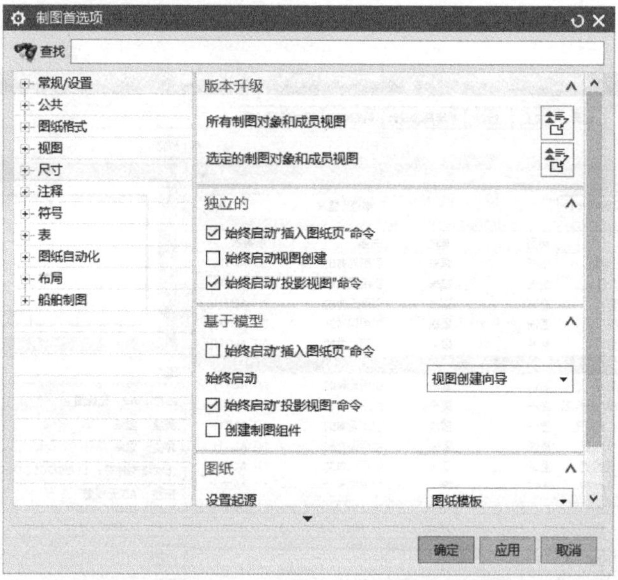

图 5.2.2 “制图首选项”对话框

5.2.3 注释参数设置

用户可以通过单击“制图首选项”对话框左侧的“注释”节点对注释参数进行设置，如图 5.2.3 所示。

5.2.4 剖面线参数设置

用户可以通过单击“制图首选项”对话框左侧的“注释”节点下的“剖面线/区域填充”节点对剖面线参数进行设置，如图 5.2.4 所示。

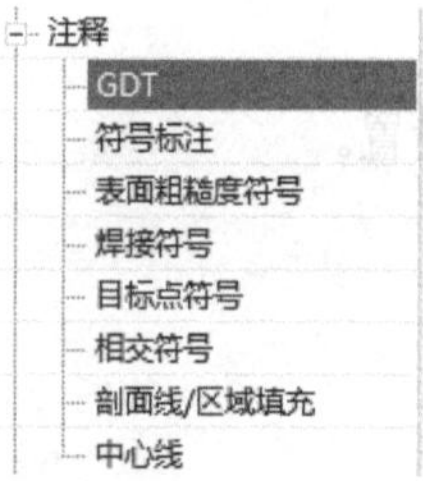

图 5.2.3 “注释”节点

图 5.2.4 “剖面线/区域填充”设置

5.2.5 视图参数设置

用户可以通过单击“制图首选项”对话框左侧的“视图”节点对视图参数进行设置，如图 5.2.5 所示。

5.2.6 标记参数设置

用户可以通过单击“制图首选项”对话框左侧的“视图”节点下的“公共”节点对标记参数进行设置，如图 5.2.6 所示。

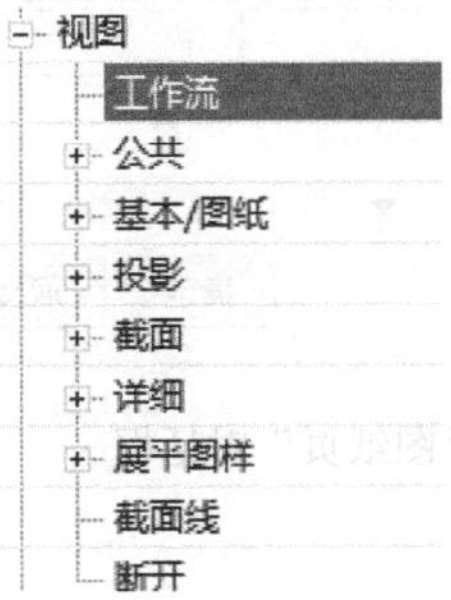

图 5.2.5 “视图”节点

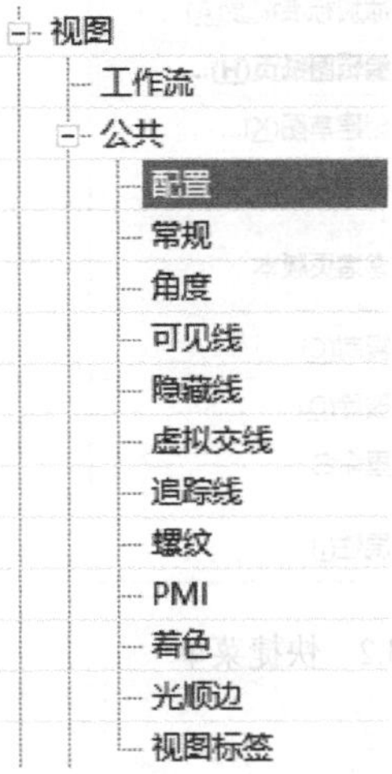

图 5.2.6 “视图”节点下的“公共”节点

5.3 部件图纸页管理

5.3.1 新建图纸页

选择“菜单”→“插入”→“图纸页”命令，或者选择“主页”选项卡→“图纸页”→“新建图纸页”命令，系统弹出“图纸页”对话框，在对话框中选择图 5.3.1 所示的选项。

5.3.2 编辑已存图纸页

选择“菜单”→“编辑”→“图纸页”命令，或者在“部件导航器”中选择图纸页并右击，在弹出的如图 5.3.2 所示的快捷菜单中选择“编辑图纸页”命令，系统弹出如图 5.3.3 所示的“图纸页”对话框，利用该对话框可以编辑已存图纸页的参数。

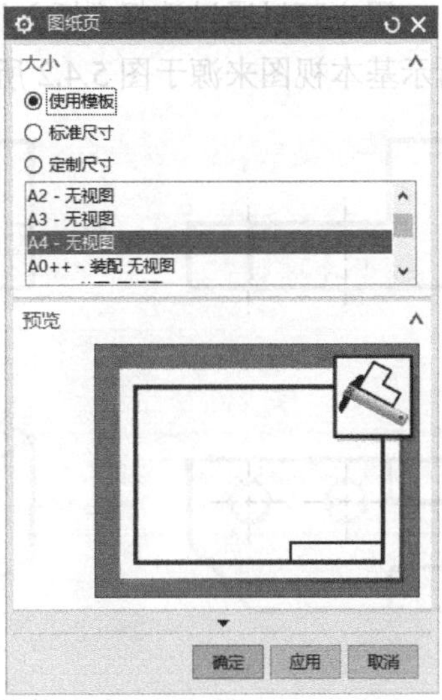

图 5.3.1 “图纸页”对话框

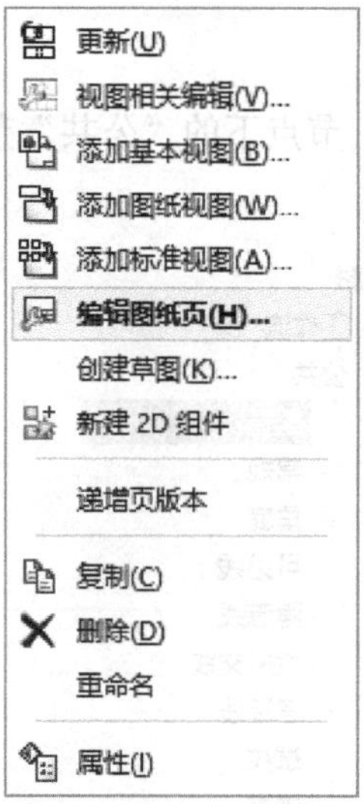

图 5.3.2 快捷菜单

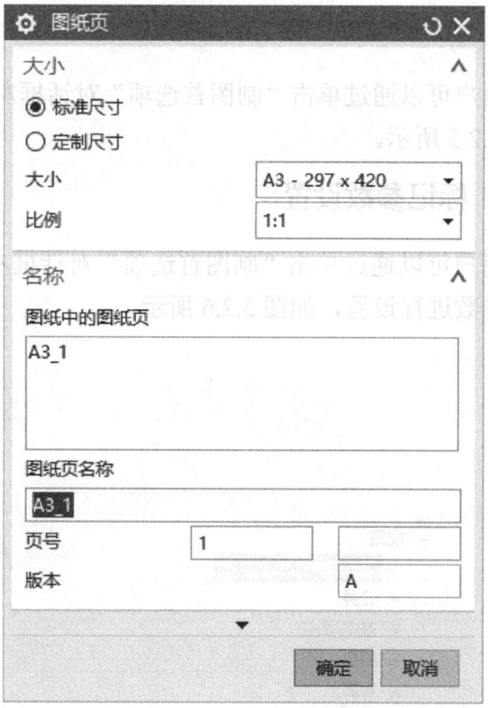

图 5.3.3 “图纸页”对话框

5.4 视图的创建与编辑

5.4.1 基本视图

用户可以通过选择“插入”→“视图”→“基本视图”命令创建基本视图，如图 5.4.1 所示基本视图来源于图 5.4.2 所示模型。

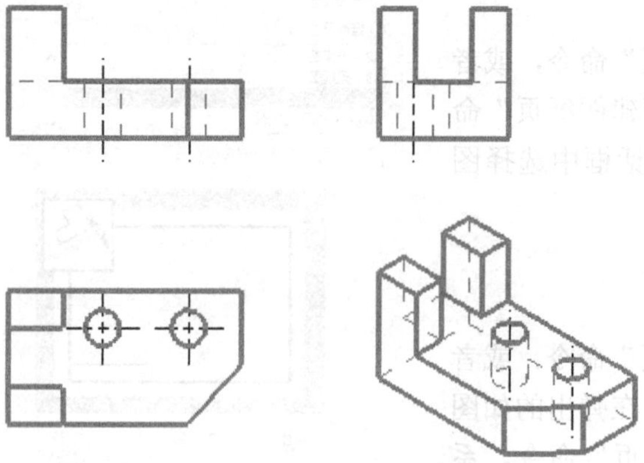

图 5.4.1 部件的基本视图

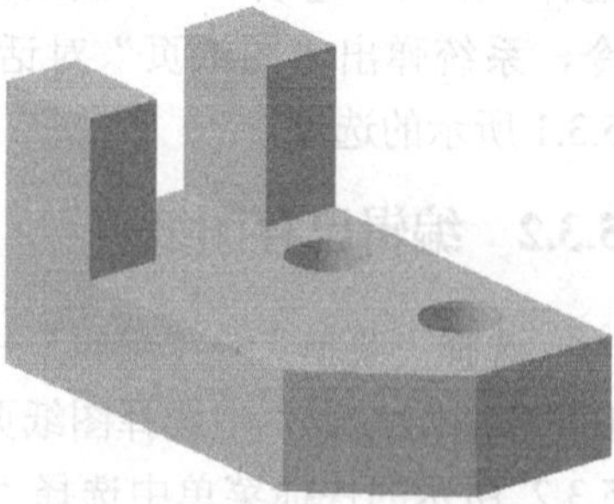

图 5.4.2 部件模型

5.4.2 局部放大图

用户可以通过选择“插入”→“视图”→“局部放大图”命令创建放大图，如图 5.4.3 所示。

5.4.3 全剖视图

用户可以通过选择“插入”→“视图”→“截面”→“简单/阶梯剖”命令创建全剖视图，如图 5.4.4 所示。

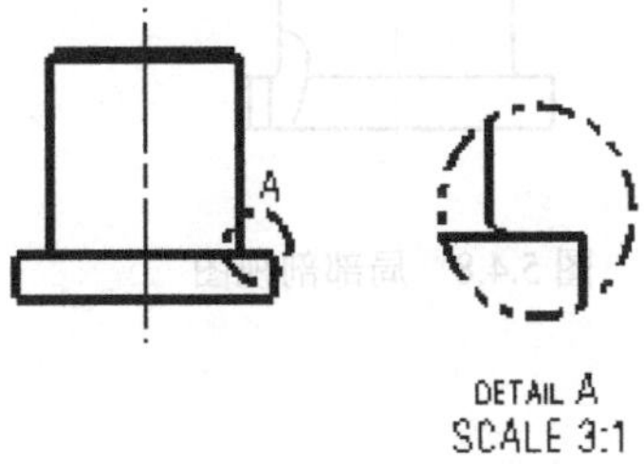

图 5.4.3 局部放大图

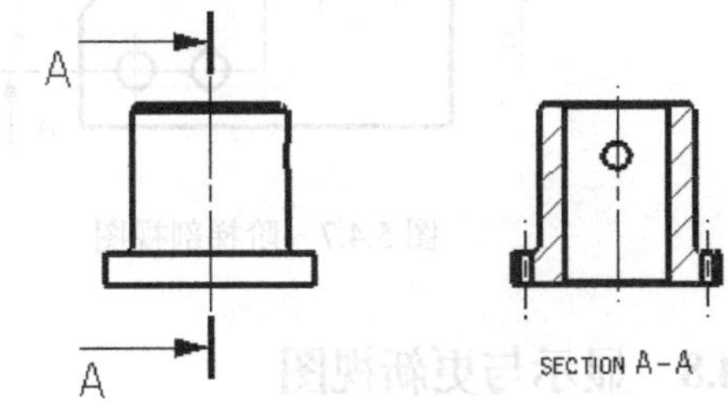

图 5.4.4 全剖视图

5.4.4 半剖视图

用户可以通过选择“插入”→“视图”→“截面”→“半剖”命令创建半剖视图，如图 5.4.5 所示。

5.4.5 旋转剖视图

用户可以通过选择“插入”→“视图”→“截面”→“旋转剖”命令创建旋转剖视图，如图 5.4.6 所示。

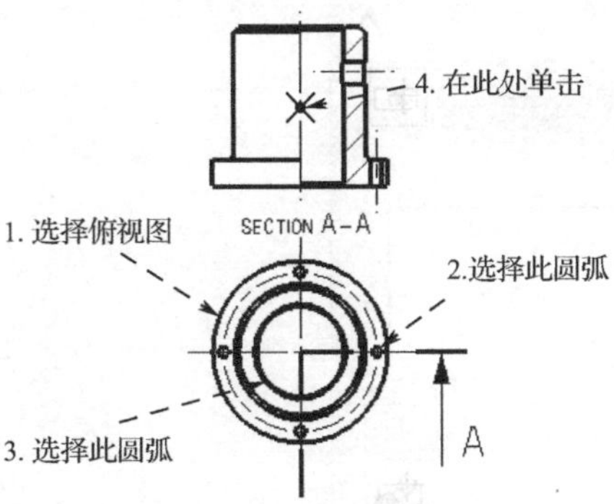

图 5.4.5 半剖视图

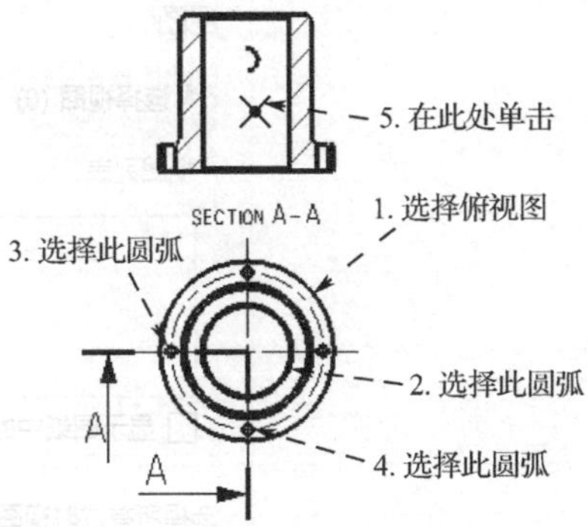

图 5.4.6 旋转剖视图

5.4.6 阶梯剖视图

用户可以通过选择“插入”→“视图”→“截面”→“简单/阶梯剖”命令创建阶梯剖视图，如图 5.4.7 所示。

5.4.7 局部剖视图

用户可以通过选择“插入”→“视图”→“局部剖”命令创建局部剖视图，如图 5.4.8 所示。

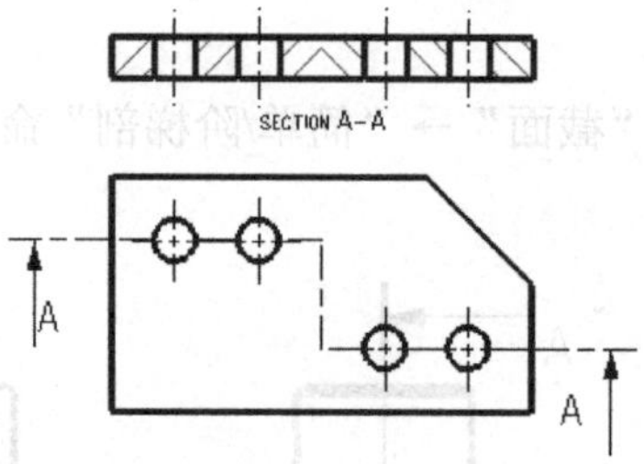

图 5.4.7 阶梯剖视图

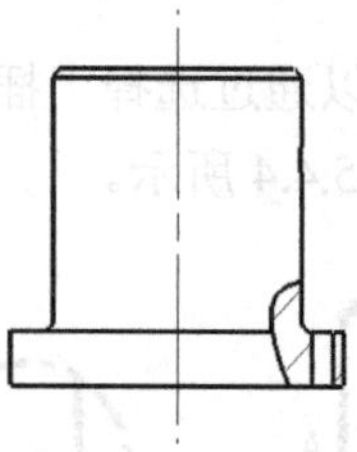

图 5.4.8 局部剖视图

5.4.8 显示与更新视图

1. 视图的显示

选择“视图”→“显示图纸页”命令，系统会在模型的三维图形和二维工程图之间进行切换。

2. 视图的更新

选择“编辑”→“视图”→“更新”命令，可更新图形区中的视图。选择该命令后，系统弹出如图 5.4.9 所示的“更新视图”对话框。

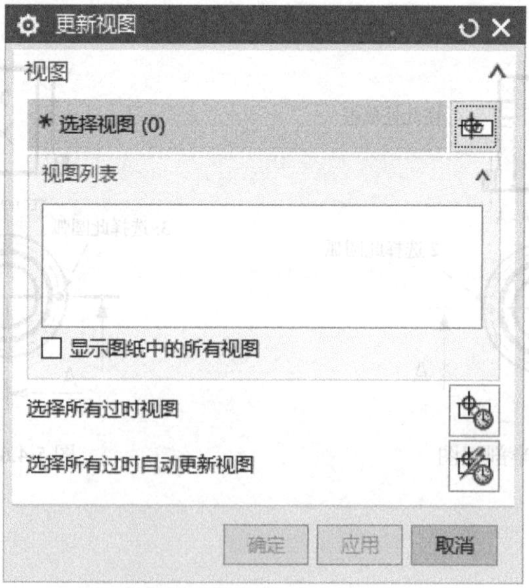

图 5.4.9 “更新视图”对话框

5.4.9 对齐视图

NX10.0 提供了比较方便的视图对齐功能。将鼠标移至视图的边界上并按住左键移动，系统会自动判断用户的意图，显示可能的对齐方式，当移动到适合的位置时，松开鼠标左键即可。但是如果这种方法不能满足要求的话，用户还可以利用“对齐视图”命令来对齐视图。如图 5.4.10 所示是对齐前后的对比。

（a）对齐前　　（b）对齐后

图 5.4.10 对齐视图

5.4.10 编辑视图

1. 编辑整个视图

在视图的边框上右击，从弹出的快捷菜单中选择“设置”命令，如图 5.4.11 所示，系统弹出如图 5.4.12 所示的“设置”对话框，使用该对话框可以改变视图的显示。

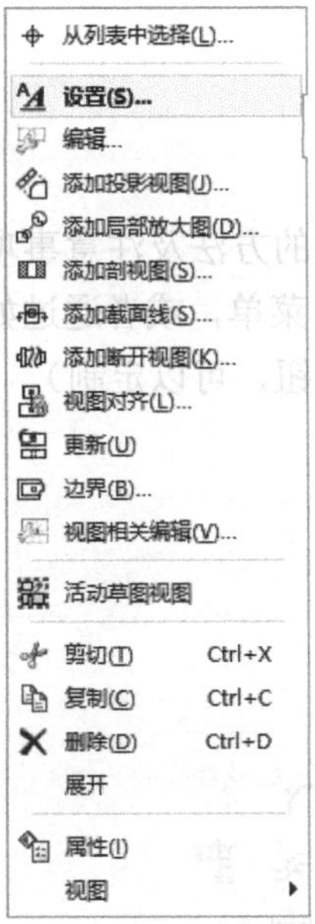

图 5.4.11 选择“设置”命令

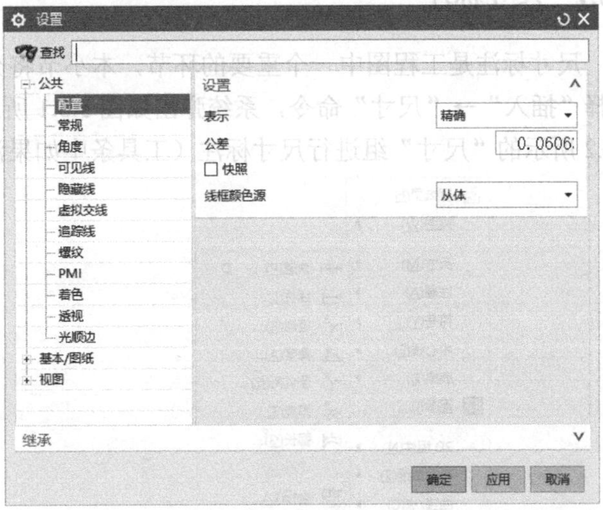

图 5.4.12 “设置”对话框

2. 视图细节的编辑

（1）编辑剖面线，如图 5.4.13 所示。
（2）定义剖切阴影线，如图 5.4.14 所示。
（3）定义剖面线边界，如图 5.4.15 所示。

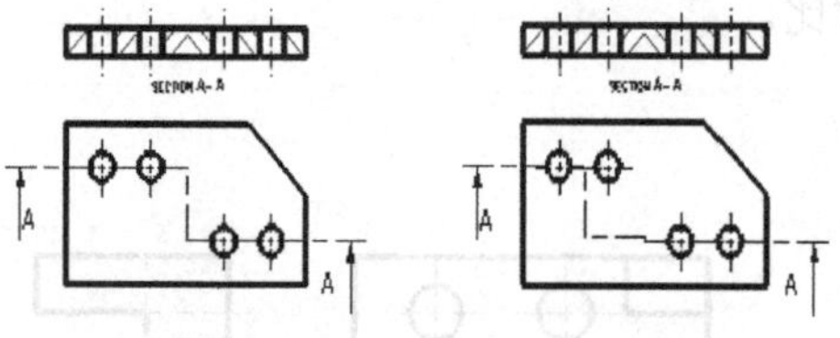

（a）编辑前　　（b）编辑后

图 5.4.13　编辑剖面线

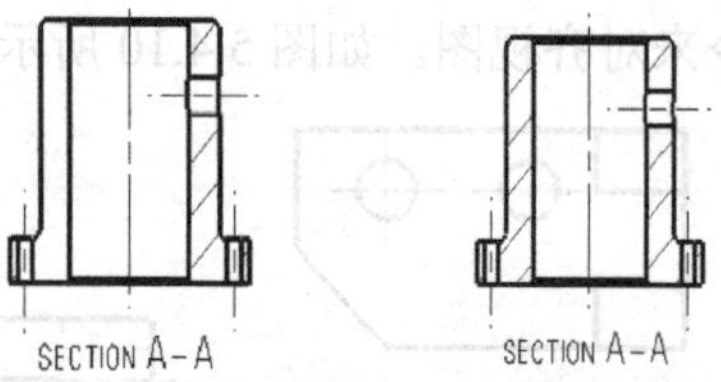

（a）定义前　　（b）定义后

图 5.4.14　定义剖切阴影线

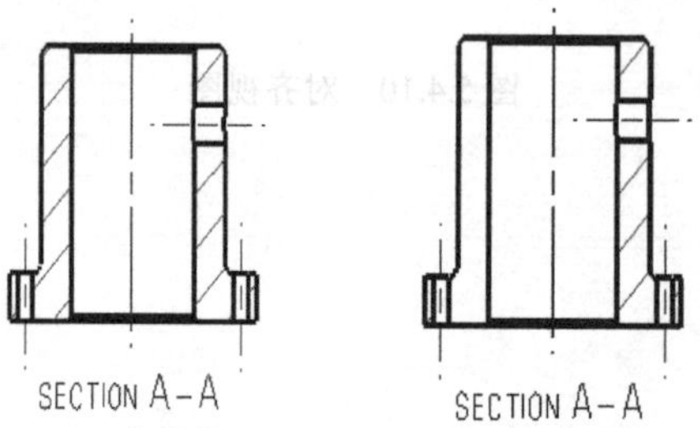

（a）定义前　　（b）定义后

图 5.4.15　定义剖面线边界

5.5　标注与符号

5.5.1　尺寸标注

尺寸标注是工程图中一个重要的环节，本小节将介绍尺寸标注的方法及注意事项。选择“插入”→“尺寸”命令，系统弹出如图 5.5.1 所示的“尺寸”菜单，或者通过如图 5.5.2 所示的“尺寸”组进行尺寸标注（工具条中如果没有显示的按钮，可以定制）。

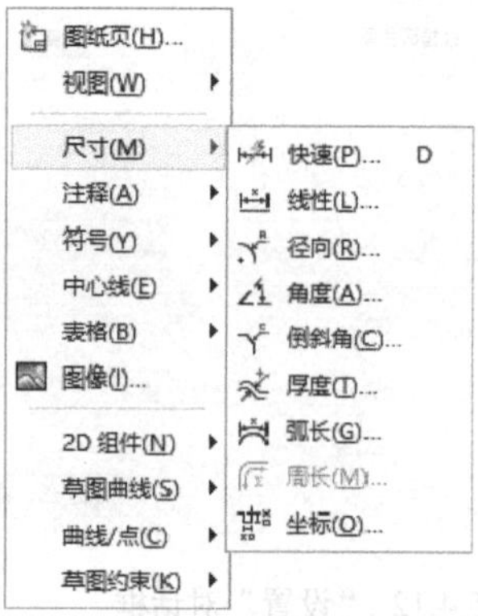

图 5.5.1　“尺寸”菜单

图 5.5.2　“尺寸”组

5.5.2 注释编辑器

制图环境中的形位公差和文本注释都是通过注释编辑器来标注的，因此，在这里先介绍一下注释编辑器的用法。

用户可以通过选择“插入”→“注释”命令，弹出“注释”对话框来添加标注，如图 5.5.3 所示。

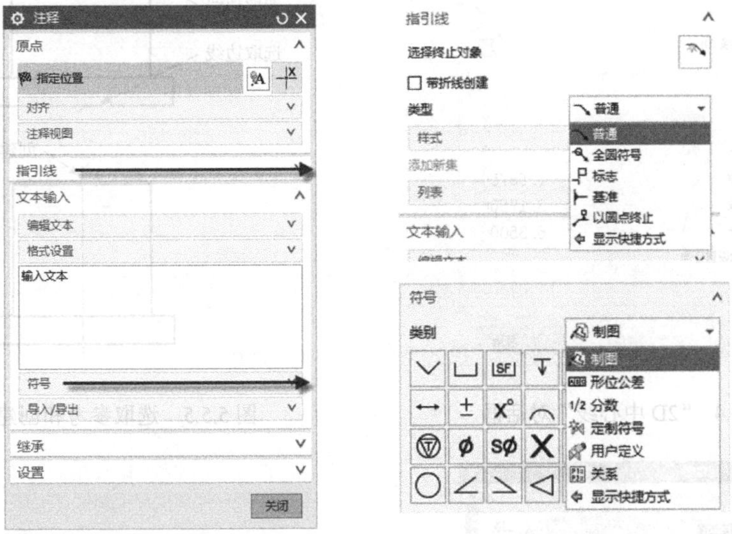

图 5.5.3 “注释”对话框

5.5.3 中心线

NX10.0 提供了很多的中心线，如中心标记、螺栓圆、对称、2D 中心线和 3D 中心线，从而可以对工程图进行进一步的丰富和完善。

用户可以选择“插入”→“中心线”→“2D 中心线”命令，弹出“2D 中心线”对话框，来创建中心线，如图 5.5.4 所示。

图 5.5.5 所示为选取参考和创建中心线的具体应用。

5.5.4 表面粗糙度符号

NX10.0 安装后默认的设置中，表面粗糙度符号选项命令是没有激活的，因此首先要激活表面粗糙度符号选项命令。在 NX10.0 的安装目录（默认位置是 C:\ProgramFiles\Siemens\NX 10.0\UGII）中找到 ugii_env.dat 文件，用记事本程序将其打开，将其中的环境变量 UGII_SURFACE_FINISH 的值改为 ON，然后保存文件。再启动 NX10.0 后，表面粗糙度符号命令已激活。

用户可以选择“插入”→“注释”→“表面粗糙度符号”命令，弹出“表面粗糙度”对话框，如图 5.5.6 所示，用户可以通过此对话框添加表面粗糙度的标注。

创建表面粗糙度符号的步骤与结果如图 5.5.7 和图 5.5.8 所示。

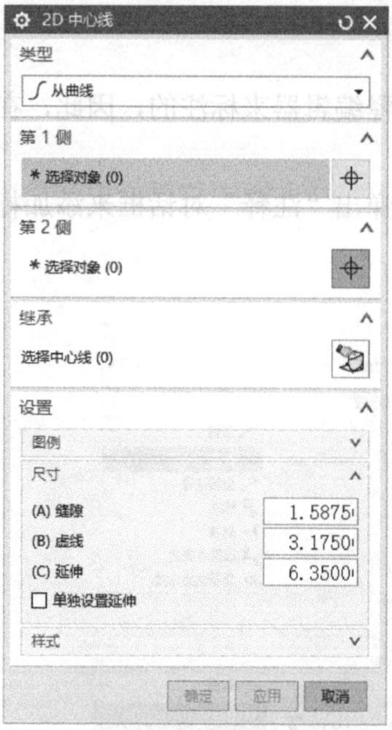

图 5.5.4 “2D 中心线”对话框

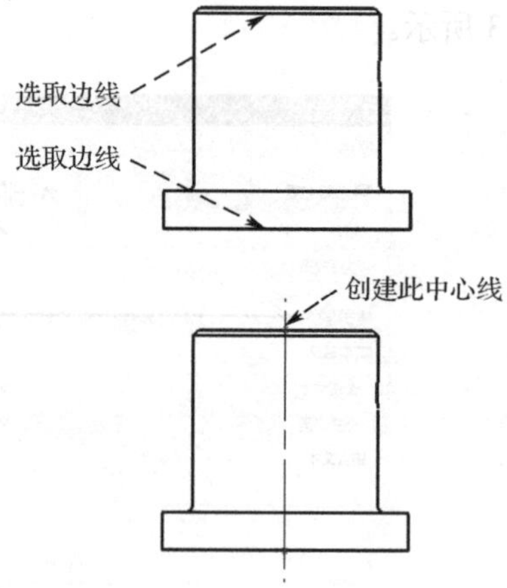

图 5.5.5 选取参考和创建中心线

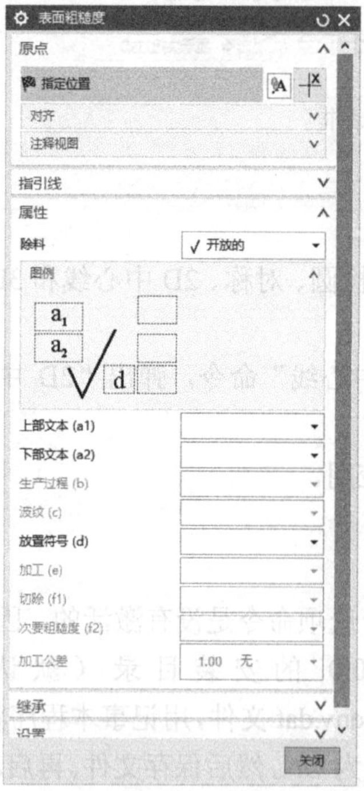

图 5.5.6 “表面粗糙度符号”对话框

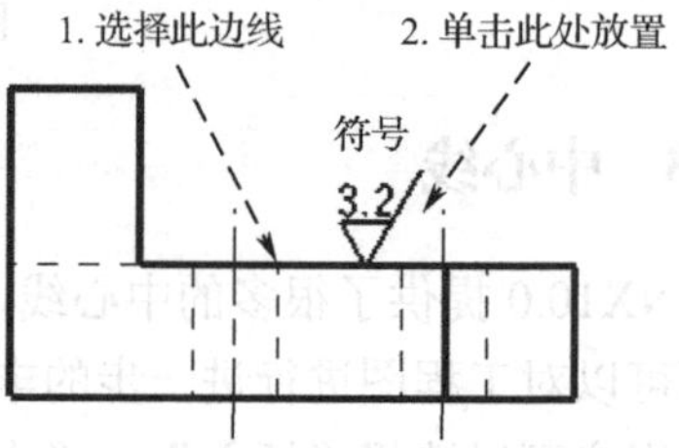

图 5.5.7 创建表面粗糙度符号的步骤

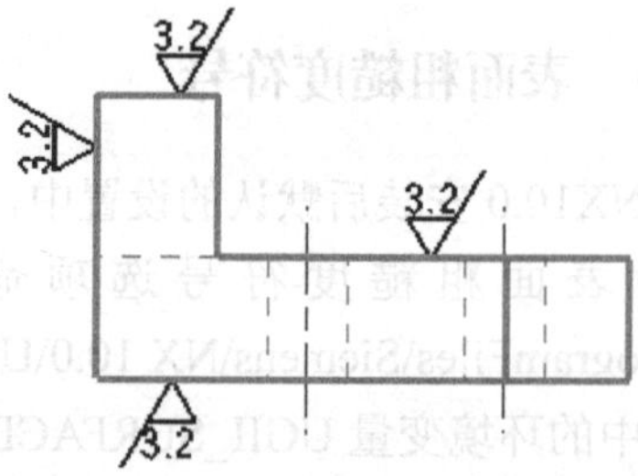

图 5.5.8 表面粗糙度标注

5.5.5 符号标注

符号标注是一种由规则图形和文本组成的符号，在创建工程图中也是必要的。

用户可以通过选择“插入”→“注释”→“符号标注”命令，弹出“符号标注”对话框，进行标注，如图 5.5.9 所示。

符号标注的创建步骤如图 5.5.10 所示。

图 5.5.9 “符号标注”对话框

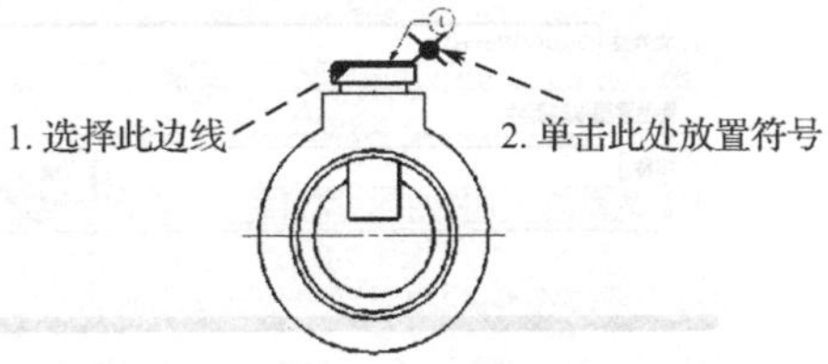

图 5.5.10 符号标注的创建

5.5.6 自定义符号

利用自定义符号可以创建用户所需的各种符号，且可将其加入到自定义符号库中。

用户可以通过选择“插入”→“符号”→“定制”命令添加自定义符号。

5.6 典型应用案例——减速器端盖工程图

减速器端盖工程图

1. 案例介绍

本案例介绍了减速器端盖工程图的创建过程。此案例大致分为视图创建和标注创建两个阶段，每个阶段又分成几个子阶段，如创建基本视图等。

2. 创建新文件并进入制图环境

选择“菜单”→“文件”→“新建”命令或选择“主页”选项卡→“标准”组→“新建”命令，打开“新建”对话框，如图 5.6.1 所示。在“图纸”选项卡→“模板”组→“关系”下拉列表→“引用现有部件”，然后在“模板”组选择“A3-无视图”，输入名称“端盖工程图”。单击“要创建的图纸”组中的“打开”按钮，弹出“选择主模型部件”对话框，如图 5.6.2 所示，单击“打开”按钮，弹出“部件名”对话框，选择第 3 章的“端盖.prt”，如图 5.6.3 所示，连续单击“确定”按钮，进入制图环境。

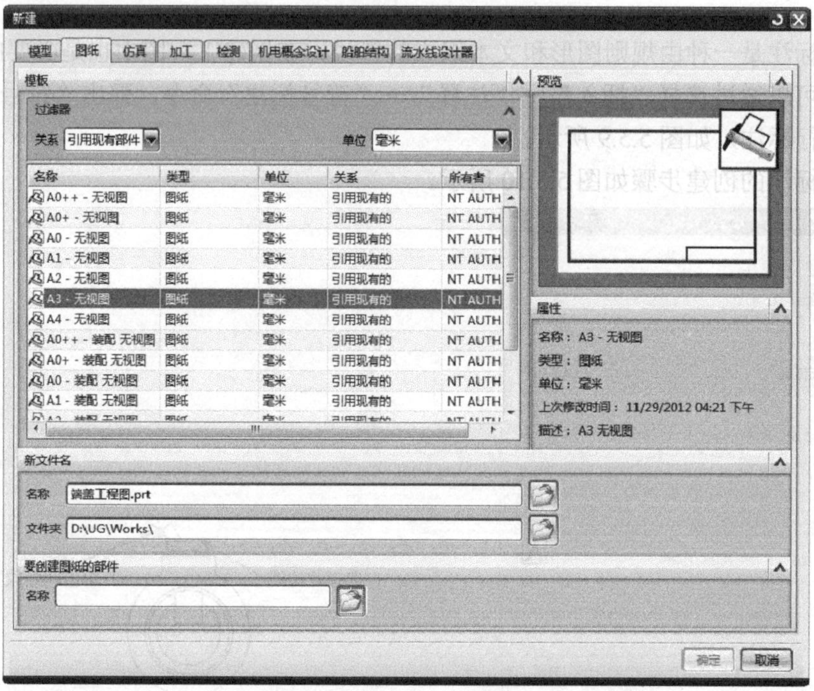

图 5.6.1 “新建”对话框

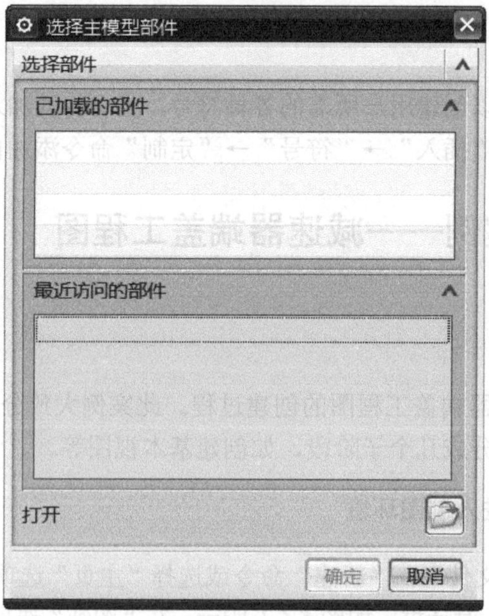

图 5.6.2 “选择主模型部件”对话框

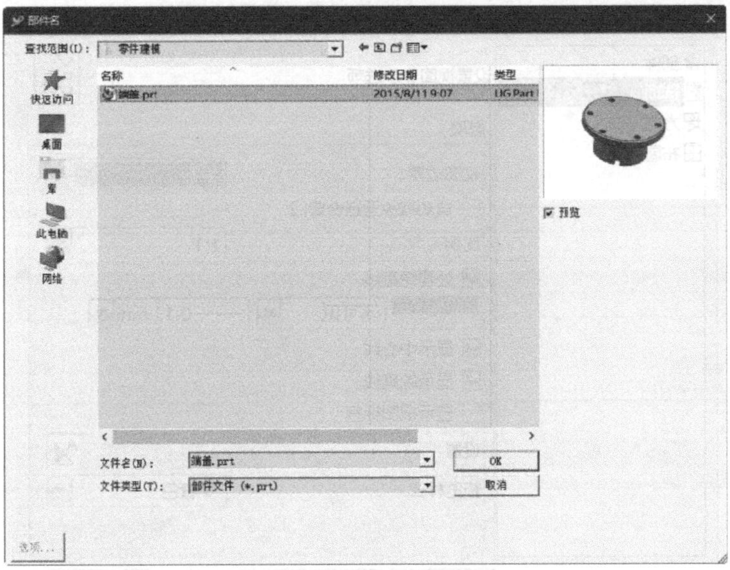

图 5.6.3 “部件名”对话框

3. 设置视图创建向导

进入制图环境时，系统弹出“视图创建向导”对话框，如图 5.6.4 所示。在该对话框中进行如图 5.6.5～图 5.6.7 所示的设置，比例设置为 1∶1，基本视图设置为前视图，手工选择视图放置位置，结果如图 5.6.8 所示。

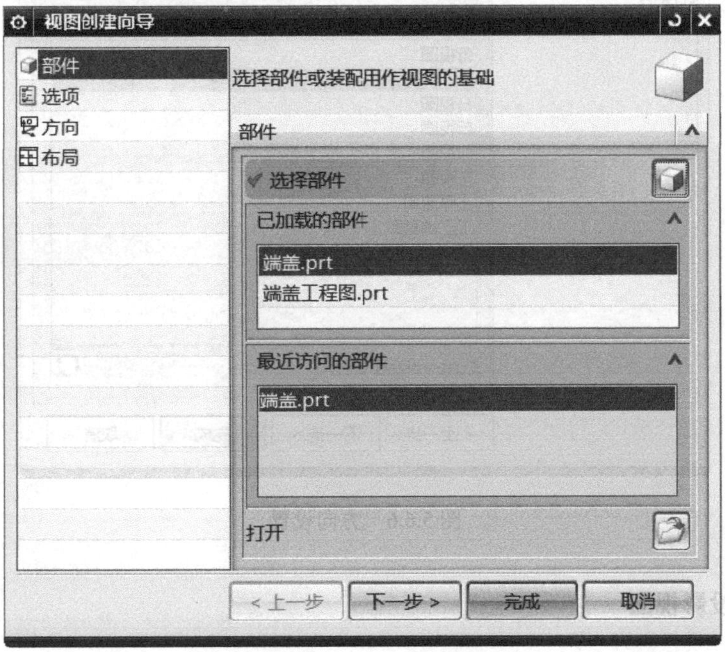

图 5.6.4 “视图创建向导”对话框

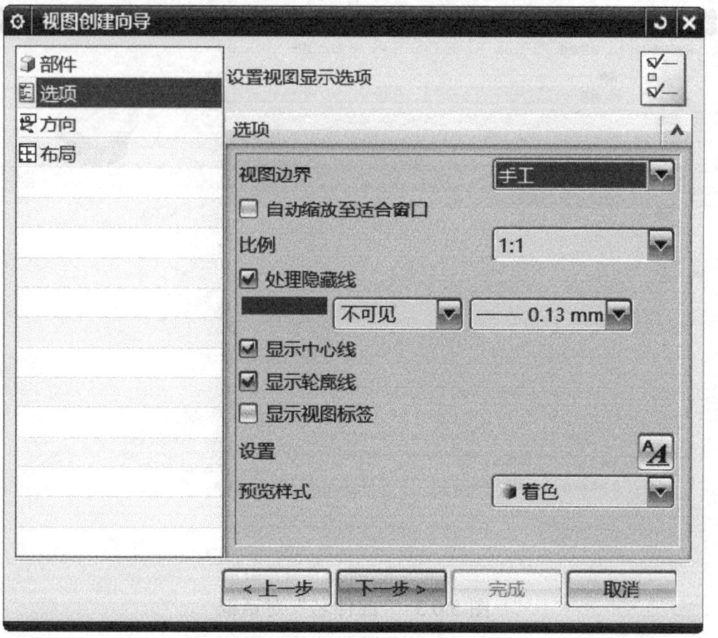

图 5.6.5　选项设置

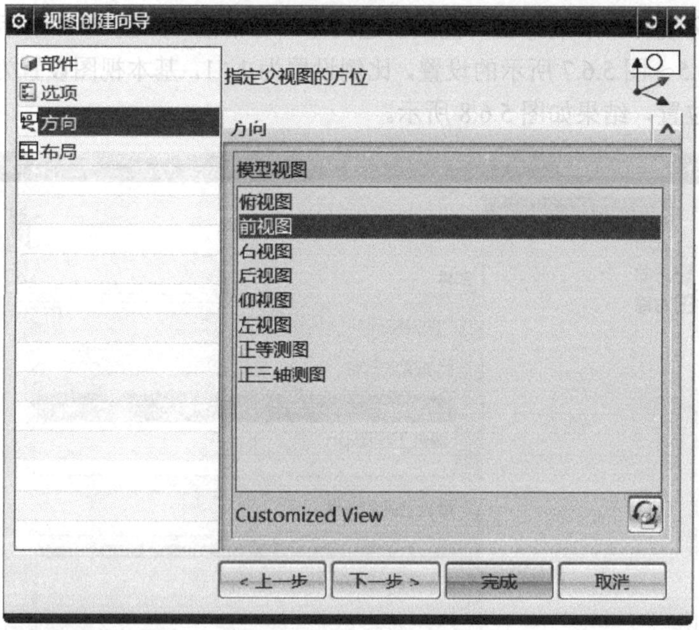

图 5.6.6　方向设置

4. 插入投影视图

选择“主页”选项卡→“视图”组→“投影视图”命令，系统弹出“投影视图”对话框，如图 5.6.9 所示。

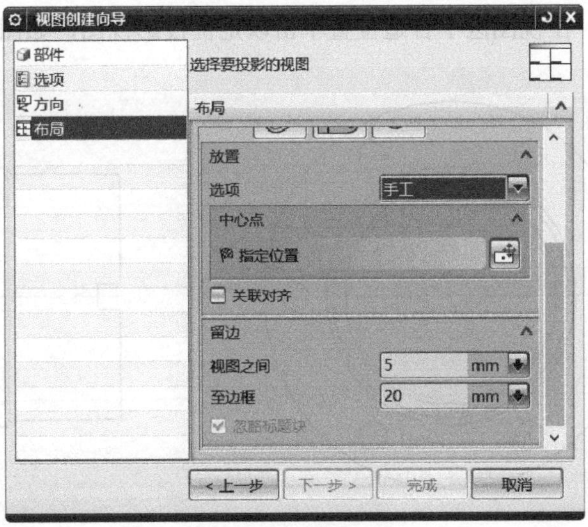

图 5.6.7 布局设置

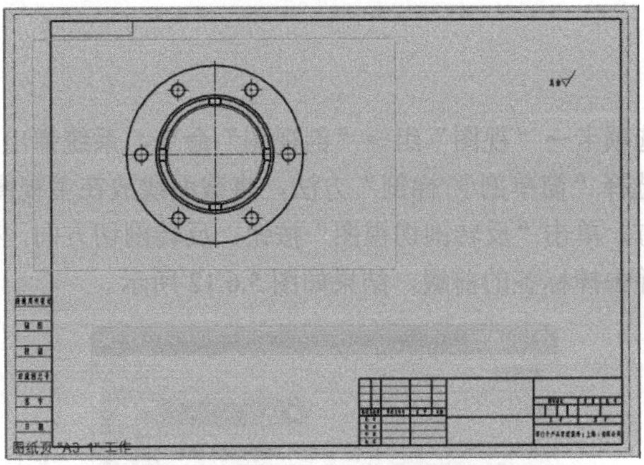

图 5.6.8 基本视图

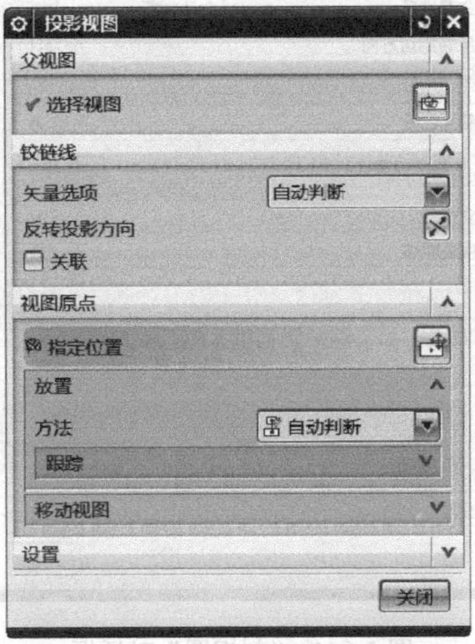

图 5.6.9 “投影视图”对话框

选择基本视图，在视图区中合适位置单击以定位投影视图，如图 5.6.10 所示。

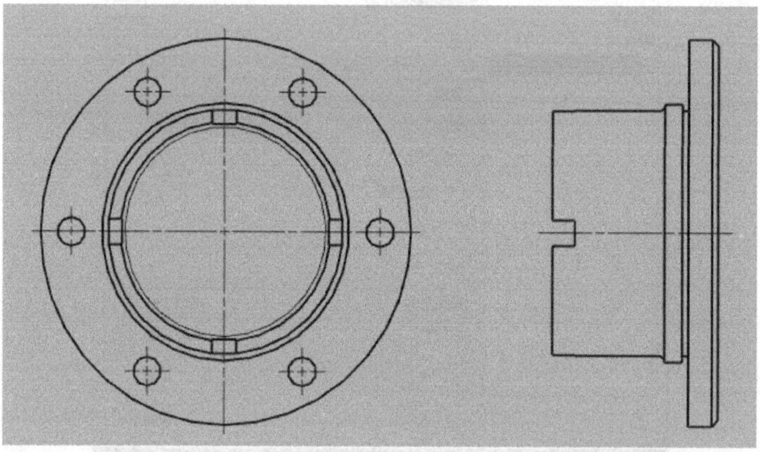

图 5.6.10 投影视图

5. 插入剖视图

选择“主页”选项卡→“视图”组→“剖视图”命令，系统弹出“剖视图”对话框，如图 5.6.11 所示。选择“简单剖/阶梯剖”方法，将截面线放在主视图的圆心位置，拖动剖视图到主视图下方，单击“反转剖切视图”按钮，反转剖切方向，确定剖视图的位置，修改标签的位置，并去掉标签的前缀，结果如图 5.6.12 所示。

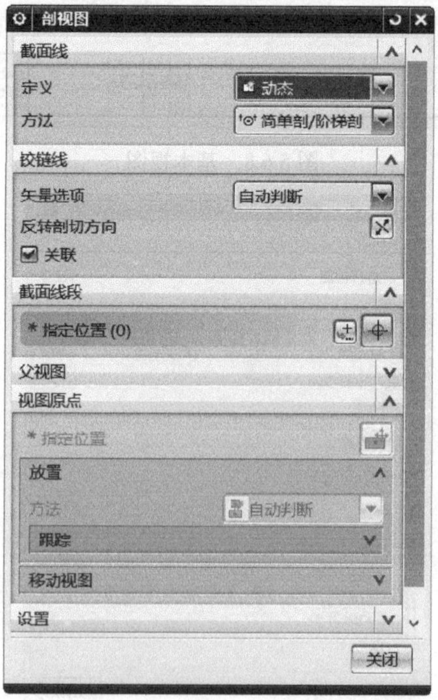

图 5.6.11 “剖视图”对话框

6. 插入局部放大图

选择“主页”选项卡→“视图”组→“局部放大图”命令，“类型”选择“圆形”，然后选择圆心和半径，“父项上的标签”组中的“标签”设置为“圆圈”，最后选择合适的位置放置局部放大图，如图 5.6.13 所示。

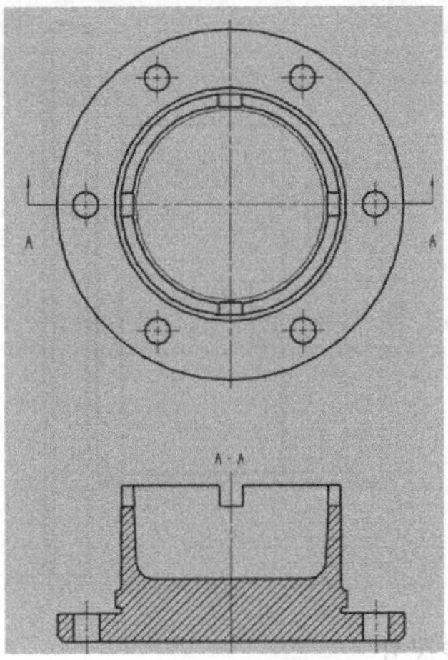

图 5.6.12　剖视图

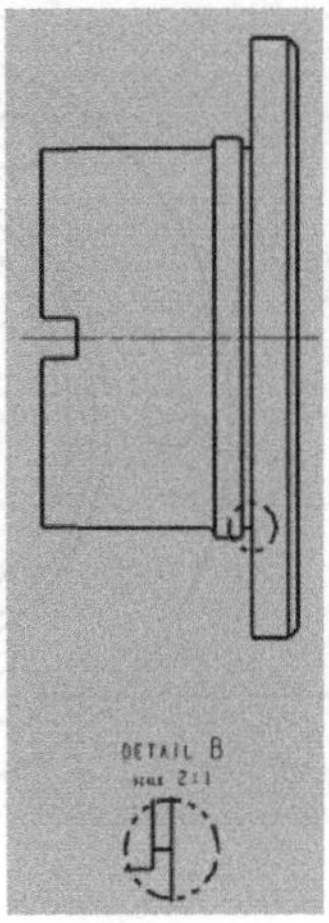

图 5.6.13　局部放大图

7. 标注圆柱形尺寸

选择“主页”选项卡→“尺寸”组→“线性尺寸”命令，在“线性尺寸”对话框→“测量”组→“方法”中选择“圆柱坐标系”，进行如图 5.6.14 所示的标注。

8. 标注径向尺寸

选择“主页”选项卡→“尺寸”组→“径向尺寸”命令，在“径向尺寸”对话框→“测量”组→“方法”中选择“直径”，进行如图 5.6.15 所示的标注。

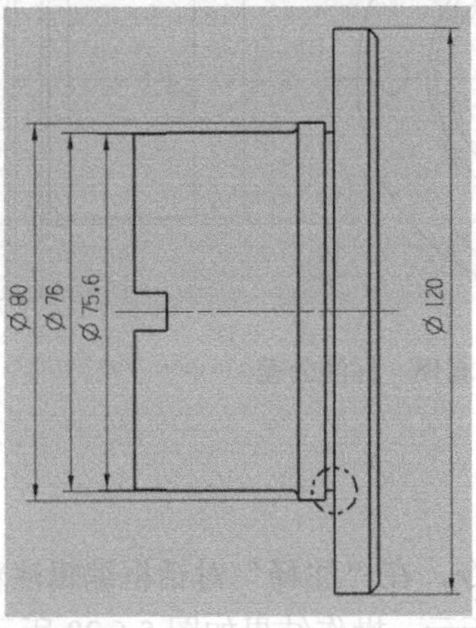

图 5.6.14　标注圆柱形尺寸

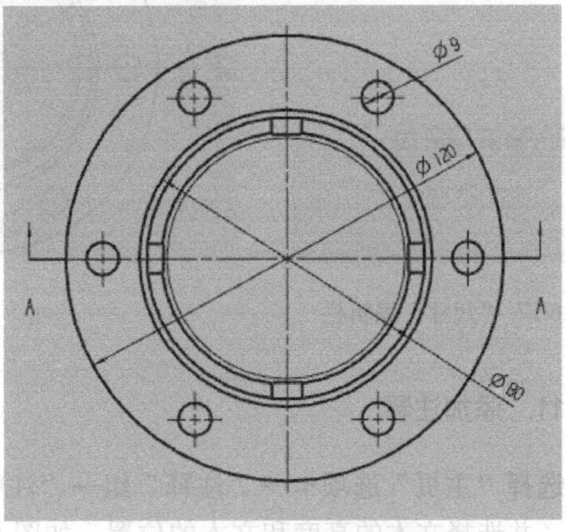

图 5.6.15　标注直径尺寸

9. 标注直线尺寸

选择“主页”选项卡→“尺寸”组→“快速尺寸”命令，在“快速尺寸”对话框→“测量”组→“方法”中选择“自动判断”，进行如图 5.6.16 所示的标注。

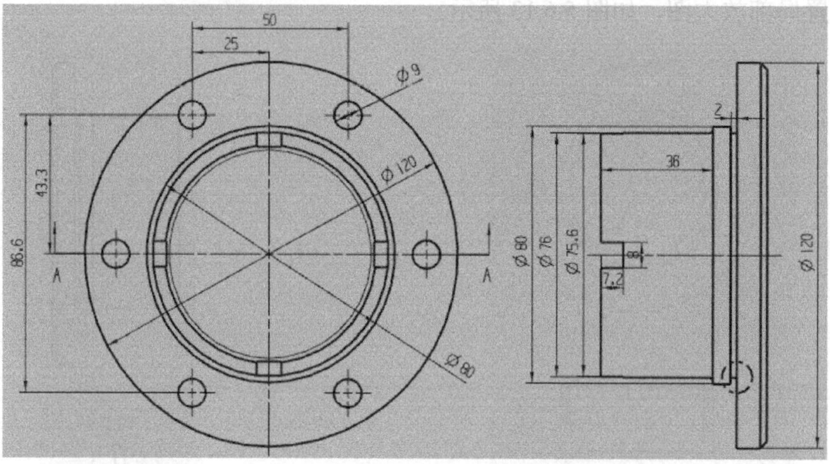

图 5.6.16　标注直线尺寸

10. 标注公差

选择要标注公差的尺寸，右击，在弹出的快捷菜单中选择“编辑”选项，或者直接双击要标注公差的尺寸，弹出“尺寸”编辑栏，如图 5.6.17 所示。输入公差值，结果如图 5.6.18 所示。

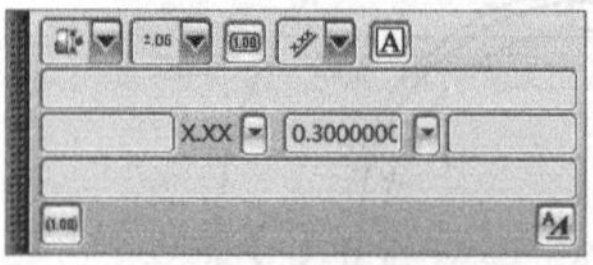

图 5.6.17 “尺寸”编辑栏

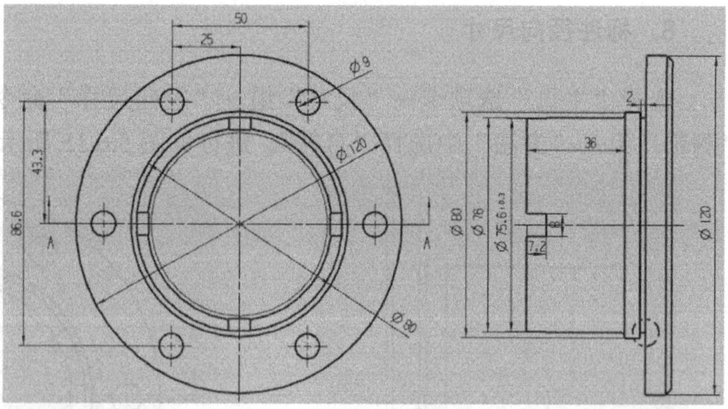

图 5.6.18　标注公差

11. 添加注释

选择“主页”选项卡→“注释”组→“注释”命令，在“注释”对话框编辑注释的内容，并选择文本的高度和文本的位置，如图 5.6.19 所示，操作结果如图 5.6.20 所示。

图 5.6.19 “注释”对话框

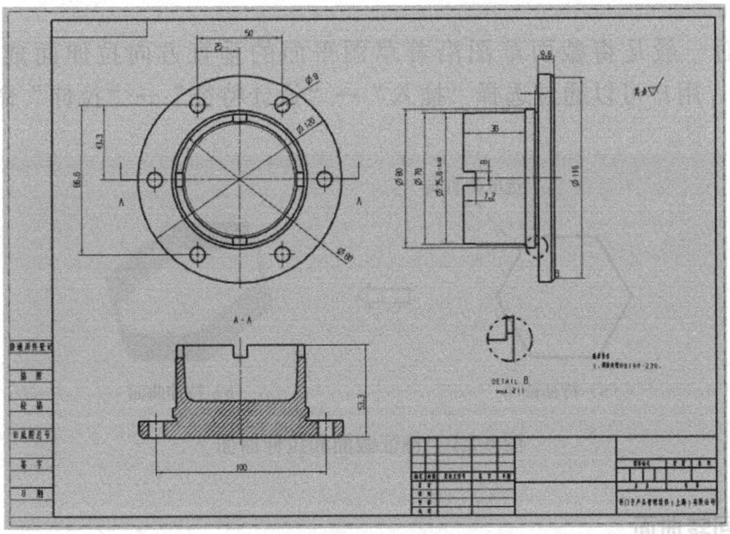

图 5.6.20 “注释”操作结果

12. 保存部件

按下快捷键 Ctrl+S 保存部件文件。

第6章 曲面建模

6.1 曲面建模概述

NX10.0 不仅提供了基本的建模功能，同时提供了强大的自由曲面建模及相应的编辑和操作功能，并提供 20 多种创建曲面的方法。与一般实体部件的创建相比，曲面部件的创建过程和方法比较特殊，技巧性也很强，掌握起来不太容易。NX10.0 中常将曲面称为片体。本章将介绍 NX10.0 提供的曲面造型的方法。

6.2 创建一般曲面

6.2.1 创建拉伸和回转曲面

拉伸曲面和回转曲面的创建方法与相应的实体特征基本相同。

1. 创建拉伸曲面

拉伸曲面一般是将截面草图沿着草图平面的垂直方向拉伸而成的曲面，如图 6.2.1 所示。用户可以通过选择“插入”→“设计特征”→“拉伸”命令来创建拉伸曲面。

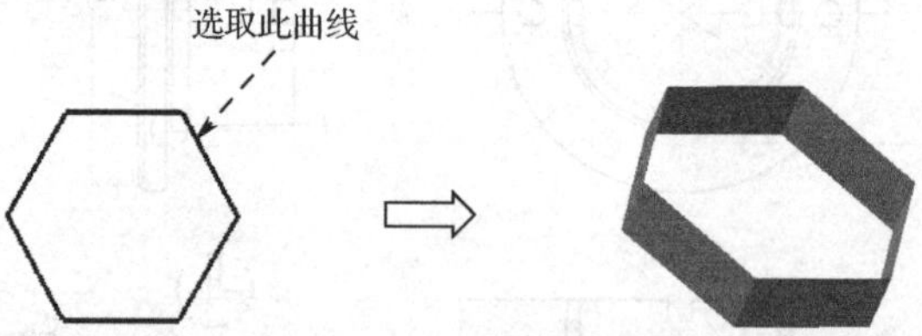

（a）特征截面　　（b）拉伸曲面

图 6.2.1　特征截面和拉伸曲面

2. 创建回转曲面

回转曲面一般是将截面草图绕草图平面上的某一条轴线回转而成的曲面，如图 6.2.2 所示。用户可以通过选择“插入”→“设计特征”→“旋转”命令来创建回转曲面。

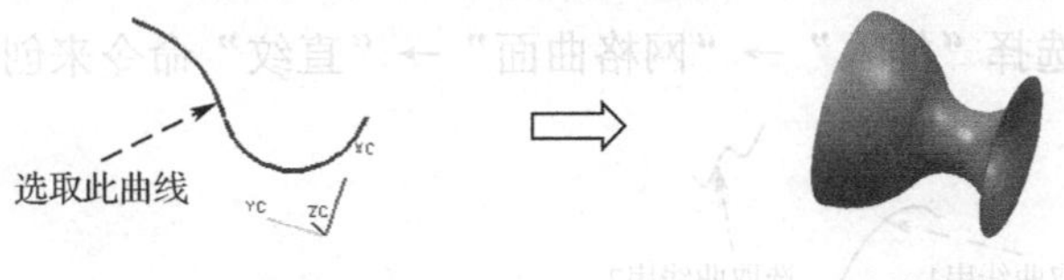

（a）特征截面　　（b）回转曲面

图 6.2.2　特征截面和回转曲面

6.2.2　有界平面

“有界平面”命令可以用于创建平整的曲面。利用拉伸也可以创建曲面，但拉伸创建的是有深度参数的二维或三维曲面，而“有界平面“命令创建的是没有深度参数的二维曲面，两者的区别如图 6.2.3 所示。

用户可以通过选择“插入”→“曲面”→“有界平面”命令来创建有界平面。

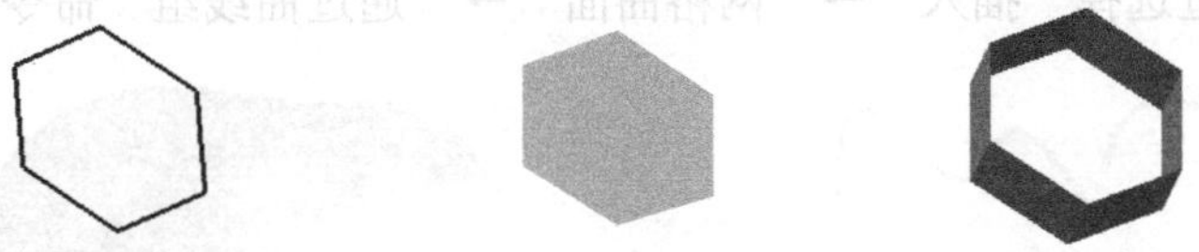

（a）有界平面　　（b）相同的特征截面　　（c）拉伸曲面

图 6.2.3　有界平面与拉伸曲面的比较

6.2.3　创建扫掠曲面

扫掠曲面就是用规定的方式沿一条空间路径（引导线串）移动一条曲线轮廓线（截面线串）而生成的轨迹，如图 6.2.4 所示。

用户可以通过选择“插入”→“扫掠”→“扫掠”命令来创建扫掠曲面。

（a）特征线串　　（b）扫掠曲面

图 6.2.4　扫掠曲面

6.2.4　创建网格曲面

1. 直纹面

如图 6.2.5 所示，直纹面可以理解为通过一系列直线连接两组线串而形成的一张曲面。在创建直纹面时只能使用两组线串，这两组线串可以封闭，也可以不封闭。

用户可以通过选择“插入”→“网格曲面”→“直纹”命令来创建直纹面。

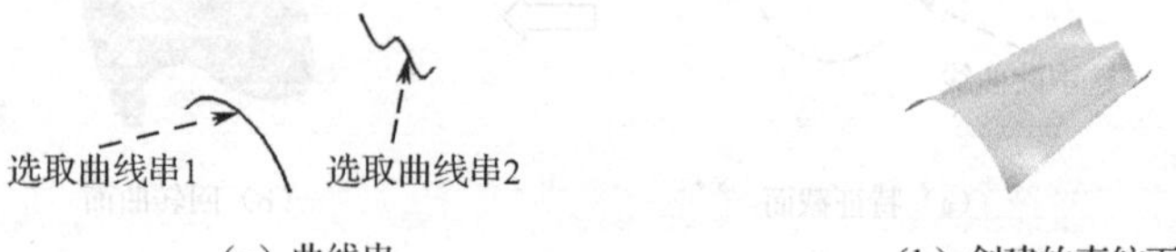

（a）曲线串　　（b）创建的直纹面

图 6.2.5　直纹面的创建

2. 通过曲线组创建曲面

如图 6.2.6 所示，该选项用于通过同一方向上的一组曲线轮廓线创建曲面。曲线轮廓线称为截面线串，截面线串可由单个对象或多个对象组成，每个对象都可以是曲线、实体边等。

用户可以通过选择“插入”→“网格曲面”→“通过曲线组”命令来创建曲面。

（a）截面特征　　（b）创建的曲面

图 6.2.6　通过曲线组创建曲面

3. 通过曲线网格创建曲面

如图 6.2.7 所示，用“通过曲线网格”命令创建曲面就是沿着不同方向的两组线串轮廓生成片体。一组同方向的线串定义为主曲线，另外一组和主线串不在同一平面的线串定义为交叉线串，定义的“主曲线”与“交叉线串”必须在设定的公差范围内相交。这种创建曲面的方法定义了两个方向的控制曲线，可以很好地控制曲面的形状，因此它也是最常用的创建曲面的方法之一。

用户可以通过选择“插入”→“网格曲面”→“通过曲线网格”命令来创建曲面。

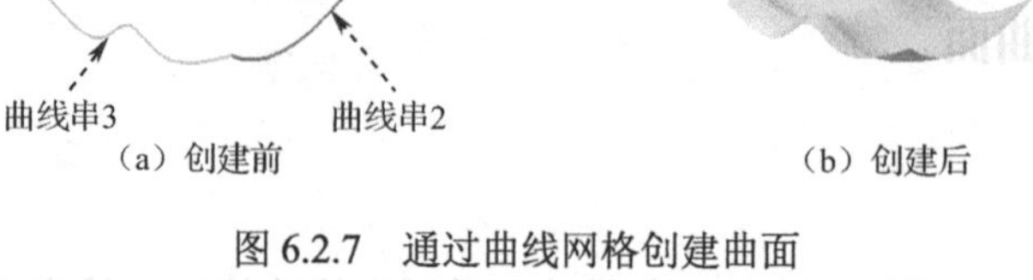

（a）创建前　　（b）创建后

图 6.2.7　通过曲线网格创建曲面

6.2.5　曲面的特性分析

曲面创建完成后要对曲面的性能进行必要的分析（如半径、反射、曲率），以确定曲面是否达到设计要求，如图 6.2.8～图 6.2.10 所示。

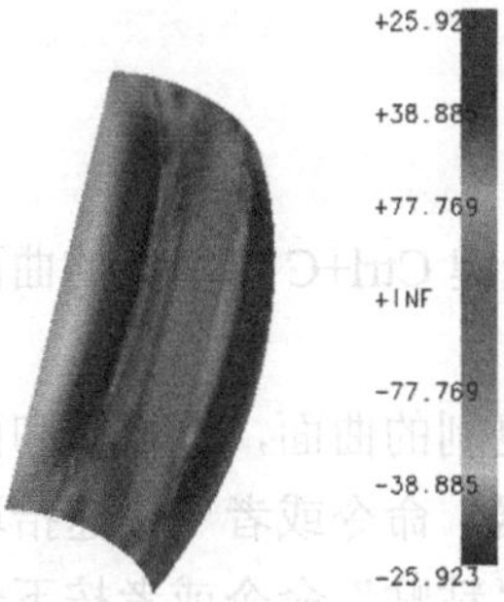

图 6.2.8　分析结果（半径）

图 6.2.9　分析结果（反射）

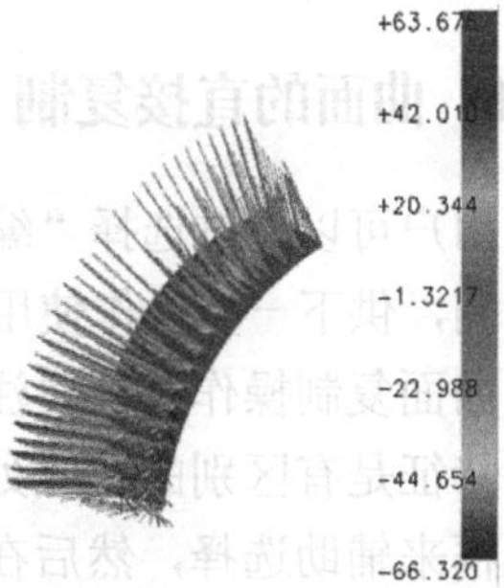

图 6.2.10　分析结果（曲率）

6.3　曲面的偏置

6.3.1　创建偏置曲面

如图 6.3.1 所示，“偏置曲面”命令可创建一个或多个现有面的偏置，原有曲面依然存在，类似于复制功能。

用户可以通过选择“插入”→“偏置/缩放”→“偏置曲面”命令来创建偏置曲面。

（a）创建前

（b）创建后

图 6.3.1　偏置曲面的创建

6.3.2　偏置面

如图 6.3.2 所示，“偏置面”命令可沿面的法向偏置一个或多个面，原有曲面消失了，类似于移动功能。

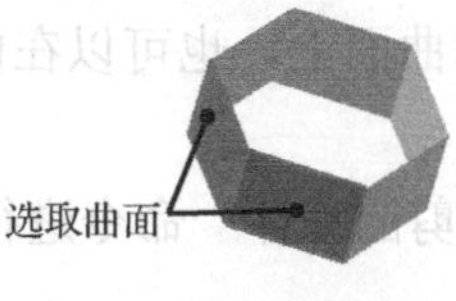

（a）偏置前

（b）偏置后

图 6.3.2　偏置面

用户可以通过选择下拉菜单“插入”→“偏置/缩放”→“偏置面”命令来偏置现有曲面。

6.4　曲面的复制

6.4.1　曲面的直接复制

用户可以通过选择“编辑”→“复制”命令或者按下快捷键 Ctrl+C 将所选的曲面进行复制，供下一步操作使用。

曲面复制操作过程要注意的是，在复制前必须先选中要复制的曲面，选取面和面所在的特征是有区别的，此处最好使用右键菜单中“类型过滤器”命令或者“快速拾取”对话框来辅助选择，然后在需要粘贴的地方选择“编辑”→“粘贴”命令或者按下快捷键 Ctrl+V，完成曲面的复制。被复制的曲面是非参数化的特征。

6.4.2　曲面的抽取复制

如图 6.4.1 所示，曲面的抽取复制是指从一个实体或片体中复制曲面来创建片体。抽取独立曲面时，只需选取此面即可；抽取区域曲面时，是通过定义种子曲面和边界曲面来创建片体的，创建的片体是从种子面开始向四周延伸到边界面的所有曲面构成的片体（其中包括种子曲面，但不包括边界曲面）。

用户可以通过选择“插入”→“关联复制”→“抽取”命令进行创建。

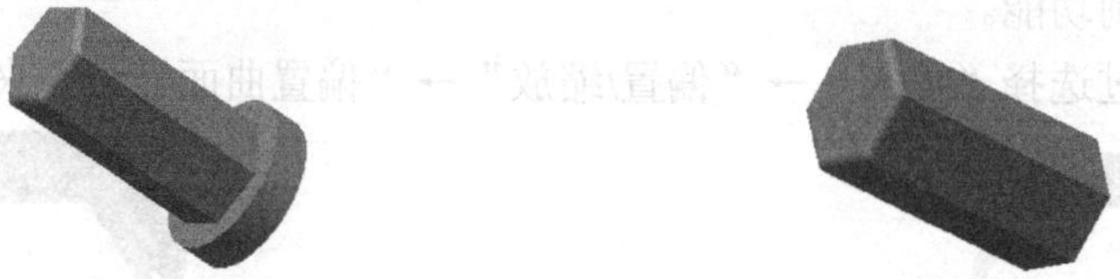

（a）抽取前　　（b）抽取后

图 6.4.1　抽取区域曲面

6.5　曲面的修剪

6.5.1　修剪片体

如图 6.5.1 所示，修剪片体就是将一些曲线和曲面作为边界，对指定的曲面进行修剪，形成新的曲面边界。所选的边界可以在将要修剪的曲面上，也可以在曲面之外通过投影方向来确定修剪的边界。

用户可以通过选择“插入”→“修剪”→“修剪的片体”命令进行曲面修剪。

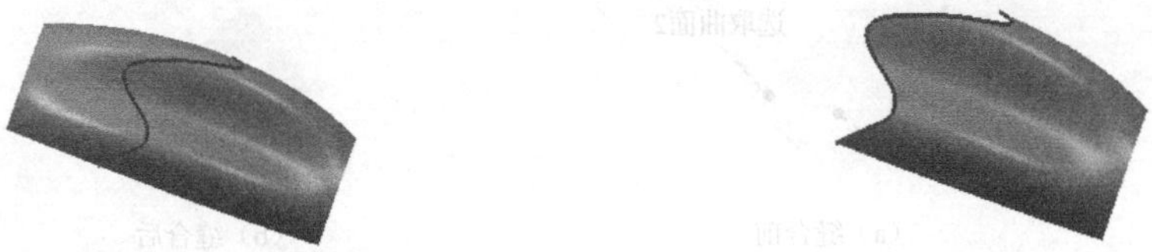

（a）修剪前　　　　（b）修剪后

图 6.5.1　修剪片体

6.5.2　分割曲面

如图 6.5.2 所示，分割曲面就是用多个分割对象，如曲线、边缘、面、基准平面或实体，把现有体的一个面或多个面进行分割。在这个操作过程中，要分割的面和分割对象是关联的，即如果任一对象被更改，那么结果也会随之更新。

用户可以通过选择“插入”→“修剪”→“分割面”命令进行曲面分割。

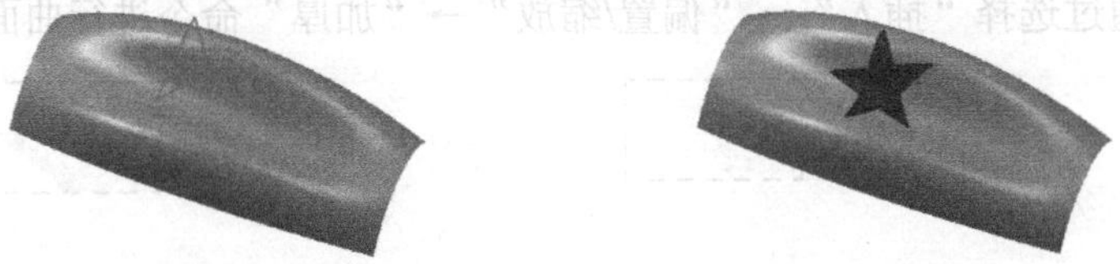

（a）分割前　　　　（b）分割后

图 6.5.2　分割曲面

6.6　曲面的延伸

如图 6.6.1 所示，曲面的延伸就是在已经存在的曲面的基础上，通过曲面的边界或曲面上的曲线进行延伸，扩大曲面。

用户可以通过选择“插入”→“弯边曲面”→“延伸”命令进行曲面的延伸。

（a）延伸前　　　　（b）延伸后

图 6.6.1　曲面的延伸

6.7　曲面的缝合

如图 6.7.1 所示，曲面的缝合功能可以将两个或两个以上的曲面连接形成一个曲面。

用户可以通过选择“插入”→“组合体”→“缝合”命令进行曲面的缝合。

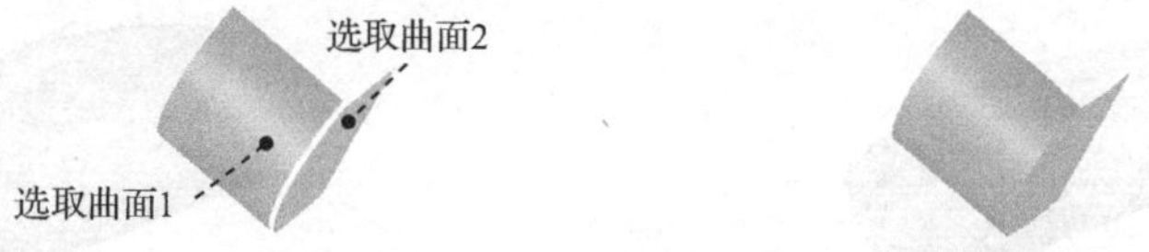

（a）缝合前　　（b）缝合后

图 6.7.1　曲面缝合

6.8　曲面的实体化

6.8.1　开放曲面的加厚

如图 6.8.1 所示，曲面加厚功能可以将开放的曲面进行偏置生成实体，并且生成的实体可以和已有的实体进行布尔运算。

用户可以通过选择“插入”→“偏置/缩放”→“加厚”命令进行曲面的实体化。

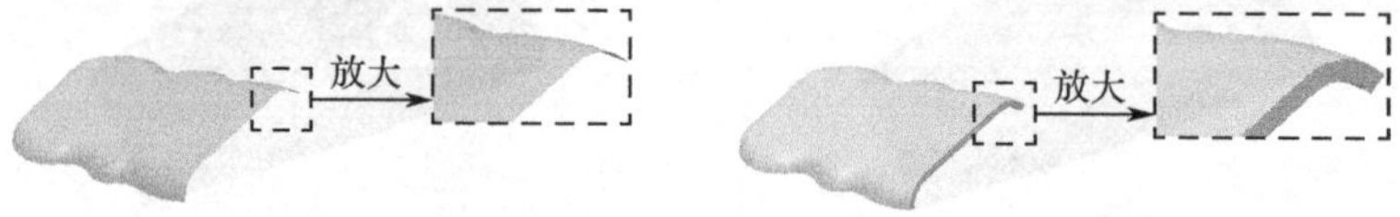

（a）加厚前　　（b）加厚后

图 6.8.1　曲面加厚

6.8.2　封闭曲面的实体化

如图 6.8.2 所示，封闭曲面的实体化就是将一组封闭的曲面转化为实体特征。实体化前后截面视图对比如图 6.8.3 所示，

用户可以通过选择“插入”→“组合体”→“缝合”命令进行曲面的实体化。

（a）实体化前　　（b）实体化后

图 6.8.2　封闭曲面的实体化

（a）实体化前　　（b）实体化后

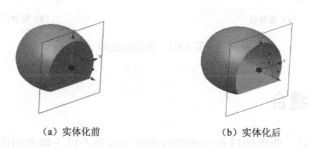

图 6.8.3　实体化前后截面视图对比

6.9　典型应用案例——瓶子数字建模

瓶子数字建模

1. 案例介绍

本案例介绍了一个瓶子的曲面建模过程。此案例使用了拉伸（曲面）、通过曲线组、缝合、镜像几何体、N 边曲面、抽壳等特征命令，部件建模过程如图 6.9.1 所示。

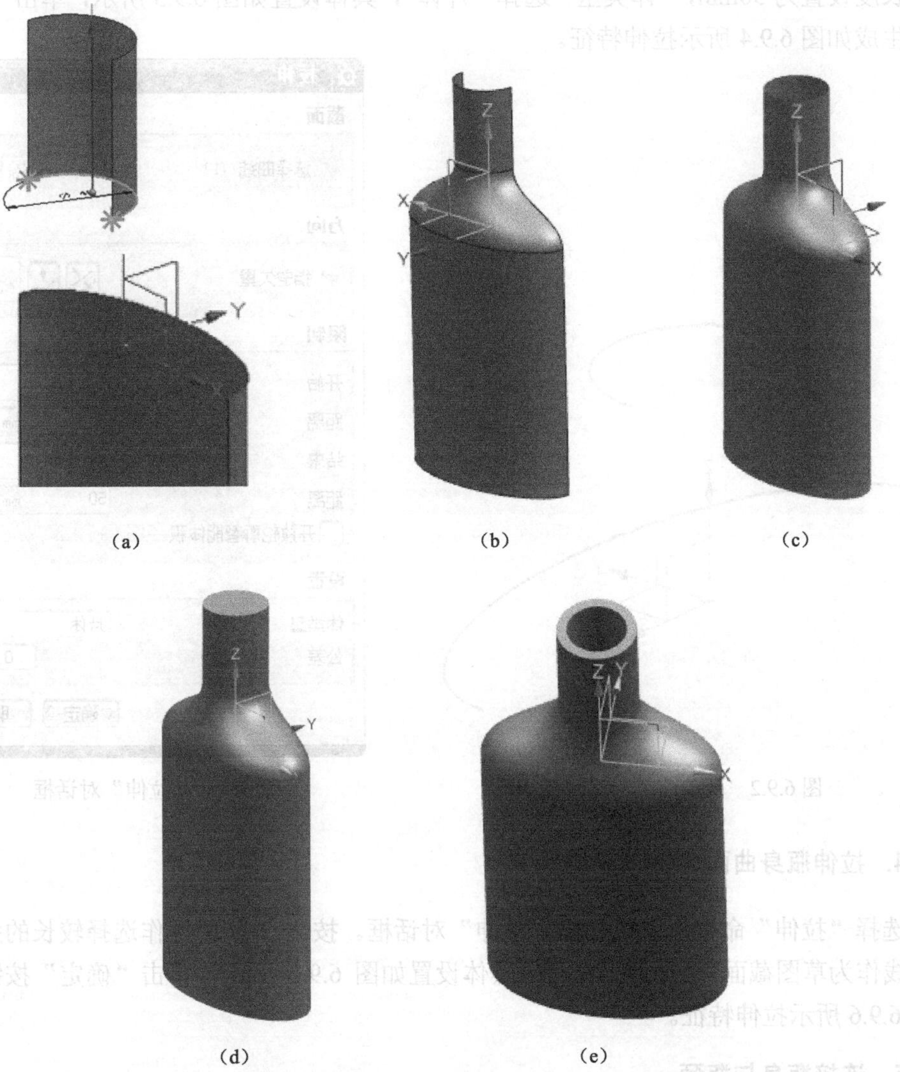

图 6.9.1　部件建模过程

2. 打开曲线文件并进入建模环境

选择“文件”→“打开”命令，系统弹出“打开”对话框，选择“瓶子”文件，单击“确定”按钮，打开该模型，图形区域出现两条曲线，如图 6.9.2 所示。此时，如果不在建模环境，选择“建模”命令进入建模环境。

3. 拉伸瓶颈曲面

选择“拉伸”命令，系统弹出“拉伸”对话框。“截面”选择较短的那条半圆曲线，拉伸长度设置为 50mm，“体类型”选择“片体”，具体设置如图 6.9.3 所示，单击“确定”按钮生成如图 6.9.4 所示拉伸特征。

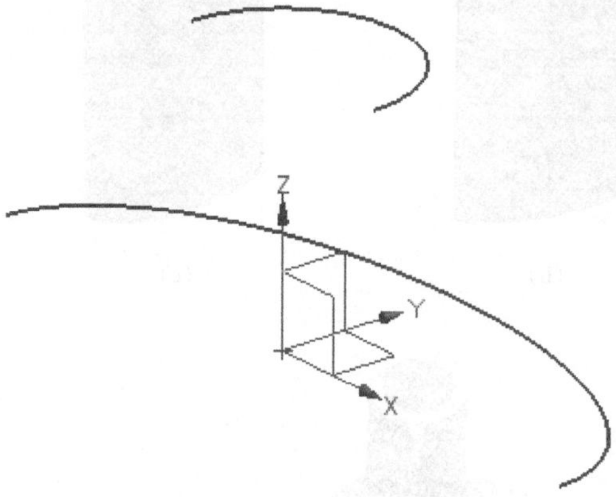

图 6.9.2　两条曲线

图 6.9.3　“拉伸”对话框

4. 拉伸瓶身曲面

选择“拉伸”命令，系统弹出“拉伸”对话框。按第 2 步的操作选择较长的那条椭圆曲线作为草图截面，“拉伸”对话框具体设置如图 6.9.5 所示，单击“确定”按钮生成如图 6.9.6 所示拉伸特征。

5. 连接瓶身与瓶颈

选择两条曲线，按下 Ctrl+B 组合键，隐藏曲线。

选择“通过曲线组”命令，系统弹出“通过曲线组”对话框，展开“列表”，如图 6.9.7 所示。

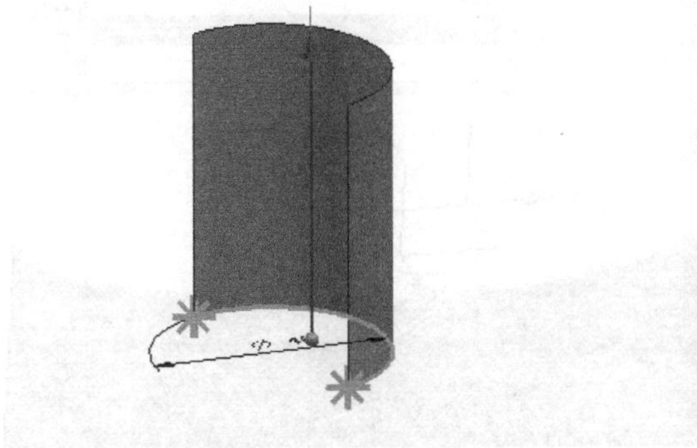

图 6.9.4 瓶颈“拉伸”特征

图 6.9.5 “拉伸”对话框

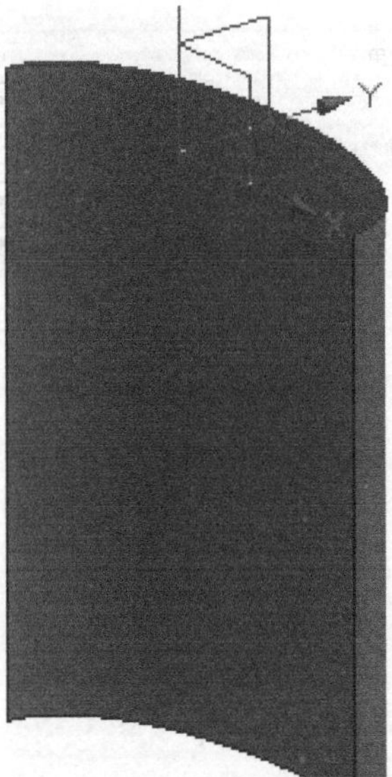

图 6.9.6 瓶身“拉伸”特征

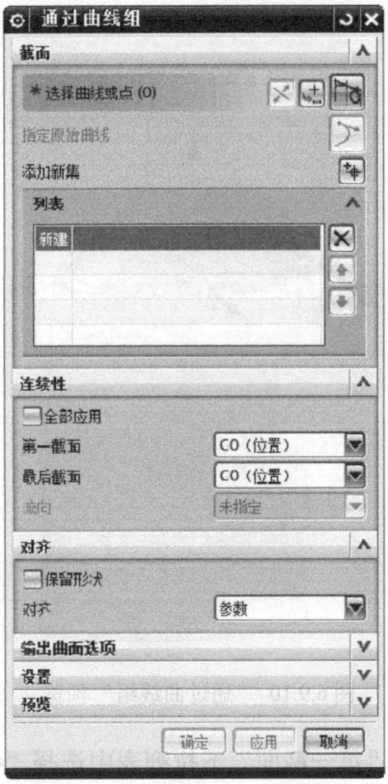

图 6.9.7 “通过曲线组”对话框

选择第一个拉伸曲面的下边缘作为“截面 1”，单击鼠标中键，如图 6.9.8 所示。

选择第二个拉伸曲面的上边缘作为“截面 2”，单击鼠标中键，如图 6.9.9 所示，注意要与“截面 1”的线串方向一致，否则会导致曲面扭曲。

此时可以在图形区域预览到第一个拉伸曲面与第二个拉伸曲面的连接曲面已经出现，如图 6.9.10 所示。为了使连接曲面与两个拉伸曲面平滑连接，这里需要在对话框中设置“连续性”选项，如图 6.9.11 所示。

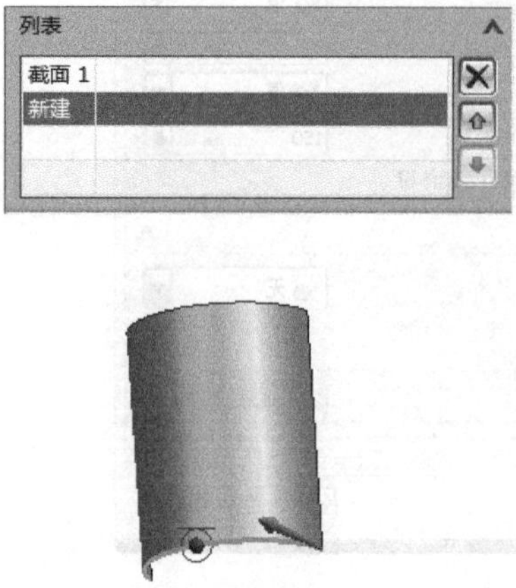

图 6.9.8　截面 1

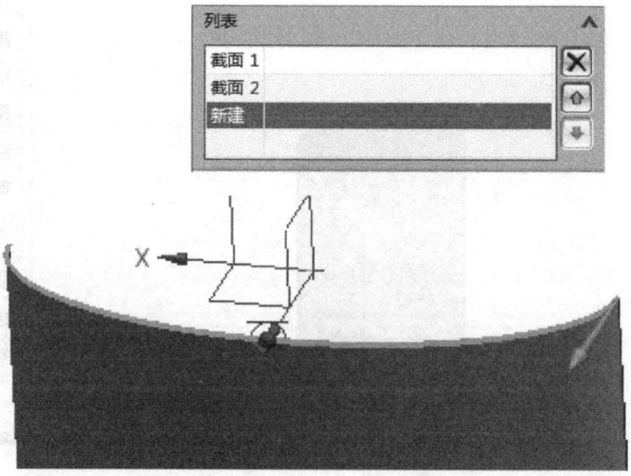

图 6.9.9　截面 2

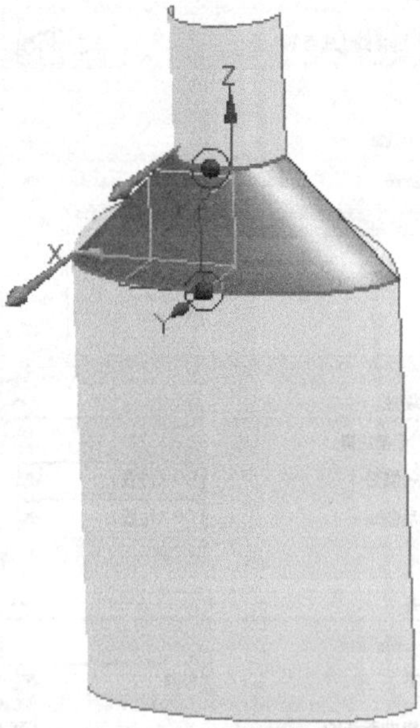

图 6.9.10　“通过曲线组”预览

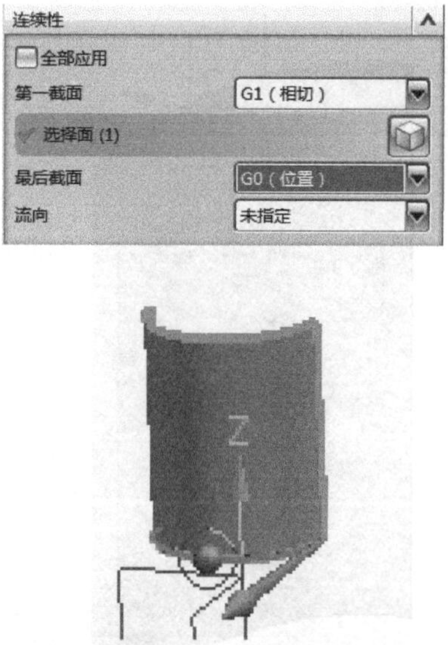

图 6.9.11　连续性选项 1

在“第一截面”下拉列表中选择“G1（相切）”，选择第一个拉伸曲面作为相切面，如图 6.9.12 所示。

在“最后截面”下拉列表中选择“G1（相切）”，选择第一个拉伸曲面作为相切面，如图 6.9.12 所示。

在“对齐”组中，勾选“保留形状”复选框，“对齐”中选择“参数”，其余采用默认选项，如图 6.9.13 所示。单击“确定”按钮，得到半个瓶子曲面，结果如图 6.9.14 和图 6.9.15 所示。

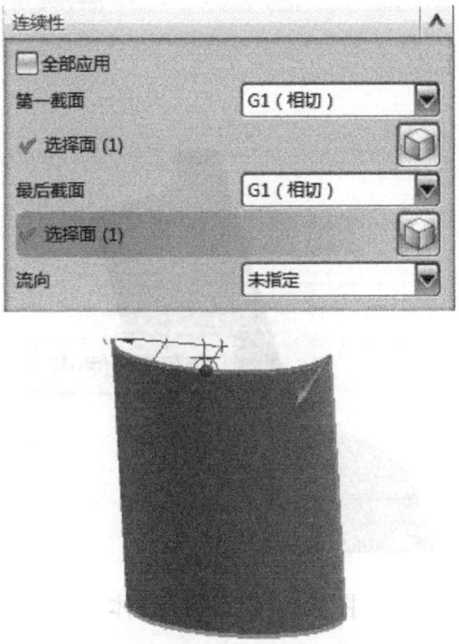

图 6.9.12　连续性选项 2

图 6.9.13　“对齐”选项

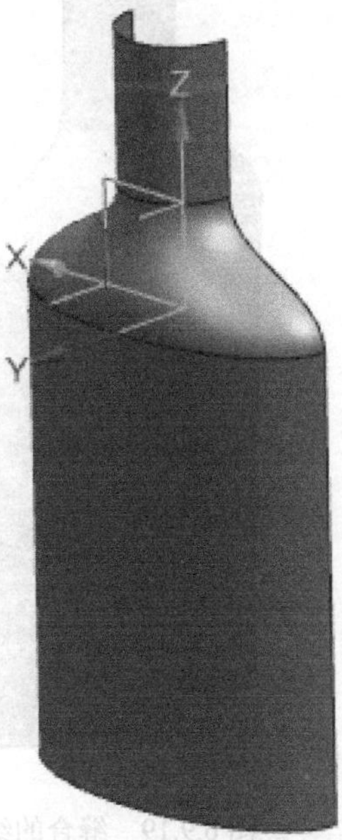

图 6.9.14　半个瓶子曲面正面

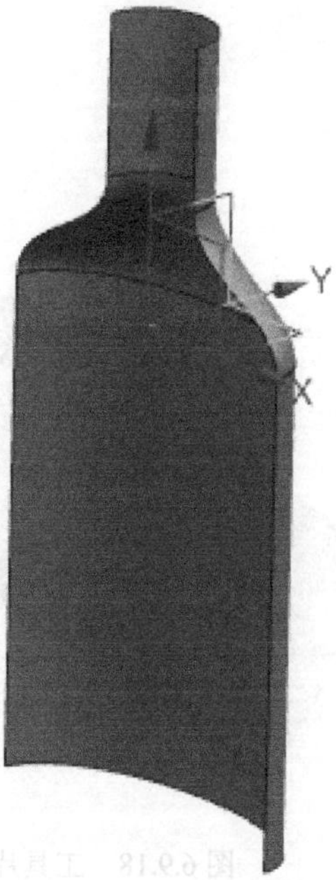

图 6.9.15　半个瓶子曲面反面

6. 缝合半个瓶子曲面

选择“缝合”命令，系统弹出“缝合”对话框，如图 6.9.16 所示。选择瓶颈曲面作为“目标”，选择瓶肩曲面和瓶身曲面作为“工具”，如图 6.9.17 和图 6.9.18 所示。单击“确定”按钮，结果如图 6.9.19 所示。

图 6.9.16 “缝合”对话框

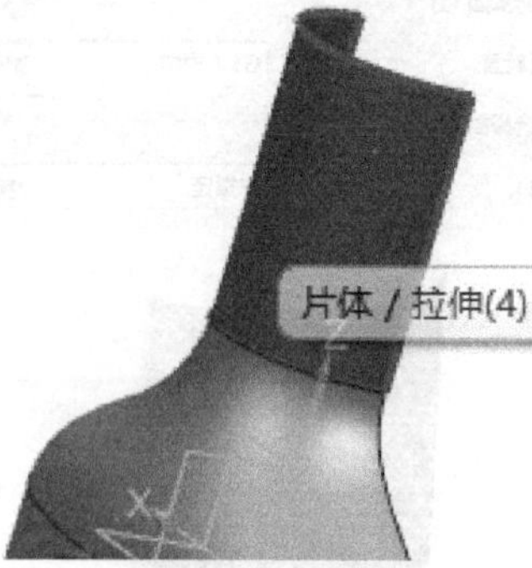

图 6.9.17 目标片体

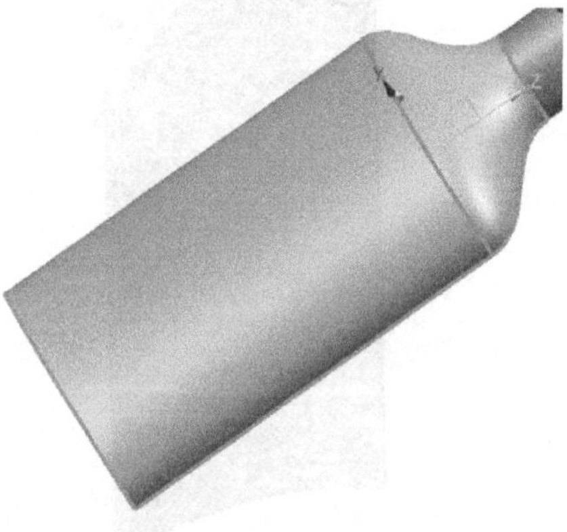

图 6.9.18 工具片体

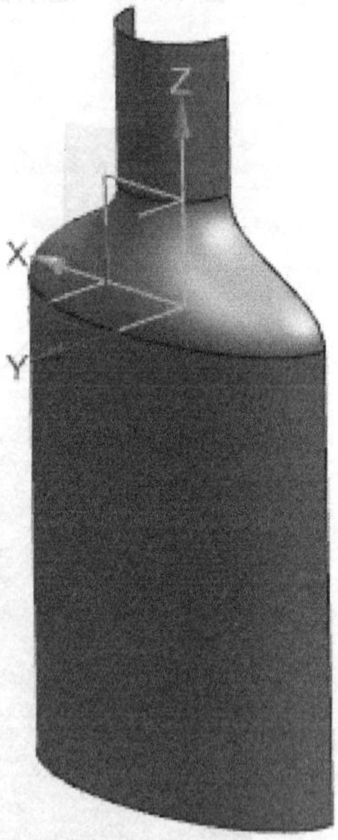

图 6.9.19 缝合的结果

7. 镜像复制另一侧曲面

选择“镜像几何体”命令，系统弹出“镜像几何体”对话框，如图 6.9.20 所示。选择此前创建的半侧瓶子曲面作为“要镜像的几何体”，选择 *XZ* 平面作为“镜像平面”，结果如图 6.9.21 所示。单击“确定”按钮完成镜像复制操作。

图 6.9.20 “镜像几何体”对话框

图 6.9.21 镜像复制预览

8. 缝合整个瓶子曲面

参照之前的缝合操作，将两侧的瓶子曲面缝合为一个整体，如图 6.9.22 所示，此时瓶子底部是空的。

9. 创建瓶底

选择“N 边曲面”命令，系统弹出“N 边曲面”对话框，如图 6.9.23 所示。

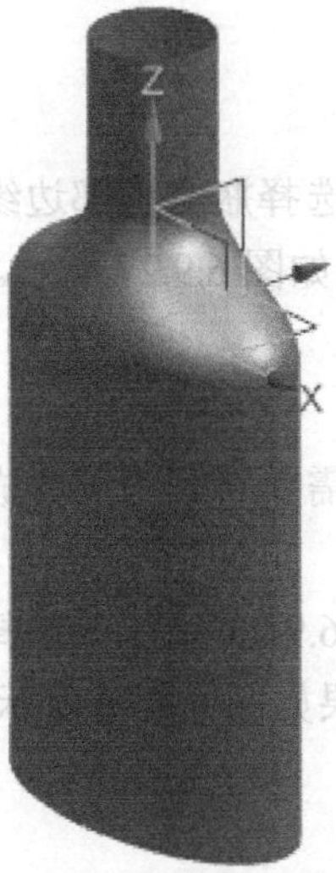

图 6.9.22 缝合结果

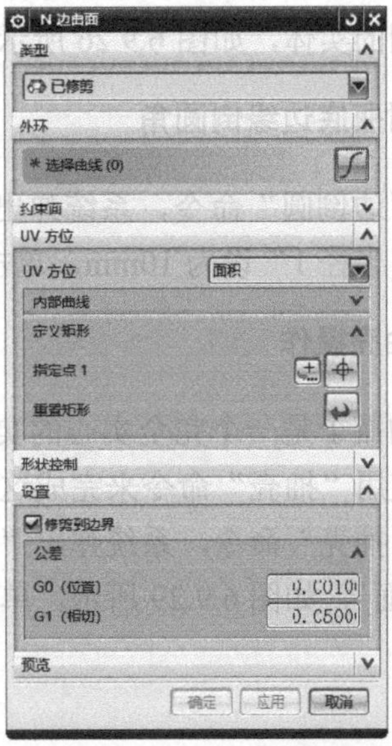

图 6.9.23 “N 边曲面”对话框

选择此前创建的半侧瓶子曲面底部边缘，“类型”选择“已修剪”，勾选“设置”组→“修剪到边界”复选框，如图 6.9.24 所示，此时预览结果如图 6.9.25 所示。单击“确定”按钮完成该操作。

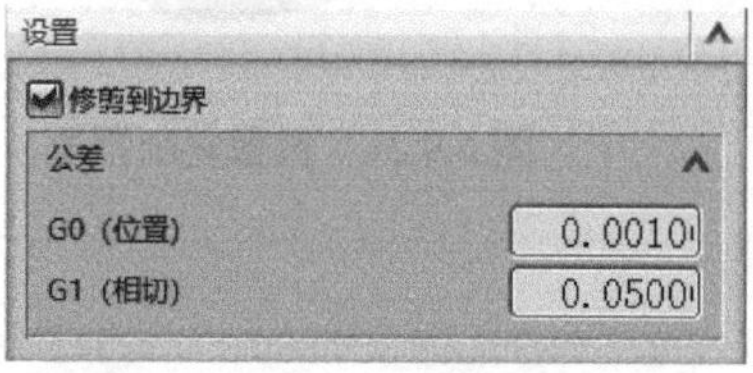

图 6.9.24 “修剪到边界”复选框

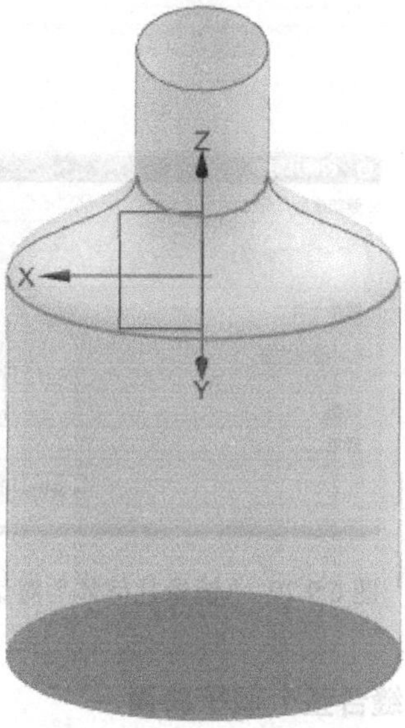

图 6.9.25 “N 边曲面”预览

10. 封闭瓶口

参照上一步的操作，使用“N 边曲面”命令，在瓶口创建一个平面，使得瓶口封闭。然后使用“缝合”命令，以瓶口片体作为“目标”，将瓶身片体和瓶底片体缝合起来，得到一个封闭的实体，如图 6.9.26 所示。

11. 对瓶底边缘倒圆角

选择“边倒圆”命令，系统弹出“边倒圆”对话框，选择瓶身底部边缘作为“要倒圆的边”，“半径 1”设为 10mm，单击“确定”按钮，结果如图 6.9.27 所示。

12. 抽壳操作

此时的瓶子是一个完全实心的实体，要成为一个瓶子需要将其内部变成空心结构，因此需要使用“抽壳”命令来完成这个修改。

选择“抽壳”命令，系统弹出“抽壳”对话框，如图 6.9.28 所示。选择瓶口面作为“要穿透的面”，如图 6.9.29 所示。单击“确定”按钮，结果如图 6.9.30 所示。

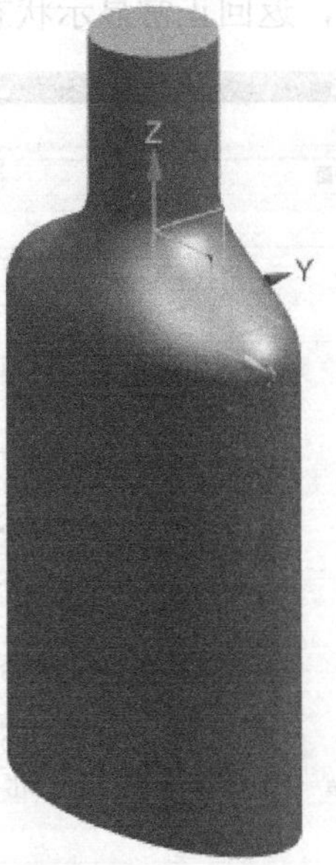

图 6.9.26 “缝合”得到的实体

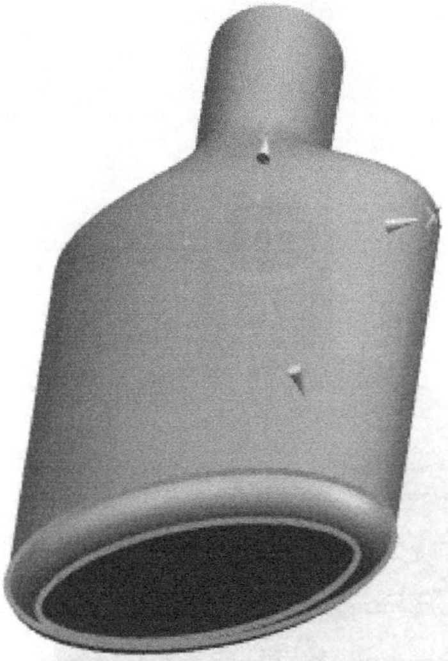

图 6.9.27 “边倒圆”结果

图 6.9.28 “抽壳”对话框

图 6.9.29　要穿透的面

13. 查看截面

选择“视图”选项卡→“可视性”→“编辑截面”命令，系统弹出“编辑截面”对话框，如图 6.9.31 所示。设置“剖切平面”→“方向”下拉列表为“绝对坐标系”，然后单击“设置平面至 Y”按钮，此时预览结果如图 6.9.32 所示。单击“确定”按钮，操作结果如图 6.9.33 所示，由此可以看出瓶子部件此时是一个空心结构的实体模型。

此时还可以看到“视图”选项卡→“可视性”→“剪切截面”按钮处于被高亮显示

的状态，单击该按钮，可以看到部件结果截面显示的状态，返回正常显示状态。

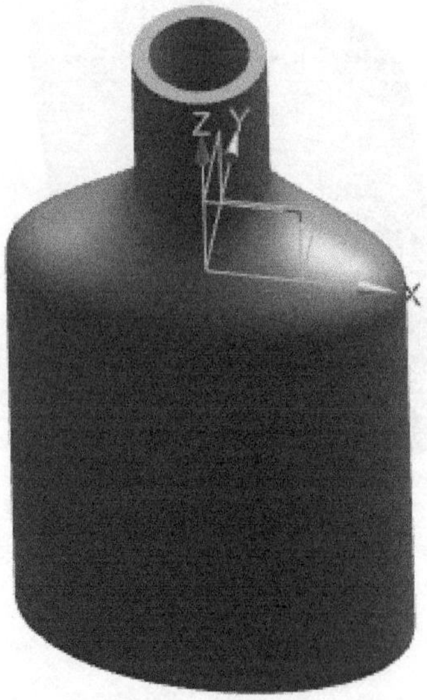

图 6.9.30　操作结果

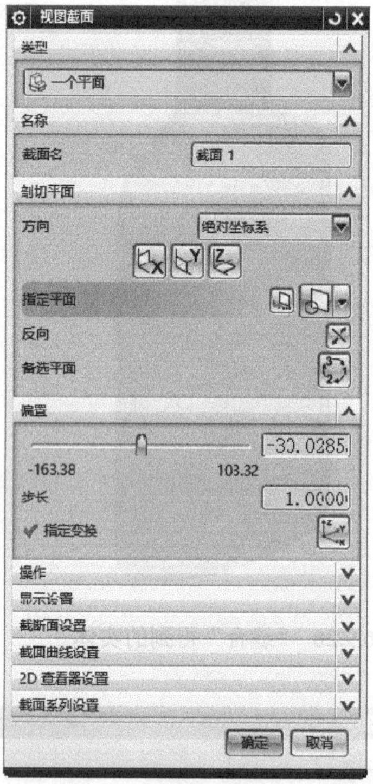

图 6.9.31　“编辑截面”对话框

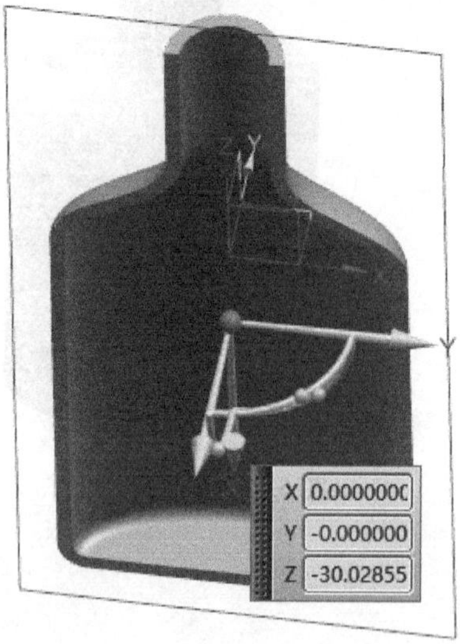

图 6.9.32　预览结果

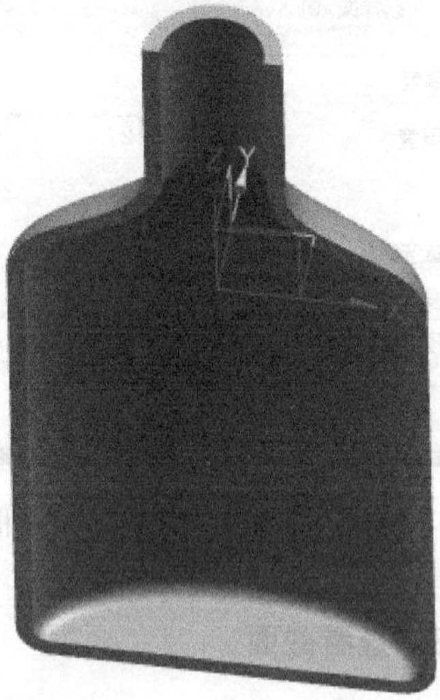

图 6.9.33　操作结果

14. 保存部件

按下快捷键 Ctrl+S 保存部件文件。

第 7 章　典型综合案例

7.1　家电座壳建模

家电座壳建模（1-7）

1. 案例介绍

本案例介绍了一个家电座壳建模过程。此案例使用了拉伸（实体）、孔、边倒圆、拔模、抽壳等特征命令，零件建模过程如图 7.1.1 所示。

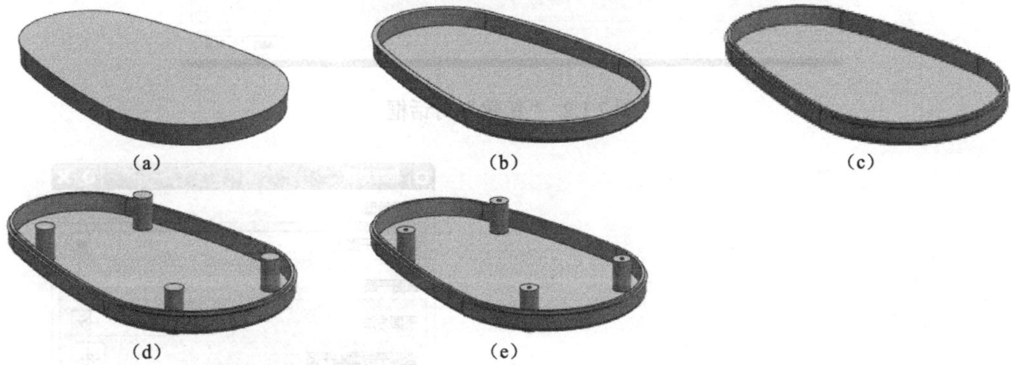

图 7.1.1　零件建模过程

2. 新建部件文件并进入建模环境

选择“菜单”→“文件”→“新建”命令，系统弹出“新建”对话框，具体设置如图 7.1.2 所示，在“模型”选项卡→“模板”组中选取“模型”选项，“单位”选择“毫米”，在“名称”文本框中输入“座壳”，单击“确定”按钮，进入建模环境。

3. 使用拉伸操作创建基体

选择“主页”选项卡→“特征”组→“设计特征”下拉菜单→“拉伸”命令，系统弹出“拉伸”对话框。单击“拉伸”对话框中如图 7.1.3 所示的“绘制截面”按钮，系统弹出“创建草图”对话框，如图 7.1.4 所示。选择 *XY* 基准平面作为草图平面，如图 7.1.5 所示，单击“确定”按钮，进入草图环境。

绘制图 7.1.6 所示草图，注意草图中的约束标志，然后右击图形区域空白背景处，在弹出的上下文菜单中选择“完成草图”命令，退出草图环境，如图 7.1.7 所示，返回“拉伸”对话框。“拉伸”对话框具体设置如图 7.1.8 所示，单击“确定”按钮生成如图 7.1.9

所示拉伸特征。

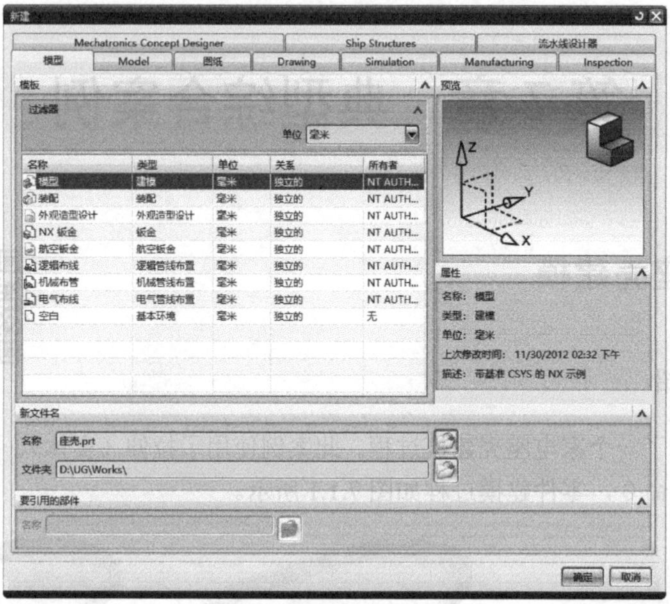

图 7.1.2 “新建”对话框

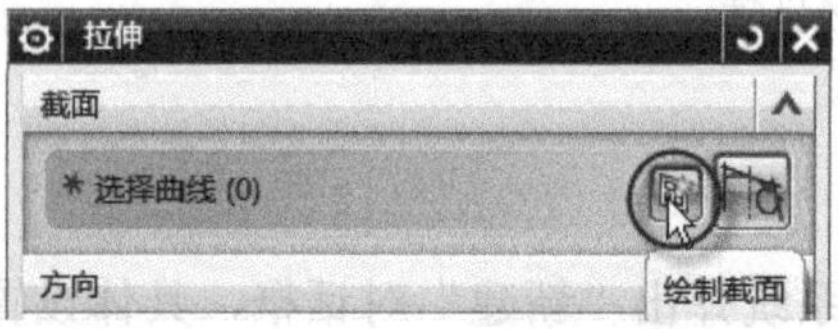

图 7.1.3 “绘制截面”按钮

图 7.1.4 “创建草图”对话框

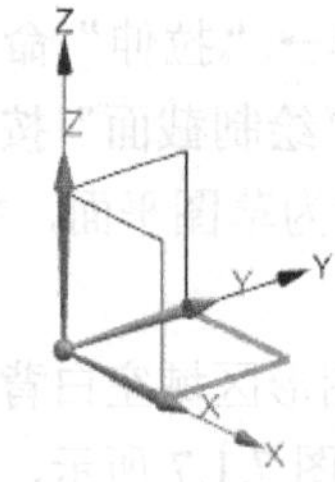

图 7.1.5 选择 *XY* 基准平面

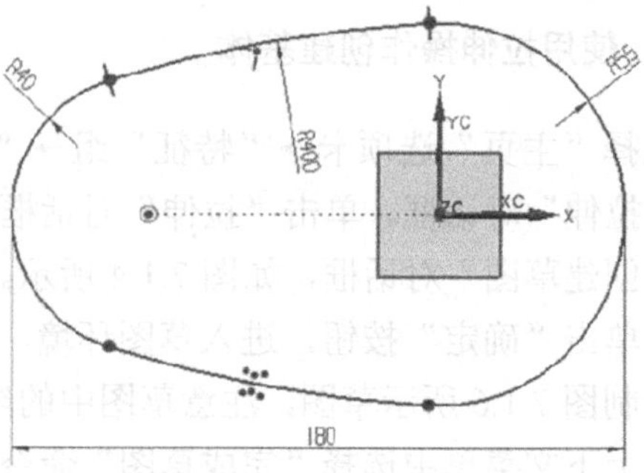

图 7.1.6 草图

4. 对基体下边线倒圆角

选择“主页”选项卡→“特征”组→“倒圆”下拉菜单→“边倒圆”命令，“边倒圆”对话框的具体设置如图 7.1.10 所示，选择如图 7.1.11 所示的基体边线作为“要倒圆的边”，其圆角半径值为 2.5mm。操作结果如图 7.1.12 所示。

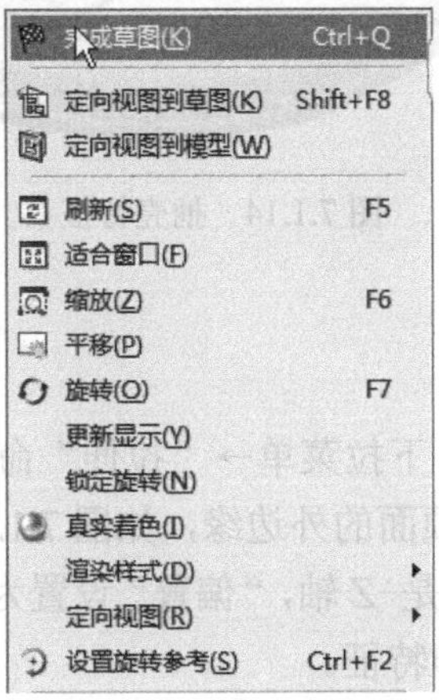

图 7.1.7 退出草图

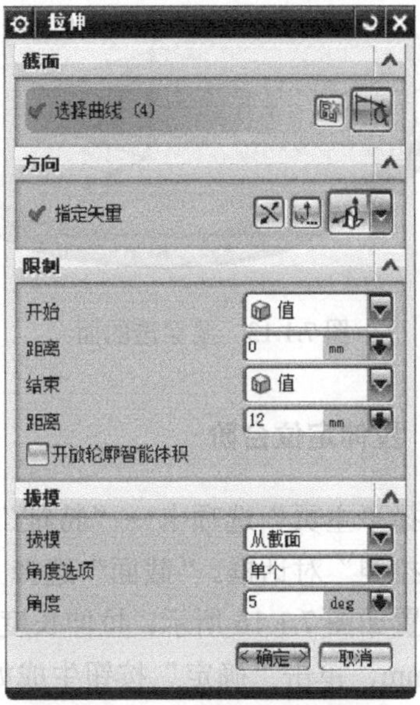

图 7.1.8 “拉伸”对话框

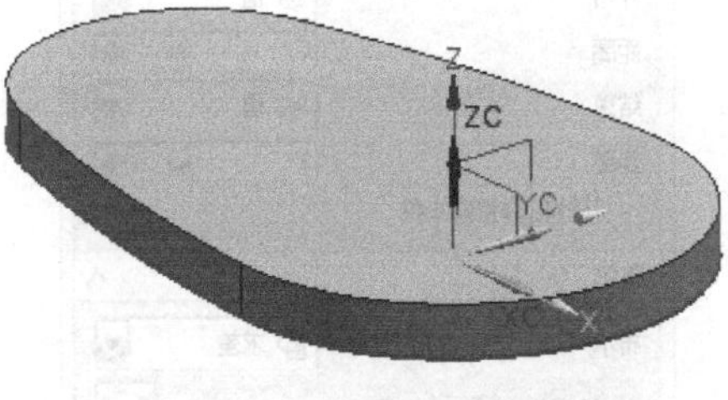

图 7.1.9 拉伸特征

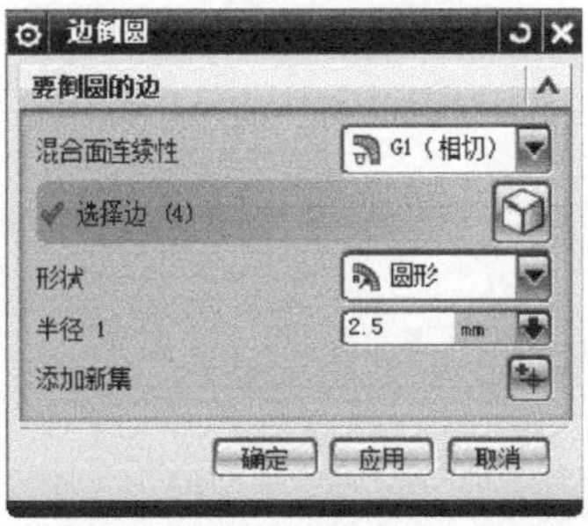

图 7.1.10 “边倒圆”对话框

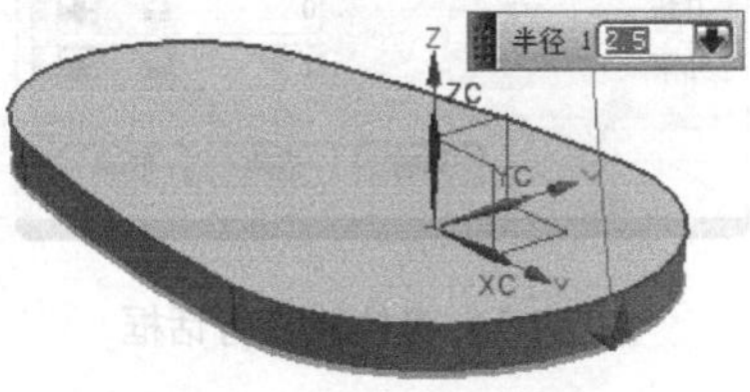

图 7.1.11 要倒圆的边

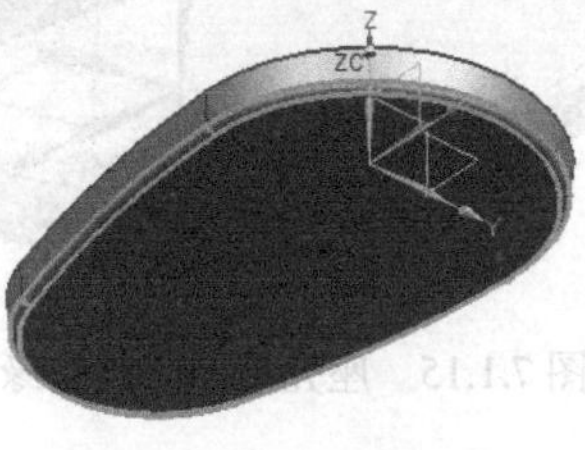

图 7.1.12 操作结果

5. 对基体进行抽壳操作

选择“主页”选项卡→“特征”组→“抽壳”命令，系统弹出“抽壳”对话框。“要穿透的面”选择图形区实体的顶部，如图 7.1.13 所示，“厚度”设置为3mm，单击“确定”按钮，完成抽壳特征，如图 7.1.14 所示。

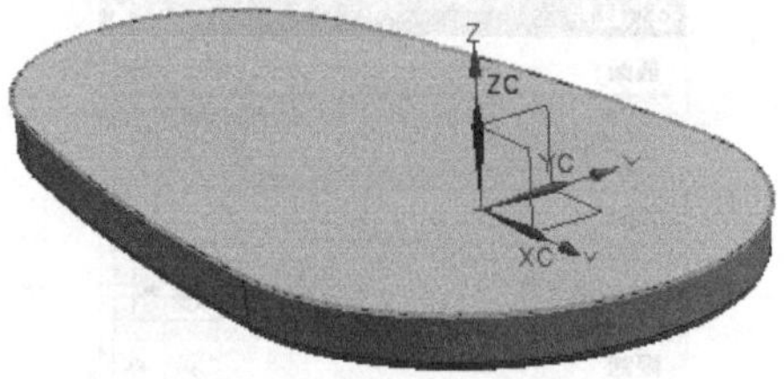

图 7.1.13　要穿透的面

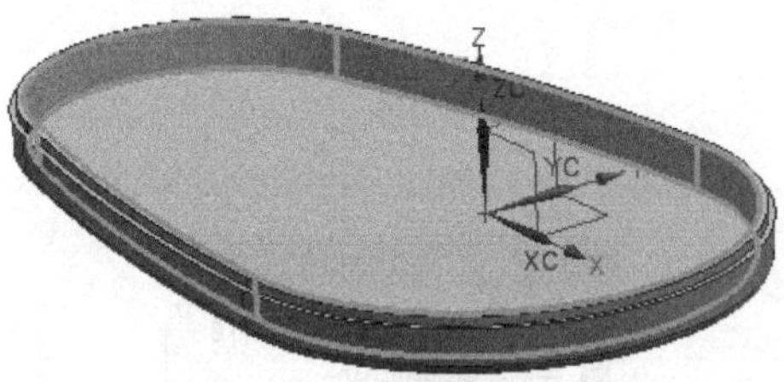

图 7.1.14　抽壳特征

6. 拉伸定位台阶

选择“主页”选项卡→“特征”组→“设计特征”下拉菜单→“拉伸”命令，系统弹出“拉伸”对话框。“截面”选择上一步完成的座壳顶面的外边缘，如图 7.1.15 所示。具体设置如图 7.1.16 所示，拉伸长度设置为 2mm，方向是−Z 轴，“偏置”设置为“两侧”，0～1.5mm，单击“确定”按钮生成如图 7.1.17 所示拉伸特征。

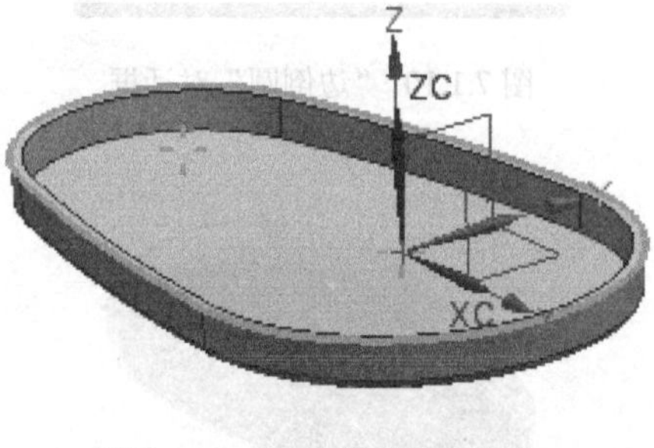

图 7.1.15　座壳顶面的外边缘

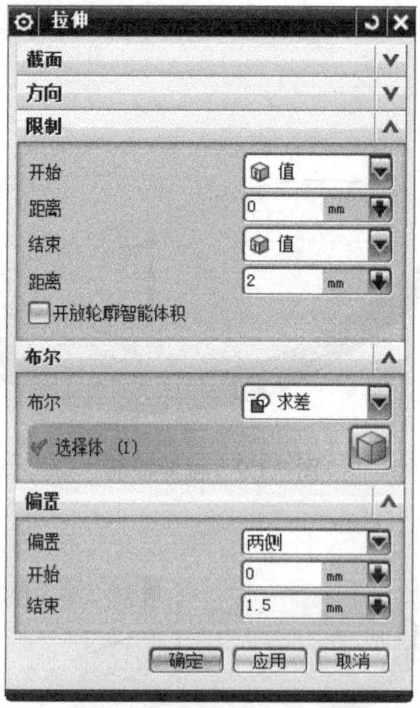

图 7.1.16 “拉伸”对话框

图 7.1.17　定位台阶“拉伸”特征

7. 拉伸连接孔凸台

选择“主页”选项卡→“特征”组→“设计特征”下拉菜单→“拉伸”命令，系统弹出“拉伸”对话框。单击“拉伸”对话框中如图 7.1.18 所示的“绘制截面”按钮，系统弹出“创建草图”对话框，如图 7.1.19 所示。选择基体底平面作为草图平面，如图 7.1.20 所示，单击“确定”按钮，进入草图环境。

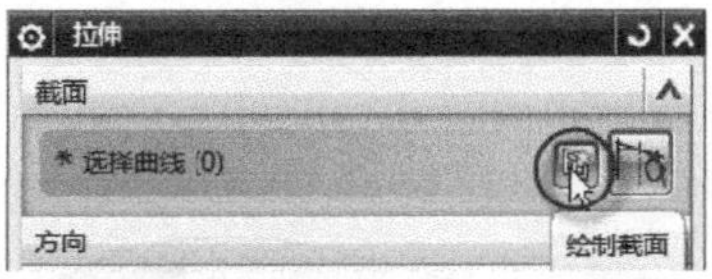

图 7.1.18　“绘制截面”按钮

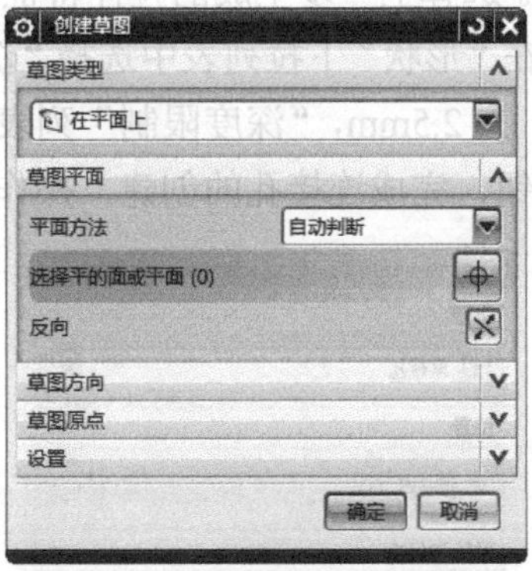

图 7.1.19　“创建草图”对话框

绘制如图 7.1.21 所示草图，注意草图中的约束标志，然后右击图形区域空白背景处，在弹出的上下文菜单中选择“完成草图”命令，退出草图环境，返回“拉伸”对话框。“拉伸”对话框具体设置如图 7.1.22 所示，单击“确定”按钮生成如图 7.1.23 所示拉伸特征。

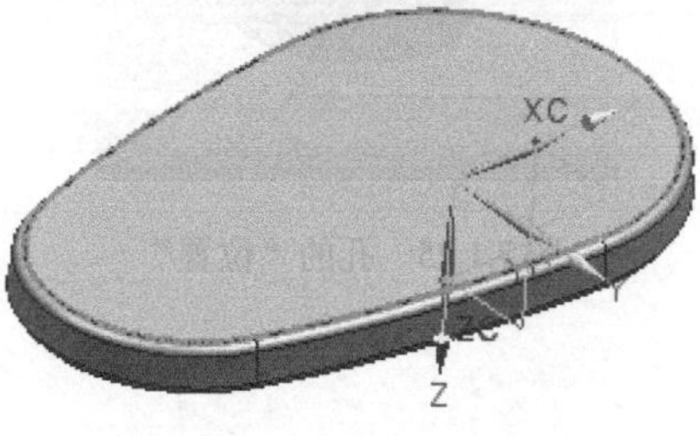

图 7.1.20　选择基体底平面

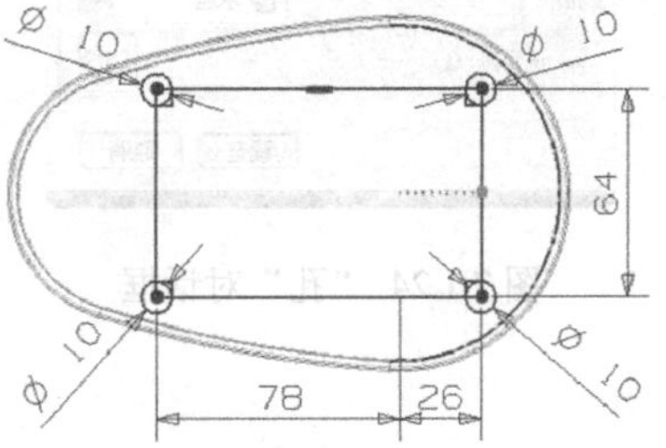

图 7.1.21　草图

图 7.1.22 “拉伸”对话框

图 7.1.23 螺钉凸台拉伸特征

8. 创建连接孔

选择“主页”选项卡→“特征”组→“孔”命令，系统弹出如图 7.1.24 所示“孔”对话框。选择上一步生成的拉伸特征的下端面的圆心作为“位置”，一共 4 个，如图 7.1.25 所示。在“形状”下拉列表中选择“沉头孔”，“沉头直径”为 6mm，“沉头深度”为 5mm，“直径”为 2.5mm，“深度限制”列表中选择“贯通体”，其他设置为默认选项。单击“确定”按钮，完成连接孔的创建，操作结果如图 7.1.26 所示。

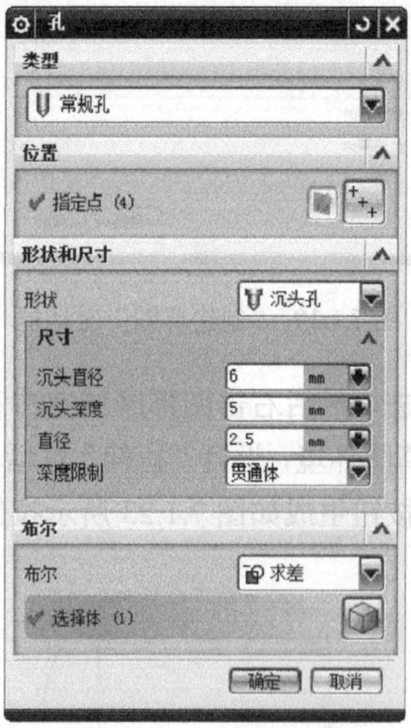

图 7.1.24 “孔”对话框

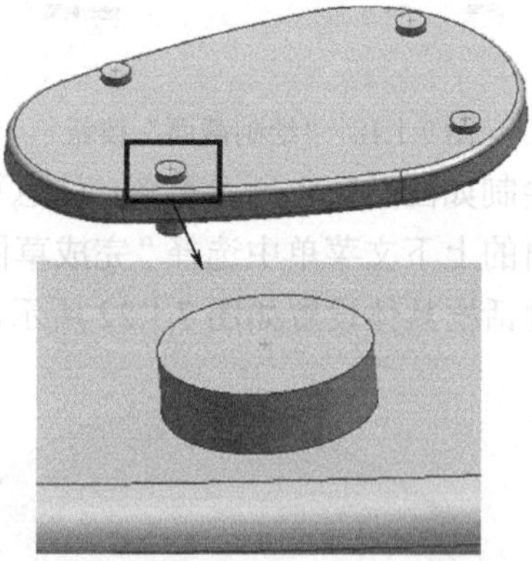

图 7.1.25 孔的“位置”

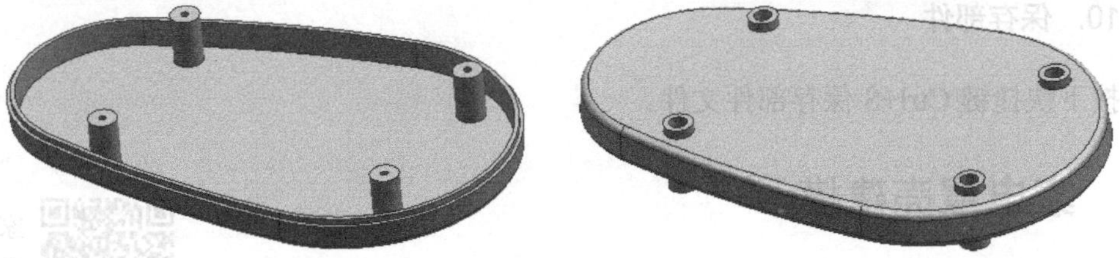

图 7.1.26 操作结果

9. 对连接孔凸台拔模

选择“主页”选项卡→“特征”组→“拔模”命令，系统弹出“拔模”对话框。具体设置如图 7.1.27 所示，其中“脱模方向”→“指定矢量”和“拔模参考”→“选择固定面”都指定座壳内部底面，如图 7.1.28 所示。

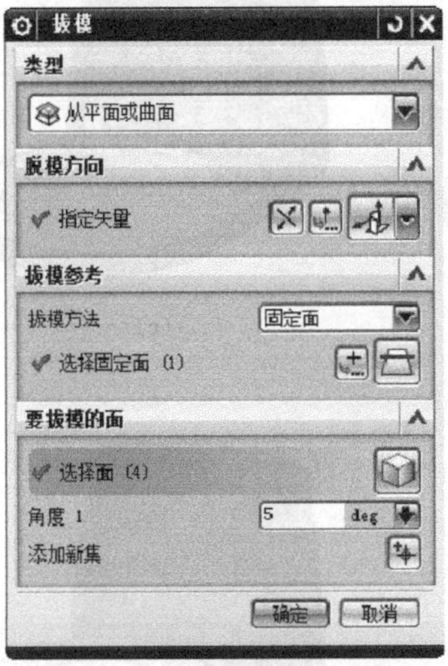

图 7.1.27 “拔模”对话框

图 7.1.28 脱模方向和拔模参考面

“要拔模的面”选择凸台上部的外圆柱面，一共 4 个，如图 7.1.29 所示。单击“确定”按钮，完成拔模操作，操作结果如图 7.1.30 所示。

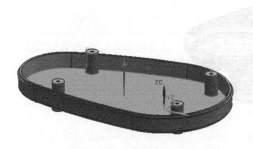

图 7.1.29 要拔模的面

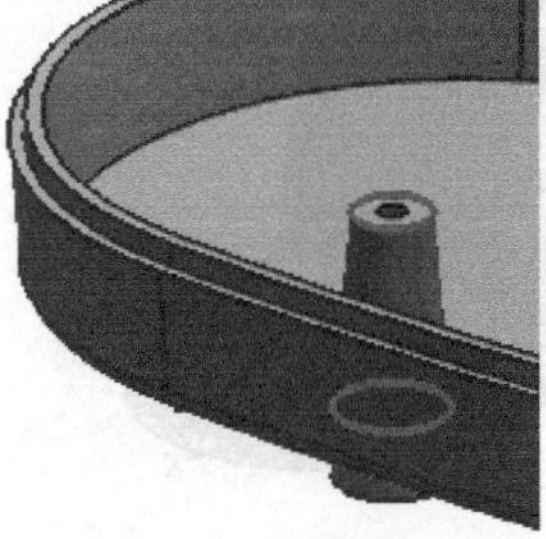

图 7.1.30 操作结果

10. 保存部件

按下快捷键 Ctrl+S 保存部件文件。

7.2 家电罩壳建模

家电罩壳建模（1-7）

1. 案例介绍

本案例介绍了一个家电罩壳建模过程。此案例使用了拉伸（实体）、拉伸（曲面）、扫掠、旋转、边倒圆、拔模、抽壳等特征命令，部件建模过程如图 7.2.1 所示。

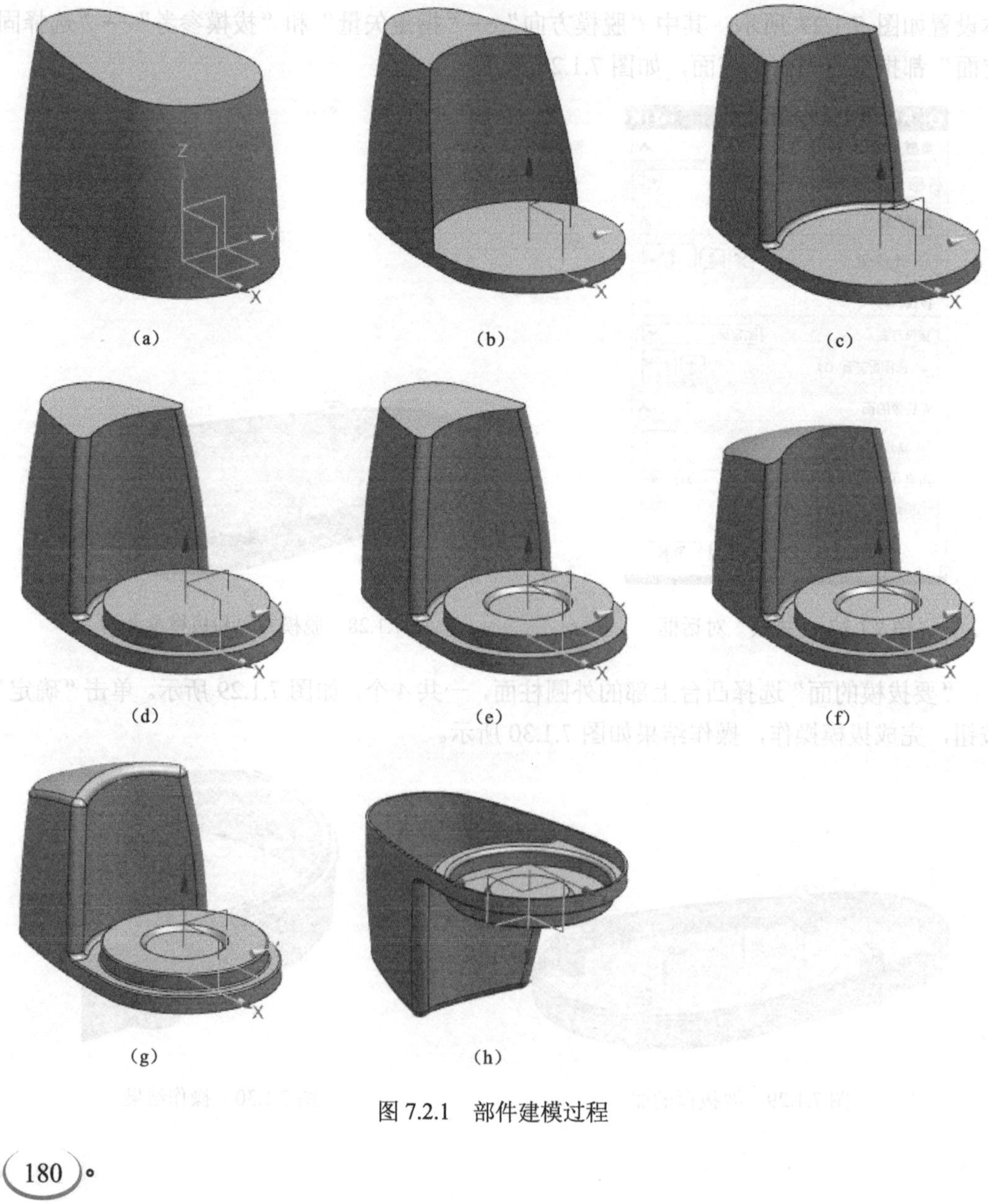

图 7.2.1 部件建模过程

2. 新建部件文件并进入建模环境

选择“菜单”→“文件”→“新建”命令，系统弹出“新建”对话框，其具体设置如图 7.2.2 所示，在“模型”选项卡→“模板”组中选取“模型”选项，“单位”选择“毫米”，在“名称”文本框中输入“罩壳”，单击“确定”按钮，进入建模环境。

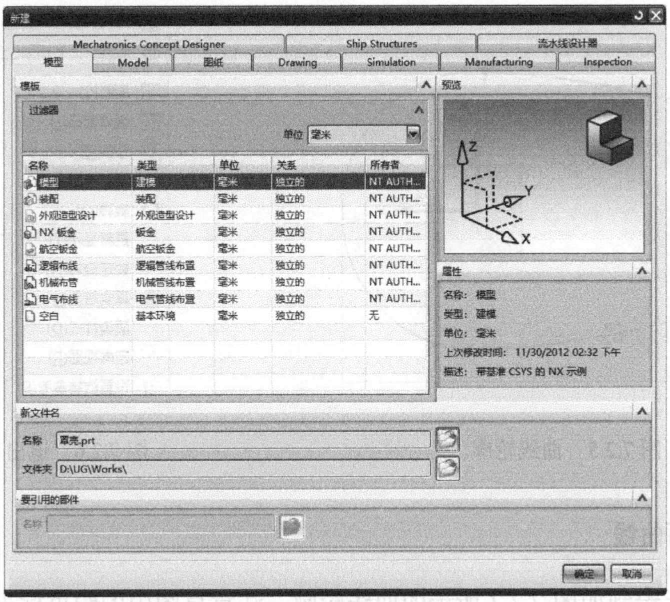

图 7.2.2 “新建”对话框

3. 进入草图环境

选择“菜单”→“插入”→“在任务环境中绘制草图”命令，打开“创建草图”对话框，如图 7.2.3 所示。

选择 *XC-YC* 平面作为工作平面，如图 7.2.4 所示，其他选项采用默认设置，单击“确定”按钮，进入任务草图环境。

图 7.2.3 “创建草图”对话框

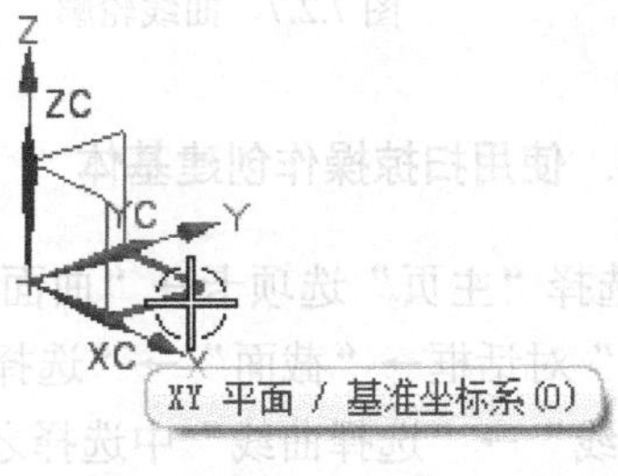

图 7.2.4 选择 *XC-YC* 平面

4. 绘制引导曲线

绘制如图 7.2.5 所示的曲线轮廓，注意草图中的约束标志，然后右击图形区域空白背景处，在弹出的上下文菜单中选择“完成草图”命令，退出草图环境，如图 7.2.6 所示。

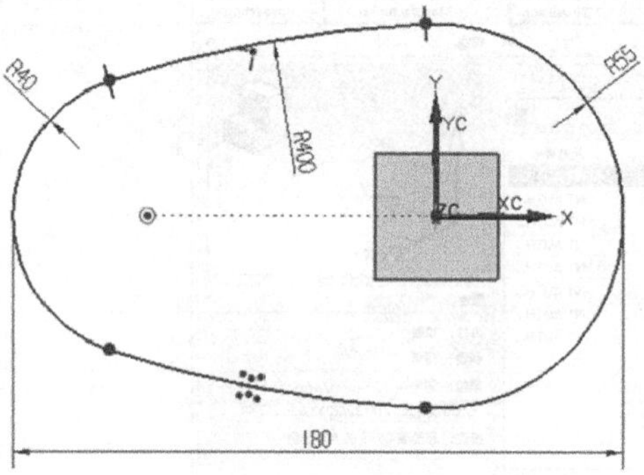

图 7.2.5 曲线轮廓

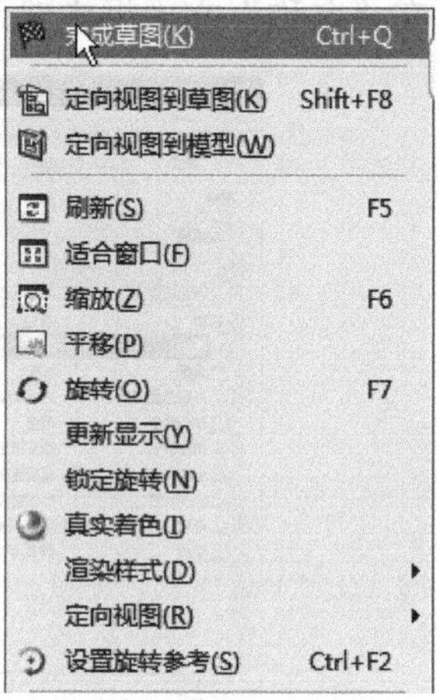

图 7.2.6 退出草图环境

5. 绘制截面曲线

在 *XZ* 平面上绘制如图 7.2.7 所示的曲线轮廓，注意草图中的约束标志，截面曲线的下端点过引导线上一点，如图 7.2.8 所示。然后如上一步所示右击图形区域空白背景处，在弹出的上下文菜单中选择“完成草图”命令，退出草图环境。

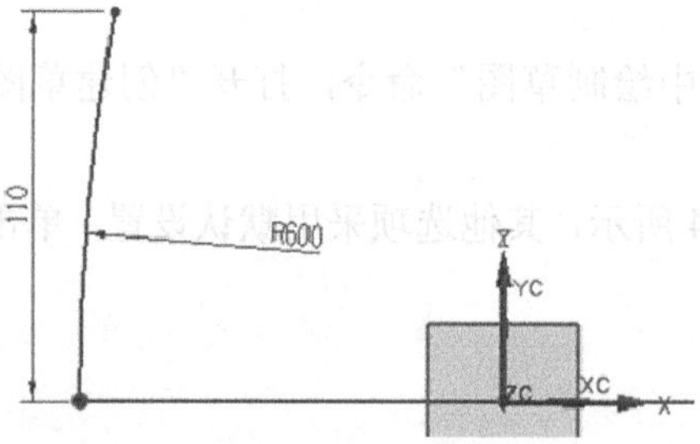

图 7.2.7 曲线轮廓

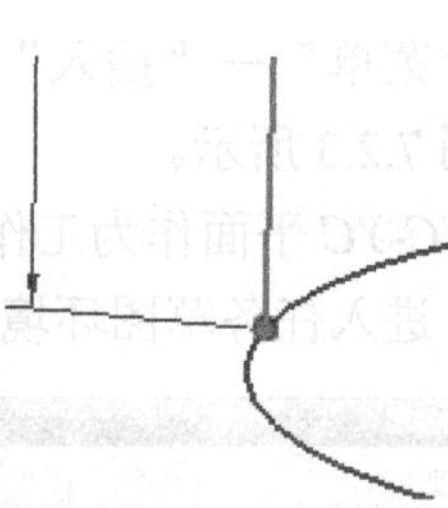

图 7.2.8 下端点过引导线一点

6. 使用扫掠操作创建基体

选择“主页”选项卡→“曲面”组→“扫掠”命令，系统弹出“扫掠”对话框。在“扫掠”对话框→“截面”→“选择曲线”中选择之前绘制的截面曲线作为截面曲线，在“引导线”→“选择曲线”中选择之前绘制的引导曲线作为引导曲线，如图 7.2.9 所示，其余设置按默认方式，操作结果如图 7.2.10 所示。

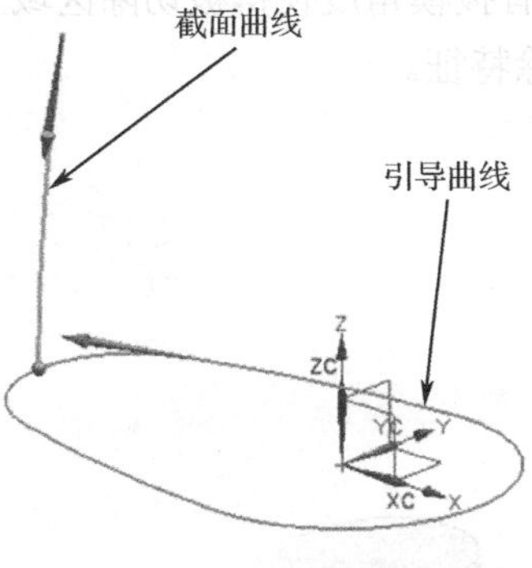

图 7.2.9　截面曲线与引导曲线

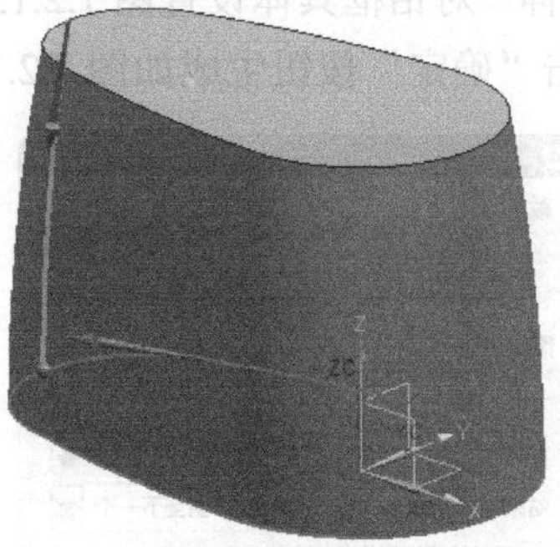

图 7.2.10　操作结果

7. 使用拉伸切除创建安装平台

选择“主页”选项卡→“特征”组→“设计特征”下拉菜单→“拉伸”命令，系统弹出“拉伸”对话框。单击“拉伸”对话框中（如图 7.2.11 所示）的“绘制截面”按钮，系统弹出“创建草图”对话框，如图 7.2.12 所示。选择 *XY* 基准平面作为草图平面，如图 7.2.13 所示，单击“确定”按钮，进入草图环境。

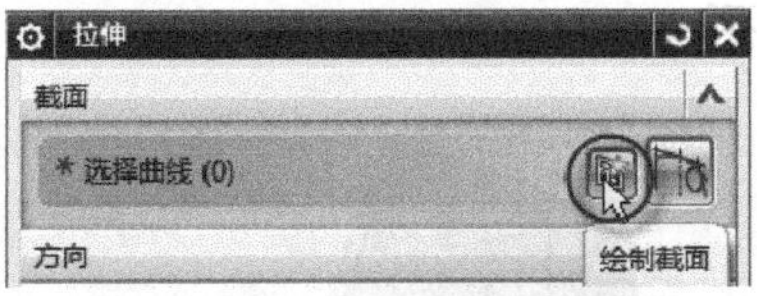

图 7.2.11　“绘制截面”按钮

图 7.2.12　“创建草图”对话框

绘制一个直径为 115mm 的圆，和右侧圆边同心，如图 7.2.14 所示。右击图形区域空白背景处，在弹出的上下文菜单中选择“完成草图”命令，退出草图环境，返回“拉伸”对话框。

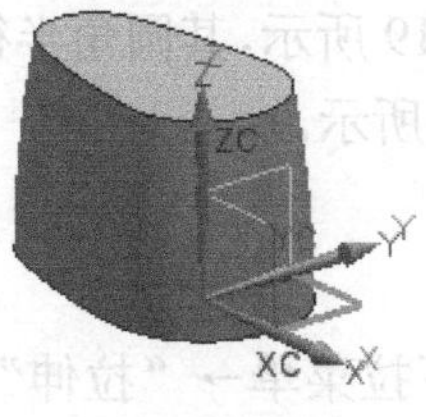

图 7.2.13　选择 *XY* 基准平面

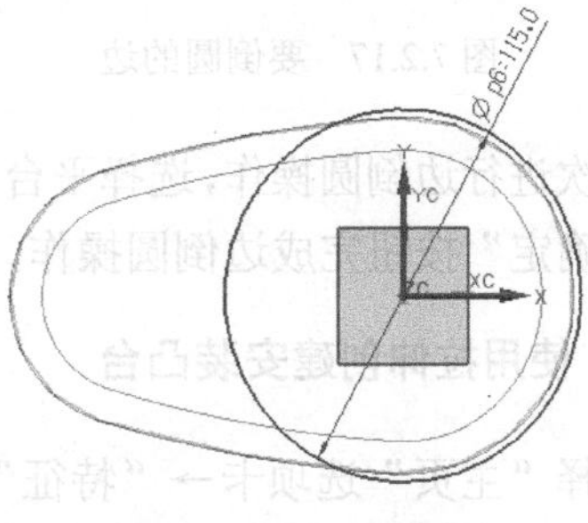

图 7.2.14　草图轮廓

“拉伸”对话框具体设置图 7.2.15 所示，注意这里有拔模角度使得被切除区域上大下小。单击“确定”按钮生成如图 7.2.16 所示的拉伸切除特征。

图 7.2.15 “拉伸”对话框

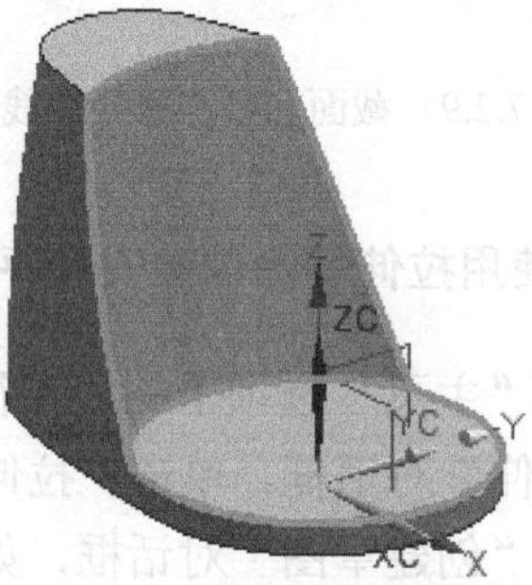

图 7.2.16 拉伸切除特征

家电罩壳建模（8-14）

8. 添加边倒圆

选择“主页”选项卡→“特征”组→“倒圆”下拉菜单→“边倒圆”命令，弹出“边倒圆”对话框，选择如图 7.2.17 所示的基体边线作为“要倒圆的边”，其圆角半径值为 5mm。单击“应用”按钮，操作结果如图 7.2.18 所示。

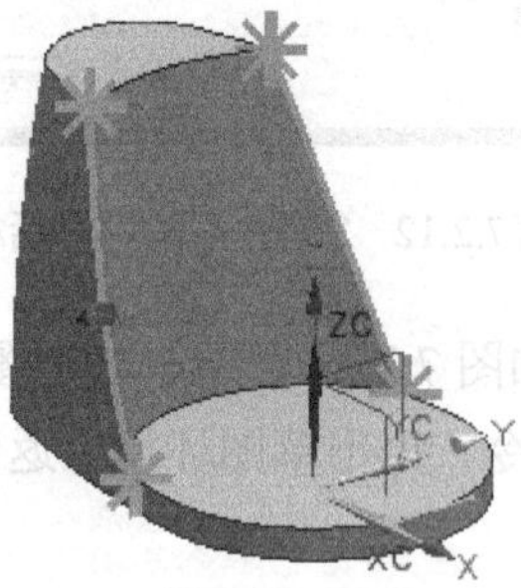

图 7.2.17 要倒圆的边

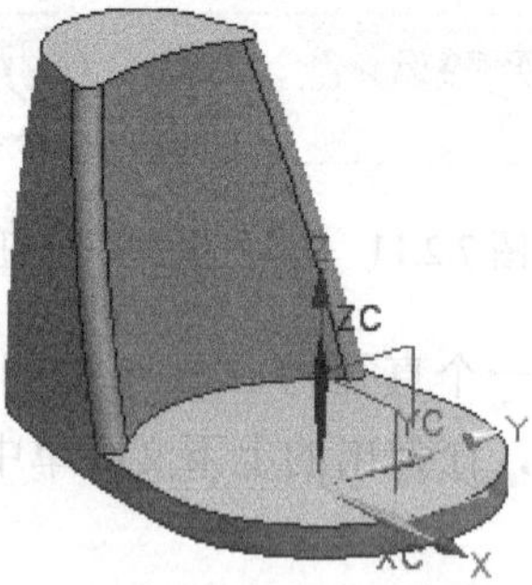

图 7.2.18 操作结果

再次进行边倒圆操作，选择平台内侧的边线，如图 7.2.19 所示，其圆角半径值为 3mm。单击“确定”按钮完成边倒圆操作，操作结果如图 7.2.20 所示。

9. 使用拉伸创建安装凸台

选择“主页”选项卡→“特征”组→“设计特征”下拉菜单→“拉伸”命令，系统弹出“拉伸”对话框。选择如图 7.2.21 所示的平面为截面绘制平面，进入草图环境，绘制如图 7.2.22 所示的草图轮廓。退出草图环境，返回“拉伸”对话框，对话框具体参数设置如图 7.2.23 所示。单击“确定”按钮完成该拉伸特征，操作结果如图 7.2.24 所示。

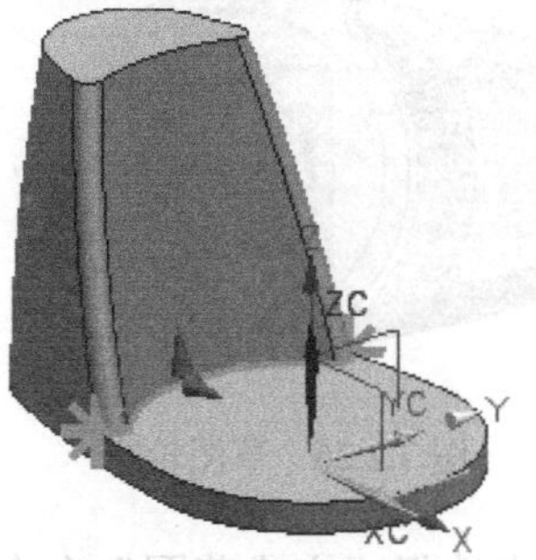

图 7.2.19　要倒圆的边

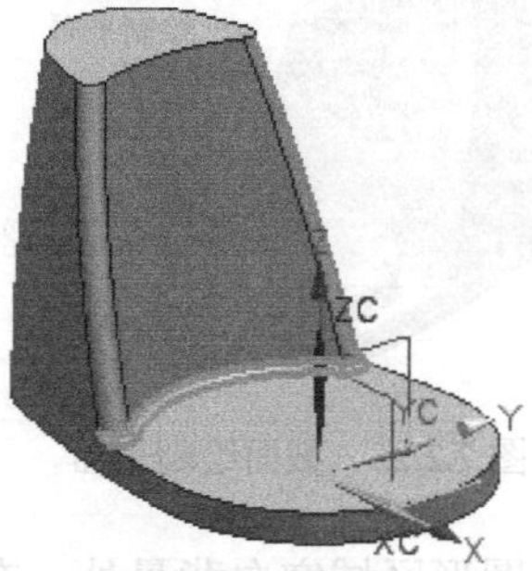

图 7.2.20　操作结果

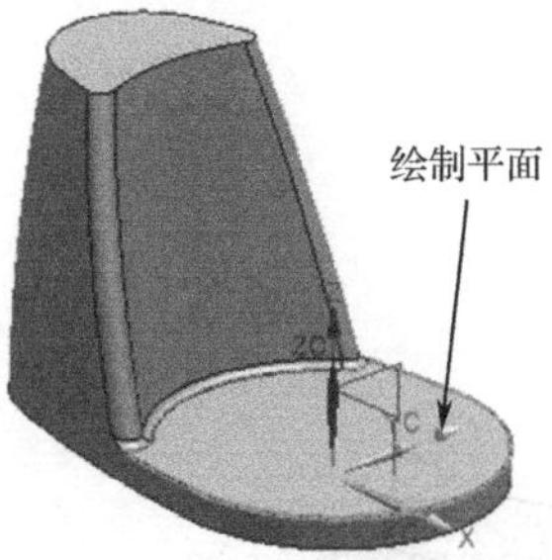

图 7.2.21　截面绘制平面

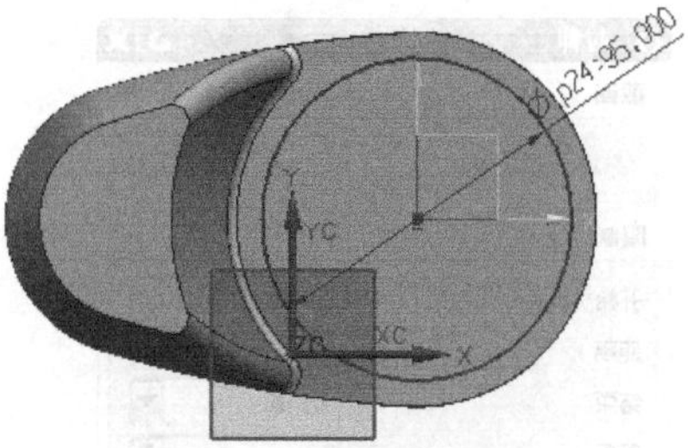

图 7.2.22　草图轮廓

图 7.2.23　“拉伸”对话框

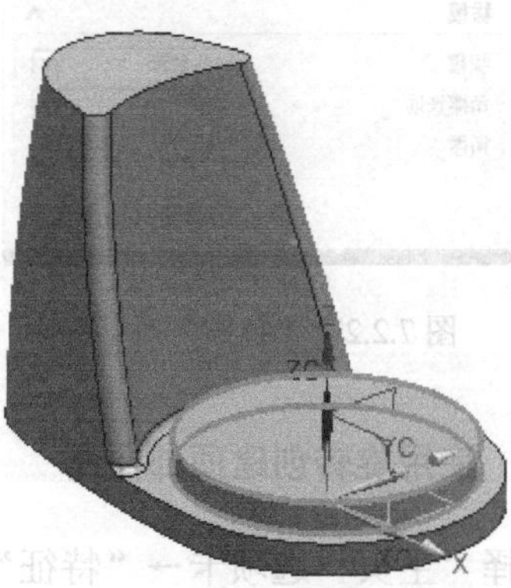

图 7.2.24　操作结果

10. 使用拉伸切除创建定位槽

选择“主页”选项卡→“特征”组→“设计特征”下拉菜单→“拉伸”命令，系统弹出“拉伸”对话框。选择如图 7.2.25 所示的平面为截面绘制平面，绘制一个与该平台边缘同心的圆，直径为 50mm，如图 7.2.26 所示。

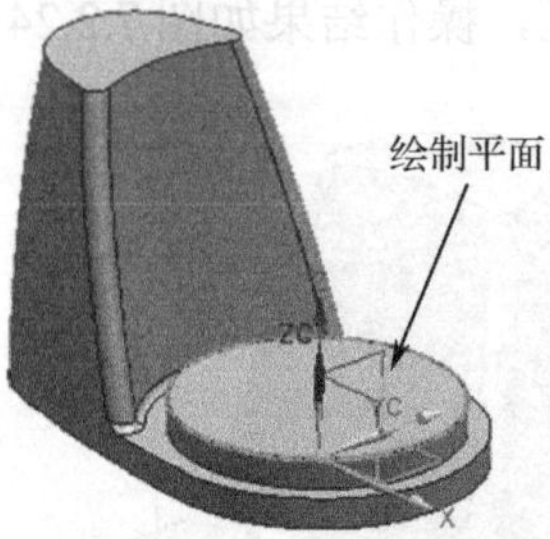

图 7.2.25　截面绘制平面

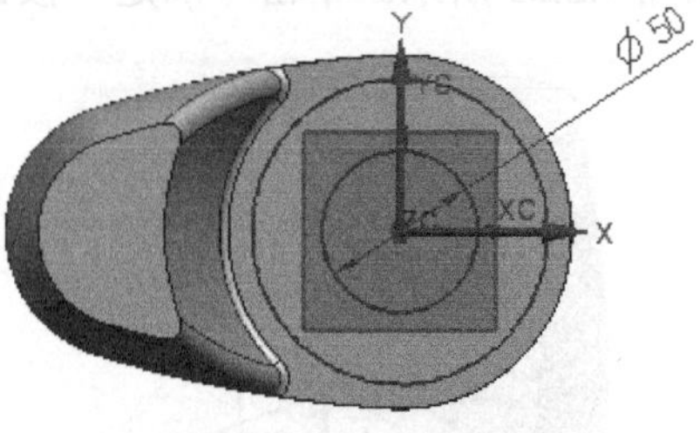

图 7.2.26　草图轮廓

右击图形区域空白背景处，在弹出的上下文菜单中选择“完成草图”命令，退出草图环境，返回“拉伸”对话框。对话框具体设置如图 7.2.27 所示，单击“确定”按钮，完成定位槽创建，操作结果如图 7.2.28 所示。

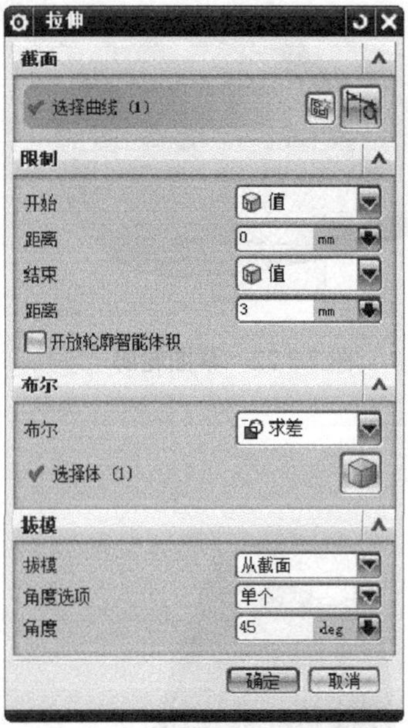

图 7.2.27　“拉伸”对话框

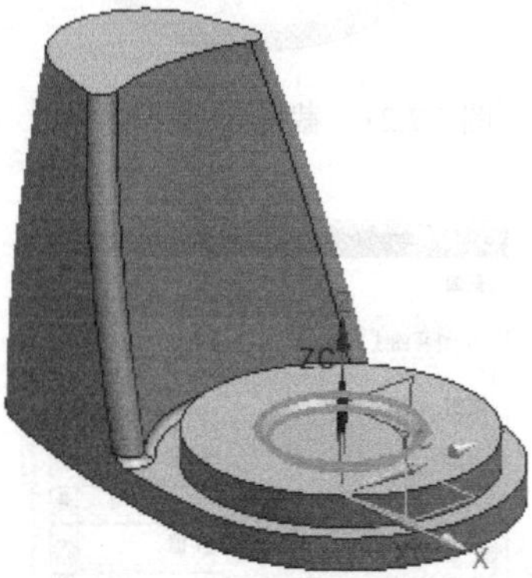

图 7.2.28　操作结果

11. 使用旋转创建顶部曲面

选择“主页”选项卡→“特征”组→“设计特征”下拉菜单→“旋转”命令，系统弹出“旋转”对话框。单击“旋转”对话框中如图 7.2.29 所示的“绘制截面”按钮，系统弹出“创建草图”对话框，如图 7.2.30 所示。选择 *XZ* 基准平面作为草图平面，如图 7.2.31 所示，单击“确定”按钮，进入草图环境。

绘制一个如图 7.2.32 所示轮廓，注意其中的约束标记。右击图形区域空白背景处，在弹出的上下文菜单中选择“完成草图”命令，退出草图环境，返回“旋转”对话框。

图 7.2.29　“绘制截面”按钮

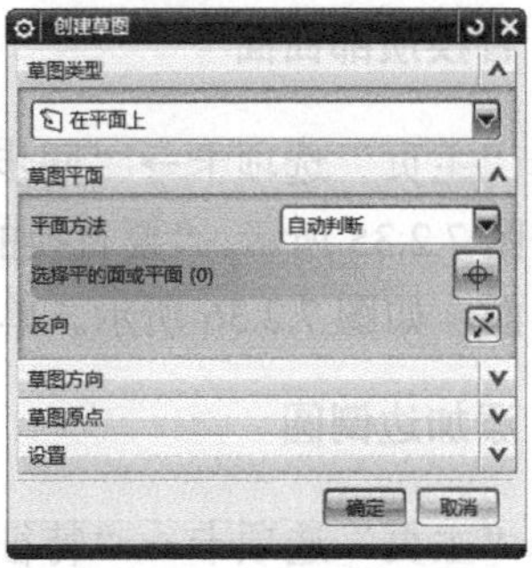

图 7.2.30　“创建草图”对话框

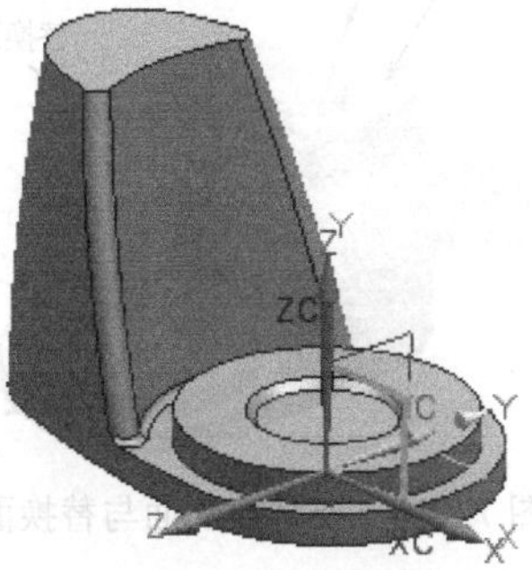

图 7.2.31　选择 *XZ* 基准平面

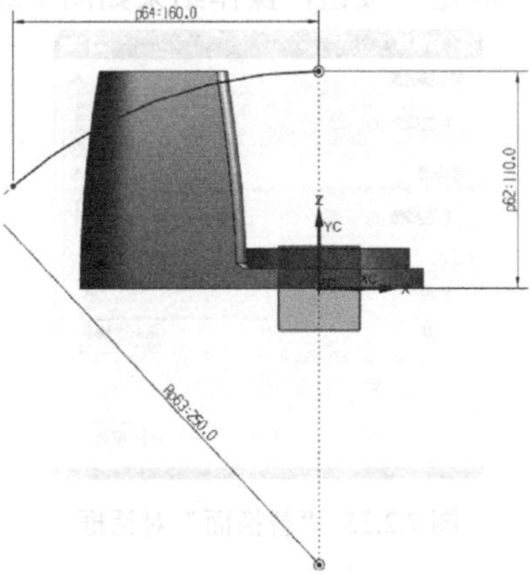

图 7.2.32　草图轮廓

“旋转”对话框具体设置图 7.2.33 所示，注意需要将“体类型”设置为“片体”，单击“确定”按钮生成如图 7.2.34 所示的旋转曲面。

图 7.2.33　“旋转”对话框

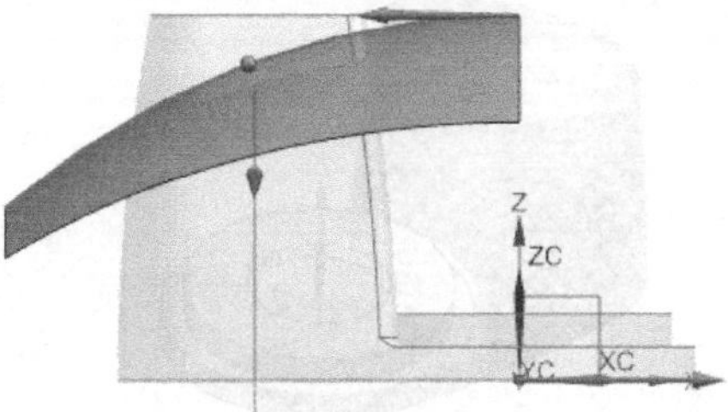

图 7.2.34　旋转曲面

12. 替换顶部曲面

选择“主页”选项卡→“同步建模”组→“替换面”命令，系统弹出“替换面”对话框，如图 7.2.35 所示。“要替换的面”和“替换面”分别选择原来的顶面和上一步旋转得到的曲面，如图 7.2.36 所示。单击“确定”按钮，操作结果如图 7.2.37 所示。

13. 添加边倒圆

选择“主页”选项卡→“特征”组→“倒圆”下拉菜单→“边倒圆”命令，选择上一步替换生成的曲面的边线作为“要倒圆的边”，如图 7.2.38 所示，其圆角半径值为 5mm。单击“确定”按钮，操作结果如图 7.2.39 所示。

图 7.2.35 “替换面”对话框

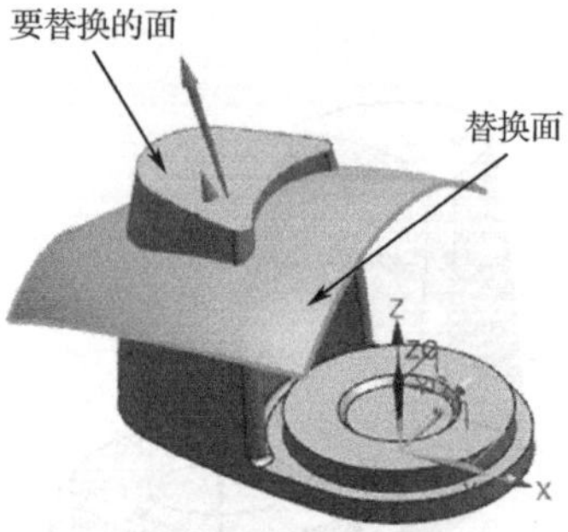

图 7.2.36 要替换的面与替换面

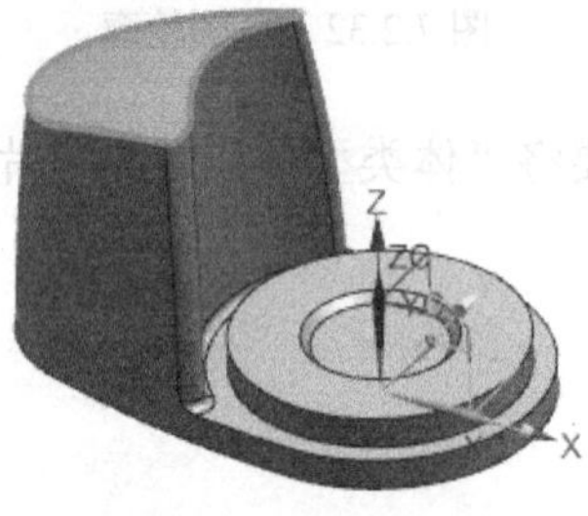

图 7.2.37 操作结果

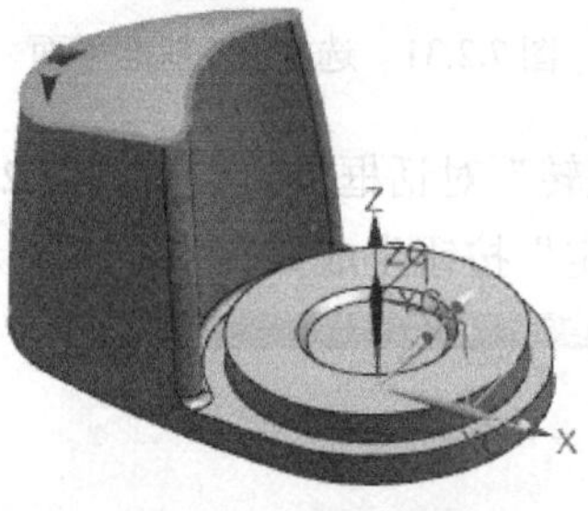

图 7.2.38 要倒圆的边

再次进行边倒圆操作，选择平台内侧的边线，如图 7.2.40 所示，其圆角半径值为 3mm。单击“确定”按钮完成边倒圆操作，操作结果如图 7.2.41 所示。

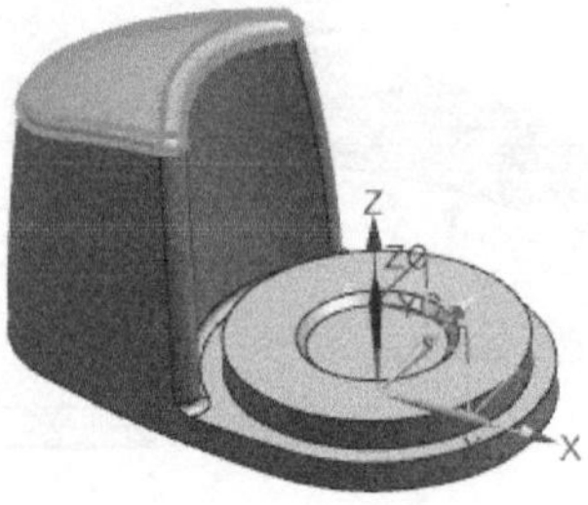

图 7.2.39 操作结果

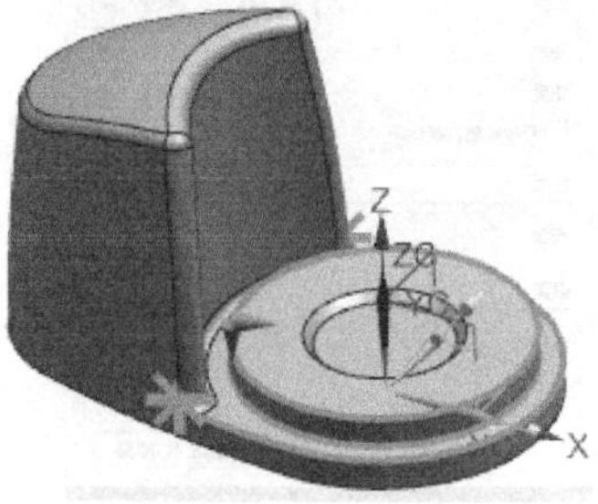

图 7.2.40 要倒圆的边

14. 抽壳操作

选择“主页”选项卡→“特征”组→“抽壳”命令，系统弹出“抽壳”对话框。“要穿透的面”选择图形区实体的顶部，如图 7.2.42 所示，“厚度”设置为 1mm，单击“确定”按钮，完成抽壳特征，如图 7.2.43 所示。

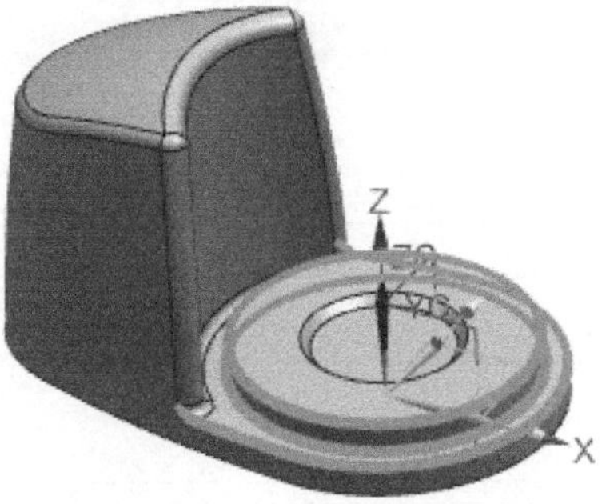

图 7.2.41 操作结果

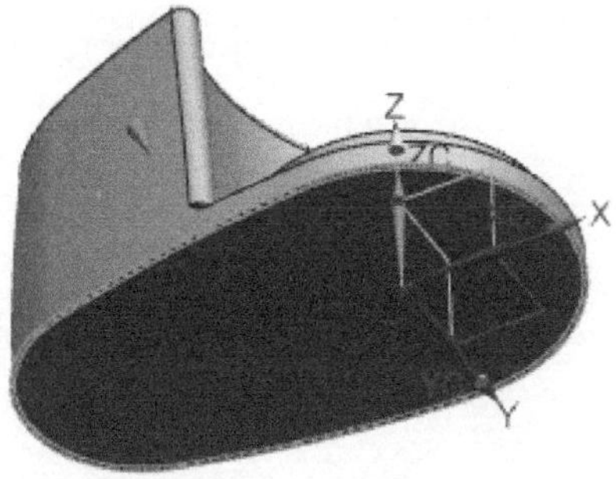

图 7.2.42 要穿透的面

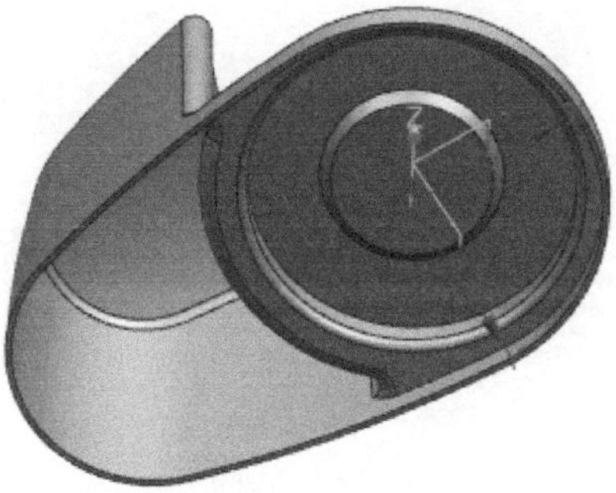

图 7.2.43 操作结果

15. 保存部件

按下快捷键 Ctrl+S 保存部件文件。